Rettet die Bäche

DAS BUCH ZUR
BUND-AKTION

natur
& umwelt

Veit-Stoß-Straße 96, 8000 München 21

Lektorat: Dr. Michael Lohmann, Prien
Gesamtgestaltung:
Atelier Helmut Urban, München
Redaktion: Curt Mahl, München
Satz: Typoservice Urban GmbH, München
Druck: J. Jehle GmbH, München
Lithos: Brend'amour, Simhart GmbH, München

Printed in Germany · ISBN 3-924749-11-6

Adalbert Niemeyer-Lüllwitz
Dieter Popp
Jürgen A. Winkler
Herbert Zucchi

Rettet die Bäche

Natur & Umwelt-Praxis · Band II

Inhaltsverzeichnis

Vorwort

ZURÜCK ZU DEN QUELLEN

Im Netzwerk der Natur erfüllen Flüsse wie Bäche die wichtigsten Lebensfunktionen; was aber ist es für eine Kultur, in der zwar das Bruttosozialprodukt steigt, die Quellen aber versiegen und mit ihnen unsere Seelen verdorren, der Eisvogel und die Wasserschwertlilie, Libellen und Träume aussterben?

Was hingegen wäre es für ein Leben, wenn unsere Fließgewässer wieder wie ehedem von Erlen und blütenreichen Auewäldern umsäumt und begleitet wären, wenn die Vielfalt der Fische und gar der heimliche Badeplatz wieder zurückkehren würden? Wenn aus Kloaken wieder Lebensadern entstünden?

Leider sind jedoch weite Teile unserer Flußtäler und Bachläufe zersiedelt, verbaut, betoniert, verhunzt. Vergewaltigt, verrohrt, begradigt.

Das Leben vertrieben und den Wassertropfen aus der Regenwolke auf dem schnellsten Weg wieder ins Meer getrieben. Hochwasser, Erosion, Naturkatastrophen – wer kennt nicht die Folgen!

Daher muß dem Jahrhundert der Wasseraustreibung die Zeit der Wiedergutmachung und der Wasserrückhaltung nachfolgen. Nur noch zehn Prozent der Bäche in unserer Heimat haben derzeit die Freiheit, ihren Lauf und ihr Leben selbst zu bestimmen; der Rest ist eingesperrt, gefangen.

Wir alle, Bürger, Politiker und Behördenleute, sollten sie befreien und Patenschaft für Schwester Quelle und für Bruder Bach übernehmen, damit die Trollblumen und der Gilbweiderich, die Wasseramseln, die Flußkrebse und unsere Träume wieder zurückkehren können. Wir alle müssen zurückkehren zu unseren Quellen; zum Ursprung allen Lebens und zum Ursprung unserer Kultur: „Ich hört ein Bächlein rauschen, wohl aus dem Felsenquell"..., solche Lieder dürfen nicht allein auf Schubert-Abende beschränkt bleiben; sie müssen wieder erlebbar werden!

Wiesenfelden, 7. September 1988

Hubert Weinzierl
Vorsitzender des Bundes für Umwelt und Naturschutz Deutschland e.V. (BUND)

Adalbert Niemeyer-Lüllwitz

1951 in Barßel (Nds.) geboren. Diplom-Ingenieur (Gartenbau) und Gymnasiallehrer. Studium an der Fachhochschule Osnabrück und Universität Osnabrück (Biologie, Geschichte). Langjährige Mitarbeit in Bürgerinitiativen und Naturschutzverbänden sowie Tätigkeit in der Erwachsenenbildung; Vortragstätigkeit und Leitung von Seminaren zu Problemen des Natur- und Umweltschutzes. Arbeitsschwerpunkte: Gewässerökologie, Naturnahe Gärten, Öffentlichkeitsarbeit im Naturschutz.

Seit 1985 wissenschaftlicher Mitarbeiter am Naturschutzzentrum NRW bei der Landesanstalt für Ökologie, Landschaftsentwicklung und Forstplanung (LÖLF) in Recklinghausen.

Jürgen A. Winkler

1959 in Zotzenbach/Odenwald geboren. Diplom-Biologe. Studium an der Technischen Hochschule Darmstadt auf dem Gebiet ökologisch orientierter Zoologie. Arbeitsgebiete: Hydrobiologie, Fließgewässerökologie.

Promoviert seit 1985 auf dem Gebiet der Erforschung spezieller Umweltanpassungen und Lebensweisen von Fließgewässer-Organismen.

Mitglied im Kreisverband Bergstraße des BUND Hessen und Mitglied des Naturschutzbeirates bei der Unteren Naturschutzbehörde des Kreises Bergstraße.

Dieter Popp

1945 in Bensheim/Hessen geboren. Forstliche Ausbildung und Zusatzstudium „Ökologische Umweltsicherung" an der Gesamthochschule Kassel. Beruflicher Einsatz in der Forstverwaltung, bei verschiedenen Naturparkträgern und Naturschutzbehörden auf allen Verwaltungsebenen im Bereich des Landes Hessen. Mitglied mehrerer Naturschutzorganisationen und Mitbegründer des BUND Hessen 1976. Jetzt tätig als Beauftragter für Südbayern des Bundes Naturschutz in München.

Herbert Zucchi

Jahrgang 1950, Dr. rer. nat. Diplom-Biologe; akademischer Rat am Fachbereich Biologie/Chemie der Universität Osnabrück und Lehrbeauftragter der Fachhochschule Osnabrück; Arbeitsgebiete: Ethologie und Ökologie der Tiere, Naturschutz/Landschaftspflege.

Zahlreiche Veröffentlichungen von Arbeiten in populär- und fachwissenschaftlichen Zeitschriften. Langjährige Mitarbeit bei Naturschutzorganisationen (BUND, DBV, BSH) in Hessen und Niedersachsen.

Einleitung

Was dem Menschen über Jahrtausende heilig war – die Quellen, Bäche und Flüsse, die „Lebensadern" des Landes – das hat er in knapp zweihundert Jahren flächendeckend zu „Vorflutern", zu Abwasserkanälen gemacht. Gewiß, in einem Land, in dem mehr als 200 Menschen den Quadratkilometer bevölkern, in dem Produktivität und Pro-Kopf-Einkommen zu den höchsten der Welt gehören, in dem es mehr Autos als Kinder gibt, kann man paradiesische Natur nicht erwarten.

Aber war es wirklich notwendig, was wir in Mitteleuropa mit unseren Landschaften, mit ihren Pflanzen und Tieren, mit ihren Bächen, Flüssen und Seen gemacht haben? War es nötig, den Rhein in einer generalstabsmäßigen Gewaltaktion – es war tatsächlich in jeder Hinsicht eine Schlacht, die der Oberst Tulla am Oberrhein geschlagen hat – von einer gewiß ungebärdigen Stromlandschaft zu einem so trostlosen und toten, nur noch wirtschaftlichen Zwecken dienenden Kanal zu degradieren? Hätte nicht ein etwas geringeres Maß der Nutzbarmachung genügt, wäre nicht etwas Zurückhaltung, etwas Ehrfurcht vor dem in Jahrzehntausenden Gewordenen am Platze gewesen? Hätte man nicht dem mächtigen Stromtal des Rheins wenigstens einen Rest seiner Auwälder, Altwässer, Überflutungsflächen – einen Rest seiner Würde als Strom belassen können?

Das Beispiel Rhein mag weit hergeholt erscheinen, zumal unser Thema die Bäche sind und nicht die großen Ströme, an deren Ufern die Menschen schon immer und überall sich besonders drängten. Doch was zu Beginn des vorigen Jahrhunderts am Rhein als Pioniertat wasserbaulichen Ingenieurwesens gefeiert wurde, das war nur der Auftakt zu einem Zug um Zug die gesamte Fläche umfassenden Werk der Reglementierung, Begradigung, Abflußbeschleunigung, Grundwasserabsenkung und Auenzerstörung bis hinauf zu den kleinsten Bächen. Oft wurde sogar so vorgegangen, daß man die Oberläufe zuerst begradigte und überschwemmungsfrei machte und damit an den Unterläufen Hochwasserspitzen verursachte, die als willkommener Sachzwang für umfängliche Wasserbaumaßnahmen auch an bisher ganz harmlosen Bächen und Flüssen dienten.

Wie so oft in der Geschichte der Menschheit – insbesondere der des technischen Zeitalters – waren auch die Wasserbautechniker immer wieder sich selbst die besten Auftraggeber. Immer wieder erwies sich die Zähmung der Natur als ein hoffnungsloses Nullsummenspiel: Was man auf der einen Seite meinte gewonnen zu haben, das tauchte an anderer Stelle – oft unerwartet und oft viel später – als Verlust wieder auf. Dem technischen Denken in einfachen Ursache-Wirkungs-Zusammenhängen fällt es immer noch schwer, die weit verzweigten Netze ökologischer Funktionszusammenhänge zu berücksichtigen oder auch nur zu sehen. Allemal war einem das Hemd näher als die Jacke. Allemal gab es irgendwelche Notstände, die Sofortmaßnahmen ohne langes Wenn und Aber (sprich: ohne Berücksichtigung weiterreichender Auswirkungen) erforderten. Allemal war der Profit von heute wichtiger als der weitsichtig-haushälterische Umgang mit den Ressourcen. Ein Begriff, der allein schon die Mentalität des Rohstoffhändlers verrät und nichts erkennen läßt von ehrfurchtsvoller Wertschätzung der Schöpfung an sich.

Zuerst waren es nur die Fische, die bedauerlicherweise nicht mehr zu fangen, zu verkaufen, zu essen waren, nachdem man sich für die bequemere und im Moment wirtschaftlichere Lösung entschieden hatte, die giftigen Abwässer der Fabriken einfach den Bach hinunterlaufen zu lassen. Erst allmählich fing man an zu merken, daß dies vielleicht doch die teurere Lösung war, als man nämlich entdeckte, daß ein Bach oder Fluß vielleicht doch mehr ist, als ein technisch nicht ganz ausgereiftes Abflußrohr, mehr auch als nur eine Art perpetuum mobile zur Produktion von Fischen.

Nun, die Fische ließen sich verschmerzen – ein kleiner Tribut an den Fortschritt. Man kaufte sie anderswo. Daß sie aber Teil einer Lebensgemeinschaft sind, darauf wurde man erst aufmerksam, als die ebenfalls vermeintlich garantierte „Selbstreinigungskraft" nachließ und schließlich in vielen Fällen ganz ausfiel. Erst allmählich dämmerte es einigen der forschen Techniker, daß man die Kuh geschlachtet hatte, die man melken wollte. Man hatte sich eine kostenlose „Entsorgung" ausgemalt und mußte nun ernüchtert feststellen, daß an allen Ecken und Enden die Kosten stiegen: Keine Fische mehr, keine Selbstreinigung mehr, dafür verseuchtes Grundwasser und Uferfiltrat, das mit viel technisch-chemischem Aufwand zu einer Flüssigkeit aufgearbeitet werden mußte, die nur noch äußerlich Ähnlichkeit mit Trinkwasser hatte.

Wir sollten es uns aber nicht zu leicht machen, indem wir die Sünden, die an unseren Gewässern begangen wurden, nur den Wasserbauingenieuren, den Technikern, Fabrikbesitzern und Politikern zuschieben. In Gestalt von Kurzsichtigkeit, Ahnungslosigkeit, Unaufmerksamkeit, Wurstigkeit trifft beinah jeden von uns ein Stück Mitschuld. Da ist der Bauer, der die Erlen am Bachufer verschwinden läßt, die Gülle bis hart ans Wasser kippt und sein Giftfaß mit Bachwasser spült. Und da ist nicht zuletzt Herr Jedermann, der ohne weiterzudenken seinen Abguß zum Wegkippen von Chemikalien mißbraucht, von Stoffen, die unter Umständen ganze Kläranlagen lahmlegen können. Wer bedenkt schon, daß auch Kläranlagen ohne lebendige Natur, ohne Mikroorganismen und also mit Gift nicht funktionieren.

Vielleicht lernen wir es – kurz vor dem Kollaps – doch noch: Verantwortlich mit dem unzugehen, was uns eine Entwicklung von Jahrmillionen „zur Verfügung gestellt" hat. Vielleicht können wir unsere Bäche noch retten, bevor alles ausgestorben ist, was sie belebt. Vielleicht gelingt es uns allmählich, einem verhunzten Bach nach dem andern wieder etwas von seiner Würde, seiner Freiheit, seiner Schönheit und Lebendigkeit zurückzugeben. Bachpatenschaften sind ein Weg in dieser Richtung – wir informieren darüber in diesem Buch.

Voraussetzung aber für alle Rettungsaktionen ist eine gründliche Kenntnis des Ökosystems Bach. Wir hoffen, daß dieses Buch nützliches Wissen dazu vermittelt und Anregungen gibt, sich weiter und intensiver mit diesem unerschöpflichen Thema zu befassen. Vielleicht werden Nymphen, Neptune und Wassergeister nie wieder in unsere Bäche zurückkehren. Doch wenn Steinfliege und Bachforelle, Eisvogel und Fischotter wenigstens da und dort wiederkämen, so wäre das schon ein großer Triumph, ein Triumph der weitsichtigen Vernunft.

Darum:
RETTET DIE BÄCHE!

Lebensbedingungen der Bäche

Von der sprudelnden Quelle am Hang, über den eilig zu Tal plätschernden Bergbach, bis hinunter zum gemächlich durch Wiesen sich windenden Bächlein der Niederung – wie verändern sich die Bilder, wie wechseln die Szenen! Und was für den Augenschein gilt, das trifft erst recht für die Lebensbedingungen im und am Bach zu. Kaum ein Bachabschnitt gleicht da dem andern, und schon gar nicht gleichen sich die Bäche unterschiedlicher Landschaften.

Trotzdem gibt es doch auch Eigenschaften, die allen Bächen und Bachabschnitten gemeinsam sind, Eigenschaften, die den Bach vom Fluß unterscheiden, oder vom Gewässer allgemein. Die Abgrenzung zwischen Bach und Fluß – wir sahen es schon in der Einleitung – ist ein bißchen willkürlich, wie so manche Abgrenzung. Niemand wird mit dem Zollstock hergehen, um festzustellen, ob ein Fließgewässer mit einer Breite von weniger als fünf Metern als Bach, oder bei mehr als fünf Metern als Fluß zu bezeichnen sei. Auch die Namen der Bäche und Flüsse richten sich nur ganz ungefähr nach irgendwelchen Definitionen. Abgesehen davon, daß es viele Eigennamen ohne den Zusatz -bach oder -fluß gibt. Und in den verschiedenen Regionen unseres Landes findet man Bezeichnungen wie Aach, Ach oder Ache, Au oder Fleet, die ganz offen lassen, ob es sich dabei um einen kleineren Fluß oder um einen größeren Bach handelt.

Zu den charakteristischen Merkmalen aller Bäche – freilich auch der Flüsse – gehört die Bewegung des Wassers, sein Strömen und Fließen.

Am Anfang war Wasser. Und Wasser ist Leben. Es stellt eine der wesentlichen Existenzgrundlagen des Menschen dar.

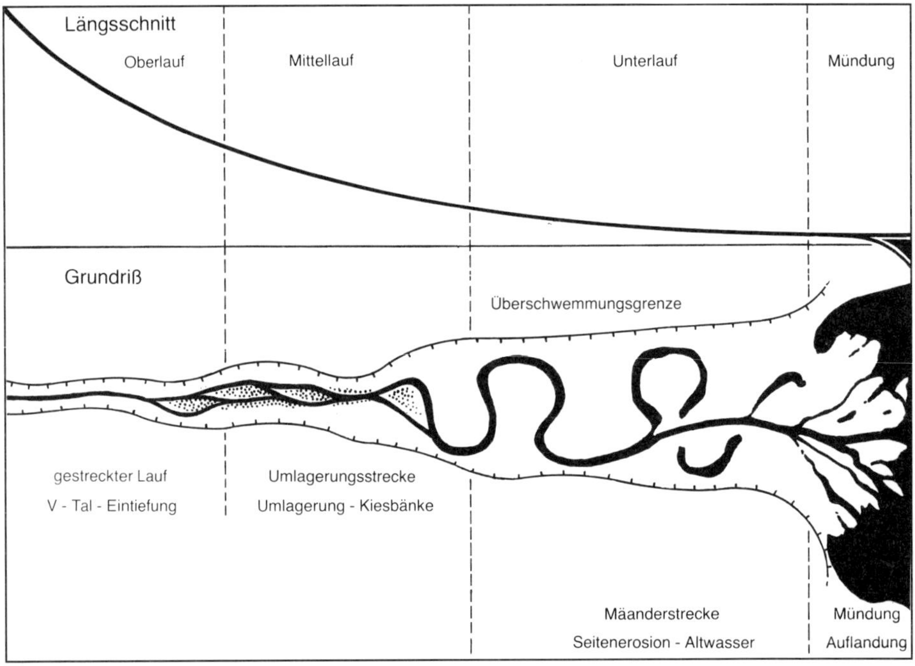

In Abhängigkeit zu Lauflänge und Gefälle lassen sich Bäche in Ober-, Mittel- und Unterlauf sowie in die Mündung einteilen. Während im Oberlauf bei entsprechendem Gefälle sehr viel Feststoffabtrag erfolgt, bilden sich im Mittellauf im Bereich der sogenannten Umlagerungsstrecke bei naturnahen Gewässern häufig Kiesbänke aus. Der Unterlauf wird in der Regel charakterisiert durch seine breiten Überschwemmungszonen und seine Mäanderstrecken. Hier und im Mündungsbereich kommt es zu sehr stark ausgeprägten Feststoffablagerungen, also den Auflandungen. Diese Einteilung kann sich jedoch bei starkem Gefälle bzw. bei Niederungsbächen nicht starr abgrenzen lassen.

Die Strömung

Man spricht nicht umsonst von der „Lebendigkeit" eines Baches. Tatsächlich weist schon die Bewegung seines Wassers so manche Anzeichen der Bewegung von Organismen auf. Vieles ist da nicht berechenbar, voraussagbar, wie bei einfacheren physikalischen Systemen, die sich bewegen. Die ideale, leicht berechenbare, blattförmige (laminare) Strömung tritt so gut wie überhaupt nie auf – wenigstens nicht in einem halbwegs natürlichen Bach, der über Steine und Felsen springt, oder sich durch die Aue schlängelt. Wer jemals versucht hat, die Strömungsgeschwindigkeit eines Baches zu messen, der weiß, was für ein schwieriges Unternehmen das ist. Die einfachste Methode besteht darin, Zeit und zurückgelegte Strecke eines auf der Oberfläche schwimmenden Gegenstandes zu bestimmen. Bei sehr schnell den Berg herabstürzenden Bächen kommt man da auf Geschwindigkeiten von 2 – 3 Metern pro Sekunde, das entspricht 7 – 11 Kilometern in der Stunde. Bei dieser Art der Messung erhält man aber nur einen groben Mittelwert. An einzelnen Punkten, etwa vor oder hinter einem Bachkiesel, würde man stark davon abweichende Werte finden. Und gerade diese Punkte sind für viele der kleinen Bachorganismen von daseinsentscheidender Bedeutung.

Im Versuch mit verschiedenen Strömungsgeschwindigkeiten hat man für verschiedene im Bach lebende Tierarten die Grenzwerte gemessen, bei denen sie sich gerade eben noch halten können.

Am standhaftesten erwiesen sich dabei Lidmückenlarven, die sich noch bei mehr als 3 m/sec an der Unterlage festhalten konnten. Für Kriebelmückenlarven lag die Grenzgeschwindigkeit bei 2,8 m/sec, für Eintagsfliegenlarven bei 1,24, für einen Strudelwurm bei 0,93, für eine Schnecke bei 0,48 m/sec.

Das strömende Wasser des Baches bildet ständig größere und kleinere Wirbel. Dadurch entstehen Ruhezonen oder sogar Gegenströmungen im Kleinen, wie sie jeder kennt, der schon einmal in einem natürlichen Fluß geschwommen ist. Wo solche Wirbel nicht nur vorübergehend sich bilden, sondern auf Dauer bestehen – in kleinen Buchten oder Kolken, oder hinter Steinen oder Wurzeln – entstehen auch im hurtigsten Bergbach Lebensbedingungen für Kleinorganismen, die weniger strömungsfest sind als die Lidmückenlarven. Man erkennt solche ruhigeren Stellen meist schon an dem feineren Material, das sich dort ablagert.

Vielleicht noch bedeutsamer für die Ansiedlung von Organismen ist die Tatsache, daß ganz dicht über dem Bachgrund die Strömungsgeschwindigkeit stark

Die unterschiedliche Topographie eines Geländes bestimmt auch die Fließgeschwindigkeit und den Charakter eines Baches. Die beidseitige Bepflanzung mit schattenwerfenden Baumarten, wie dies bei uns ohne Eingriffe des Menschen fast überall der Fall wäre, garantiert die wichtige Abfilterung des Tageslichts für Gewässer und Böschungsrand.

Die Verwirbelung des Wassers ist nicht nur für den Sauerstoffeintrag von Bedeutung, sondern sie verhindert im Winter auch weitgehend die Bildung einer Eisschicht auf den Bächen.

nachläßt. Wer sich also sehr flach machen kann oder sehr klein ist, hat hier auch im schnell fließenden Bach noch eine Chance, selbst wenn er nicht über so hervorragende Hafttechniken verfügt wie manche Tiere, von denen noch die Rede sein wird. Und tatsächlich findet man auffallend viele flache Körperformen bei Bachtieren – und auch viele Miniaturausgaben, wie wir noch sehen werden.

Neben den offensichtlichen Nachteilen hat strömendes Wasser auch offensichtliche Vorteile: Das Wasser transportiert ständig neue Nahrung herbei und sorgt auch dafür, daß der Sauerstoff nicht knapp wird, was in stehenden Gewässern viel leichter vorkommt. Tiere, die solche Bedingungen zu nützen wissen, können sich fest am Untergrund verankern und warten, was ihnen der Bach in die Mundöffnung oder ins Fangnetz treibt.

Sehr merkwürdig sind Beispiele, in denen eine Tierart in verschiedenen Entwicklungsstadien mit unterschiedlichen Strömungsgeschwindigkeiten fertig wird. Die Junglarven der Köcherfliege Stenophylax latipennis bauen sich im Herbst ihres ersten Lebensjahres Köcher nur aus Blattstücken. Man findet sie am Bachgrund nur dort, wo die Strömung weniger als 0,14 m/sec beträgt. Im folgenden Frühjahr bauen sich dieselben Larven Köcher aus kleinen Steinchen. Durch das größere Gewicht können sie nun auch andere Bereiche des Baches besiedeln, wo das Wasser schneller strömt.

Die Strömungsgeschwindigkeit eines Baches hängt nicht nur vom Gefälle ab, sondern auch von der Menge des mitgeführten Wassers. Wo die Wasserführung als Folge ergiebiger Niederschläge oder nach dem Abschmelzen des Schnees stark anschwellen kann, müssen sich die dort vorkommenden Pflanzen und Tiere danach richten. Man wird in solchen Bächen manche Arten vermissen, die man aufgrund der Strömung der mittleren Wasserführung dort vermuten würde. Gerade Pflanzen sind recht empfindlich gegen auch nur kurzfristig starke Strömung und Geschiebeführung.

Für Pflanzen und Tiere gleichermaßen stellt die Wasserströmung des Baches insofern ein ganz allgemeines Problem dar, als sie nur eine Ausbreitungsrichtung zuläßt. Nur stärkste Schwimmer – und das sind meist nur die größeren Tiere – können sich gegen die Strömung fortbewegen. Mögen sich die Erwachsenenstadien der im Bach lebenden Pflanzen und Kleintiere auch noch einigermaßen an Ort und Stelle halten können, so sind ihre ja auf Verbreitung ausgerichteten Vermehrungsstadien (Früchte, Samen, Eier, Jungtier) doch besonders von der bachabwärts gerichteten Verdriftung bedroht. Bedroht vor allem auch deshalb, weil sich ja in den verschiedenen Bachabschnitten die Lebensbedingungen oft auch zum Nachteil der einzelnen Arten verändern.

Die Frage ist also: Wie bewerkstelligen es die Pflanzen und Tiere des Baches, immer wieder auch die bachaufwärts liegenden Lebensräume zu besiedeln, die Abdrift zu kompensieren? Was sich die verschiedenen Arten dazu „ausgedacht" haben, darauf kommen wir im Zusammenhang der Einzelbeschreibungen zurück. Allgemein sei jetzt schon gesagt, daß flugfähige Arten, ähnlich wie viele Fischarten, sogenannte Kompensationswanderungen bachaufwärts unternehmen, bevor sie ihre Nachkommen neuerlich dem Bach anvertrauen.

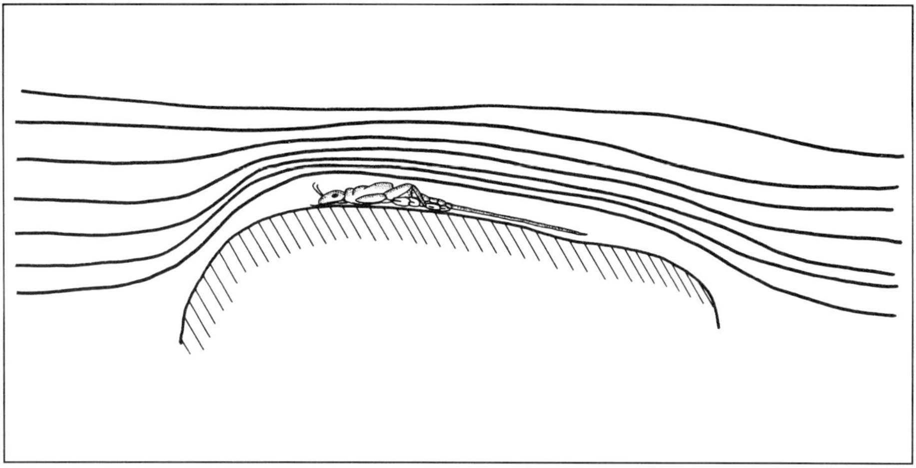

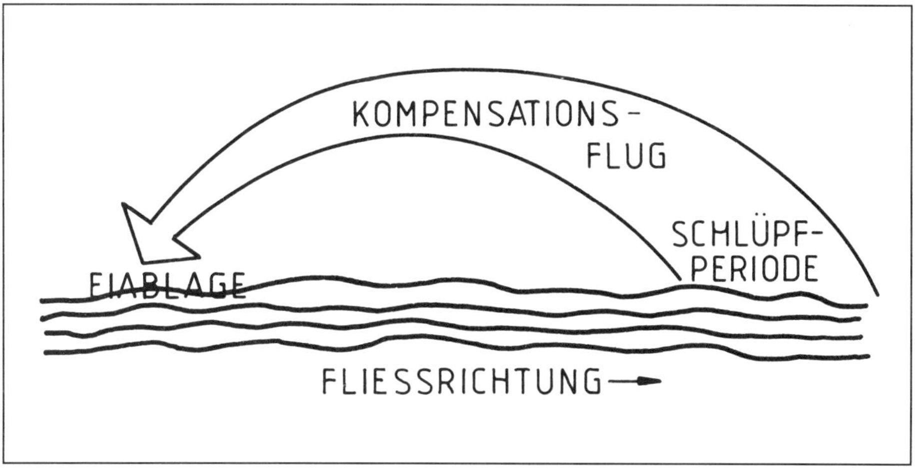

Anpassung von Eintagsfliegenlarven an hohe Strömungsgeschwindigkeiten.

Ausgleich der strömungsbedingten Abdrift der Larven durch einen bachaufwärts gerichteten Kompensationsflug der erwachsenen Insekten.

Nehmen und Geben – Erosion und Sedimentation

Das weiß jeder aus Erfahrung: Je größer die Strömungsgeschwindigkeit eines Gewässers, desto mehr Kraft hat das Wasser, Hindernisse, die sich ihm in den Weg stellen, einfach mitzunehmen. Man spricht ja auch von einem reißenden Bach oder Fluß und das besagt eigentlich: mitreißend. Ein herabstürzender Bergbach („Wildbach") vermag recht ansehnliche Steinbrocken zu transportieren, wobei sich die geschobenen und gerollten Steine gegenseitig abschleifen, so daß mit der Zeit aus eckigen Felsbrocken die typischen Bachkiesel werden.

Das Abtragen und Wegschaffen von Material nennt man Erosion. Sie überwiegt verständlicherweise im Oberlauf der Bäche, dort, wo starkes Gefälle hohe Strömungsgeschwindigkeiten zur Folge hat. In Bergbächen findet man daher fast ausschließlich grobes Geröll oder sogar den nackten Fels als Bachsohle. Alles Feinere wird weggeschwemmt.

Läßt die Strömungsgeschwindigkeit dann nach – sei es, weil das Gefälle sich verringert, sei es, weil ein Hochwasser zurückgeht – so sinkt, wie aus ermatteter Hand, alles zu Boden, was die Wasserkraft nicht mehr zu bewegen vermag. Zuerst die groben Steine, dann der Sand und schließlich der feine Schlick. Dieses Ablagern von Geschiebe, Treibgut und Schwebstoffen nennt man Sedimentation, Ablagerung. Wir erleben da einen erdgeschichtlichen, bedeutsamen Vorgang, dem wir im wesentlichen das Abtragen der Gebirge, die Bodenbildung in den Niederungen und die Verlandung von Seen und Meeresbuchten zu verdanken haben.

Nun sagten wir schon, daß sich die Strömungsgeschwindigkeit ständig ändert, einmal von Hindernis zu Hindernis und von der Bachmitte zu den Ufern oder zum Bachgrund, dann aber auch durch

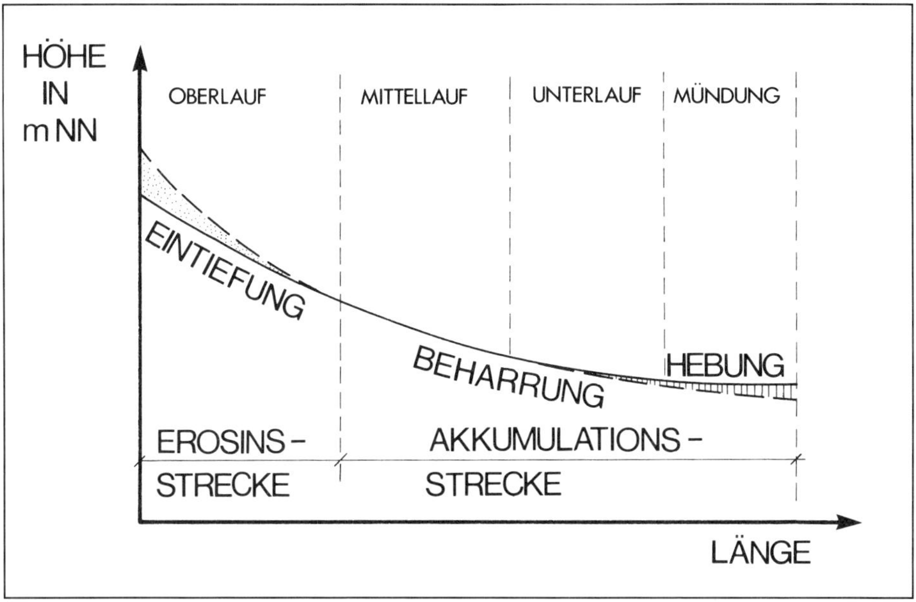

Mit urwüchsiger Kraft und Dynamik gestaltet sich der Bach seinen Lauf.

Während sich Bäche im Oberlauf durch Erosion eintiefen, lagern sich diese Materialien im Unterlauf und insbesondere im Mündungsbereich auf der Bachsohle ab und tragen zu einer Anhebung bei.

unterschiedliche Wasserführung. Die Vorgänge der Erosion und Sedimentation sind ein getreues Spiegelbild dieser wechselvollen Strömungsverhältnisse. Da lagert sich in einer kleinen Seitenbucht eines Bergbaches feinkörniger Sand ab, da putzt ein Hochwasser die Schlickablagerung im Kolk eines Wiesenbaches wieder aus. In den Schichten einer Kiesgrube kann man dieses ständige Nehmen und Geben durch veränderte Strömungsverhältnisse wunderbar ablesen.
Mit dem dynamischen Wechselspiel von Erosion und Sedimentation hängt auch ein Phänomen zusammen, das ebenso augenfällig wie verwunderlich ist: die Mäander der Niederungsbäche. Wer hätte sich nicht schon gefragt, wie sie zustande kommen, diese merkwürdigen Schlingen, mit denen sich der vom Wasserbauer noch unberührte Bach durch die Wiesen eines breiten Talgrundes windet. Sollte man nicht annehmen, das Wasser suche sich den kürzesten Weg zutal?

Wer genauer hinschaut, entdeckt in den Schlingen eines mäandrierenden Baches eine auffallende Regelmäßigkeit: Das Außenufer einer Kurve fällt meist steil zum Wasser ab, das hier eine starke Strömung aufweist. Das gegenüberliegende Ufer, auf der Innenseite der Bachschlinge, ist dagegen seicht; da bilden sich oberhalb und unterhalb des sanfter strömenden Wassers flache Sand- oder Schlickflächen. Man spricht von Prall- und Gleitufer – und wer einen Blick für Landschaften hat, der wird solche Prall- und Gleithänge auch in größerem Maßstab am Rand von Fluß- und Bachtälern finden, inzwischen von Bäumen, Wiesen oder Siedlungen bedeckt.

Über Jahrtausende haben Bäche und Flüsse auf diese Weise die Balance gehalten zwischen Eintiefung und Aufschüttung – bis der Mensch kam, dem diese Art zu platzraubend und vielleicht auch zu „unordentlich", zu unberechenbar war. Der generationenlange Eifer von Wasserbauingenieuren hat den frei mäandrierenden Bach und schon gar die von vielerlei Inseln, Armen und weit ausholenden Schlingen geprägten Flußlandschaften zur Seltenheit gemacht oder ganz aus unseren Landschaften verbannt. Begradigt und eingedämmt, verdienen mittlerweile viele unserer Bäche und Flüsse eigentlich nur noch die Bezeichnung Kanal. So mancher Fluß und Bach hat solche Maßregelung übelgenommen: Durch den verkürzten, geraden Lauf erhöhte sich die Fließgeschwindigkeit, wodurch die Erosion überhandnahm. Flüsse, wie die schwäbische Iller, haben sich als Folge der Begradigung viele Meter tief eingegraben, was zu einem entsprechenden Absinken des Grundwasserstandes geführt hat. Doch darauf werden wir noch zu sprechen kommen.

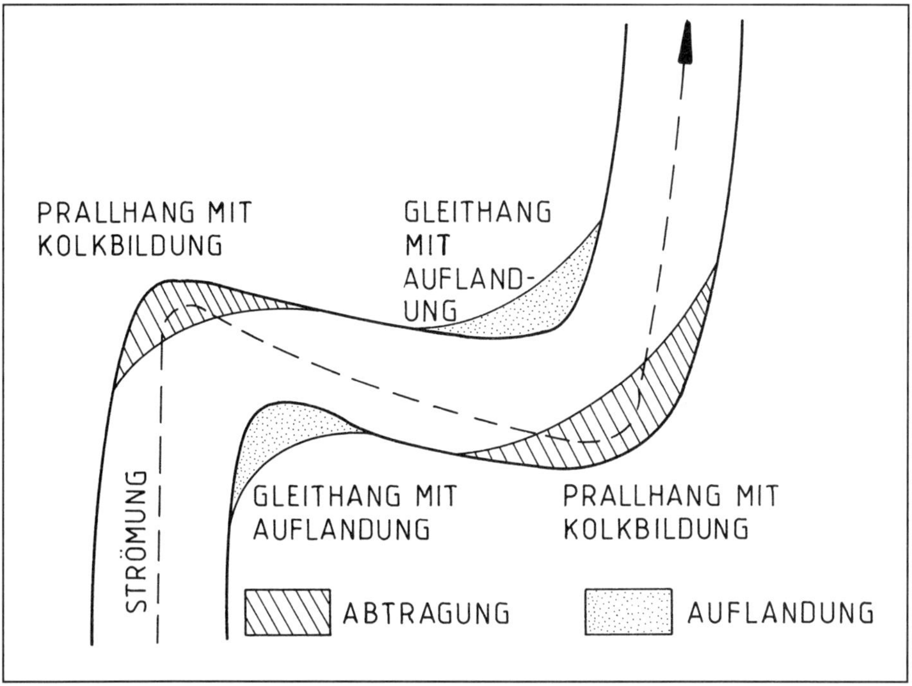

Für die Pflanzen und Tiere des Baches sind die Vorgänge der Erosion und Sedimentation selbstverständlich mindestens ebenso bedeutsam, wie die sie verursachenden Strömungsverhältnisse. Zumal für Pflanzen und Kleinorganismen spielt es eine entscheidende Rolle, ob der Bachgrund aus schierem Fels, aus grobem Geröll, oder aber aus Sand und Schlick besteht. Und auch für größere Bachtiere, etwa für Krebse und Fische, ist die Beschaffenheit des Substrats bedeutsam, aus dem sie ihre Nahrung beziehen, in dem sie ihre Eier ablegen und das ihnen Verstecke bieten soll.
Das im Verlauf der Jahrhunderte durch den ständig mäandrierenden Bach abgelagerte Grob- und Feinmaterial hat unterhalb und neben der Bachsohle einen mit Lückenräumen unterschiedlichster Größenordnung ausgestatteten Lebensraum (Interstitial) geschaffen. In diesem Lückensystem kann auch die Kontaktzone zwischen hoch anstehendem Grundwasser und der fließenden Welle liegen. Noch 50 cm innerhalb der Bachsohle läßt sich im Boden eine abgeschwächte Strömung des Grundwassers messen. Unterhalb von 30 cm kühlt auch das im Lückensystem vorhandene Wasser niemals unter 3 – 4 °C ab.

Die Begradigung von Bächen führt zu höherer Fließgeschwindigkeit und damit zu einer stärkeren Tiefenerosion. Dadurch werden nicht nur Wasserspiegelsenkungen, sondern auch Grundwasserabsenkungen bewirkt.

Im Unterlauf von Bergbächen bzw. in weiten Bereichen der Niederungsbäche kommt es zu Überschwemmungszonen und einem ausgeprägten Mäandersystem, das durch Abtrag von Ufermaterial an den Prallhängen entsteht.

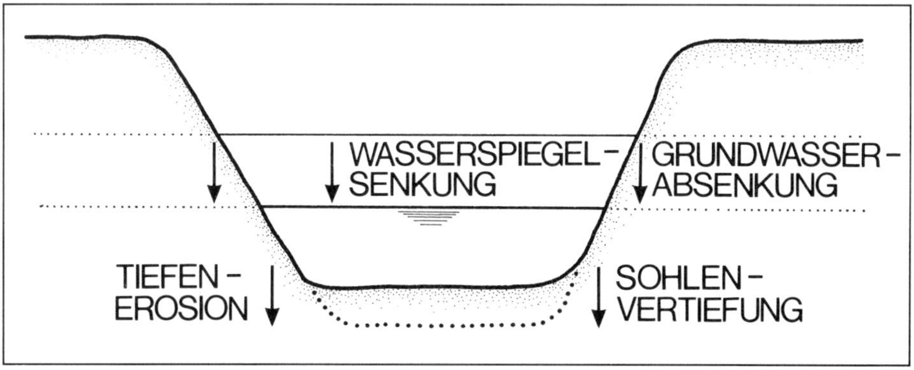

Diese Tatsachen unterstreichen die bedeutsame Funktion dieses Biotopbereichs für die Lebensgemeinschaft des Baches. Hier ist ein Lebensraum mit konstanter Strömung und Temperatur, der auch von strengen Frösten oder von Hochwasserwellen mit erhöhter Fließgeschwindigkeit meist unbeeinflußt bleibt und somit ein wichtiges Rückzugsgebiet darstellt. Deswegen ist dies auch der bevorzugte Lebensraum für eine bedeutende Zahl der an und in der Bachsohle lebenden Kleinorganismen. In dieses wasserführende Lückensystem flüchten die Kleintiere bei „Katastrophen". Dazu zählen schon Hochwasserwellen, die eine erhöhte Strömung haben und damit Kleinorganismen abtreiben können, die aber auch zu einer starken Trübung des Wassers führen. Nach dem Abklingen eines solchen Ereignisses kann der Bach aus dem Untergrund heraus sofort wieder besiedelt werden. Bachsohle und Bachuntergrund – also das mit Wasser gefüllte Lückensystem – ist aber auch außerhalb dieser Zeiten bevorzugter Lebensraum vieler Tierarten, wie z. B. der Bachflohkrebse, der Köcherfliegenlarven, der Eintagsfliegenlarven oder der Strudelwürmer, die für die Selbstreinigungsleistung als besonders wertvoll gelten.

Unterhalb der Bachsohlen entwickeln sich durch die Ablagerung von Grob- und Feinmaterial wasserdurchflossene Lückensysteme, die von großer Bedeutung für die Kleintierlebewelt der Gewässer sind.

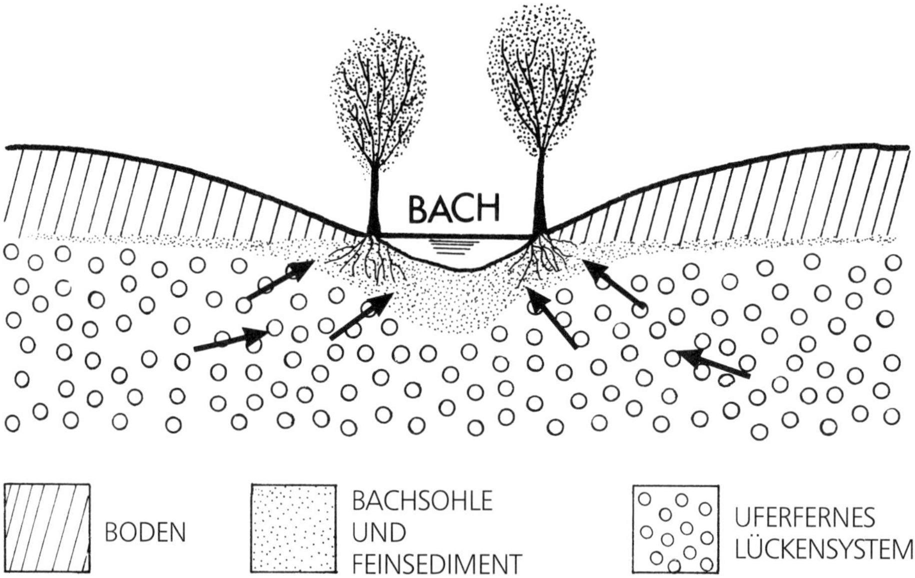

Die unsichtbaren Lebensbedingungen

Die Strömung, die Beschaffenheit des Bachgrundes, die Mäander im Wiesental – all das können wir ohne Schwierigkeiten erkennen, wenn wir auch manchmal etwas genauer hinsehen müssen. Andere Eigenschaften der Bäche sind weniger leicht wahrzunehmen, haben aber dennoch große Bedeutung für die Lebensgemeinschaften dort.

Im Wasser gelöste Stoffe haben die Eigenschaft, überwiegend unsichtbar zu sein; vielfach sind sie für uns sogar geschmacks- und geruchlos. Das hat fatale Folgen gehabt, denn allzu lange haben wir uns mit dem Augenschein eines klaren Wassers auch dann zufrieden gegeben, wenn ein Blick auf die Tier- und Pflanzenwelt uns längst hätte sagen müssen, daß hier etwas nicht in Ordnung ist.

Im fließenden Wasser sind immer Stoffe gelöst. Viele von ihnen sind lebenswichtig für die Wasserorganismen, andere werden nur von wenigen Arten ertragen oder geschätzt. Leider nimmt aber vor allem die Zahl und Konzentration jener Stoffe zu, die für alle Organismen durchaus schädlich sind. Das müssen nicht immer Giftstoffe im Sinne der Ökotoxikologie sein – wobei es aber meist Leichen zu zählen gibt. Der Kasseler Ökologe Reinhold Kickuth hat herausgefunden, daß zum Beispiel Bachflohkrebse – auf die wir zurückkommen werden – bereits durch geringste Mengen windverdrifteter oder abgespülter Herbizide (Unkrautvernichtungsmittel) in ihrem Orientierungssystem so schwer geschädigt werden, daß sie weder in der Lage sind, ihre Nahrung, noch ihre Geschlechtspartner aufzufinden. Es versteht sich von selbst, daß auf diese Weise auch „ungiftige"

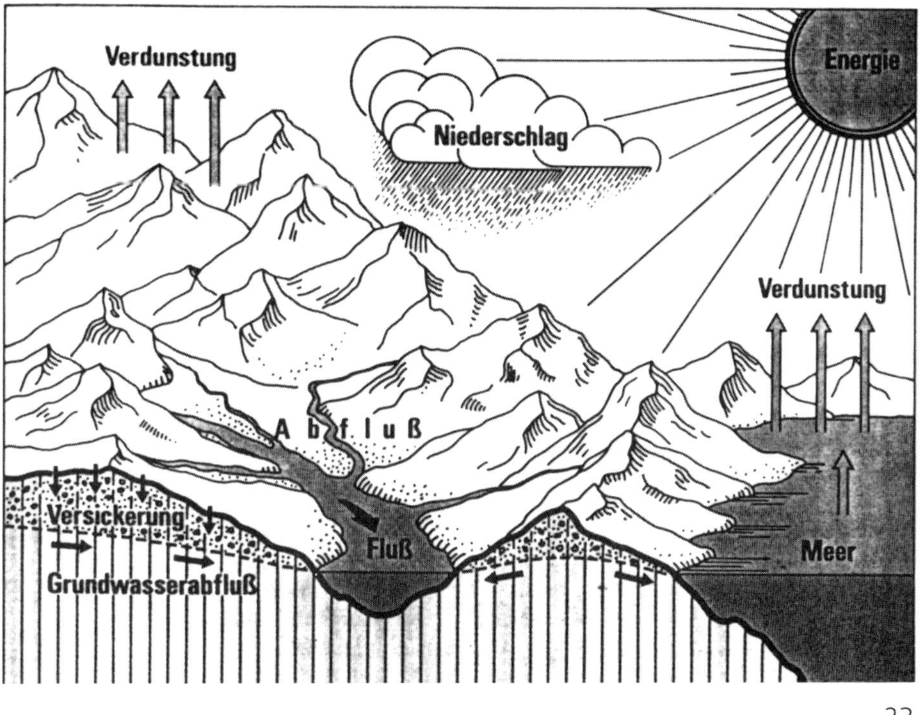

Stoffe ganze Populationen von Kleinorganismen und damit auch die Nahrungsgrundlage für Fische vernichten können. Auf seinem Weg über die Atmosphäre und den Boden nimmt das Wasser vielerlei Stoffe auf. Zu viele, möchte man angesichts der Luftverschmutzung mit Abgasen, Staub und Ruß sagen. Da geht oft schon das Regenwasser nicht mehr rein und „weich" auf Pflanzen und Böden nieder, sondern kommt scharf und aggressiv an, beladen mit Schwefel- und Stickstoff-Ionen, mit organischen und anorganischen Gift- und Schadstoffen.
Doch versuchen wir, uns zunächst ein Bild von den natürlicherweise im Wasser gelösten Stoffen zu machen.
Bevor sich die Niederschläge zu Quellen und Rinnsalen vereinigen, legen sie oft noch weite Strecken zurück. An Blättern, Ästen und Stämmen rinnt das Wasser herab, sickert durch Laub- und Humusschichten und durch das Lückensystem von Boden und Gestein. Im Boden rinnt es weiter, vereinigt sich zu unterirdischen Rinnsalen, Bächen und Seen. Und wenn es irgendwo als Quelle wieder zutage tritt, hat es oft schon einen langen Weg hinter sich, einen Weg, auf dem es vielerlei Stoffe gelöst und mitgenommen, andere auch wieder abgeschieden hat.
Noch am auffälligsten sind Kalk und Eisen im Wasser zu erkennen, jedenfalls dann, wenn diese Stoffe wieder ausfallen. Das geschieht etwa, wenn kohlensäurereiches Wasser Kohlendioxid abgibt und deshalb nicht mehr soviel Kalk in Lösung halten kann. Die dann auftretenden Kalkabscheidungen kennen wir als bizarre Gebilde in Tropfsteinhöhlen, als Sinterterrassen oder auch nur als dünne Überzüge auf Pflanzen und Steinen. Eisen hingegen ist an seinen gelblich-rötlichbräunlichen Farben zu erkennen. Es fällt

Starkes Algenwachstum als Folge von Überdüngung, geringer Strömung und fehlender Beschattung des Gewässers.

oft flockenförmig aus und bedeckt dann als sogenannter Eisenocker den ganzen Bachgrund.
Wo das Regenwasser über kalkreiche Böden abfließt, ist das Leitungswasser „hart". Man hat mit Kesselstein zu kämpfen nicht nur im Wasserkessel, sondern auch an Heizspiralen und in Leitungen. Und beim Wäschewaschen braucht man mehr Waschpulver als dort, wo der Regen über Granit, Schiefer, oder Sandstein abfließt, deren Mineralien weniger leicht in Lösung gehen als der Kalk. All das hat seine Auswirkungen nicht nur auf die Mühen beim Wäschewaschen, sondern auch auf Flora und Fauna der Bäche. So findet man Moose besonders reich dort im und am Bach, wo dessen Wasser kalkarm ist. Große Bedeutung für das Leben im Bach haben zwei weitere „Mineralstoffe": Stickstoff und Phosphor, beziehungsweise entsprechende Salze der beiden Elemente. Phosphate kommen in geringen Mengen in den verschiedenen Gesteinen des Bodens vor, sind aber schwer löslich und treten daher in natürlichen Bächen nur spurenweise auf. Stickstoffsalze, wie etwa Nitrat, lösen sich zwar leicht in Wasser, sind aber im Boden selten frei zu finden, wenn nicht vom Menschen als Dünger ausgebracht. So waren diese beiden für das Pflanzenwachstum so bedeutsamen Stoffe immer sogenannte Minimumstoffe, die die Bildung organischer Substanz im Wasser der Bäche (Flüsse und Seen) eng begrenzten. Das hat sich in unseren Tagen sehr gewandelt. Heute nimmt der Regen schon aus der mit Stickoxiden geschwängerten Luft bemerkenswerte Mengen an Stickstoff mit. Und die Landwirtschaft sorgt mit Kunstdünger und Gülle schon im Oberlauf der Bäche für reichliche Nährstoffversorgung, Ursache für eine besondere Art von Wasserverschmutzung – auf die wir zurückkommen werden.
Zu den unsichtbaren und doch so wichtigen Stoffen im Wasser gehören auch zwei Gase: Sauerstoff und Kohlendioxid. Sie spielen im Wasser die gleiche Rolle für die dort lebenden Pflanzen und Tiere, wie für land- und luftlebende Organismen. Die Pflanzen brauchen den Kohlenstoff des Kohlendioxids zur Herstellung von Stärke, Zucker und anderen organischen Stoffen; dabei fällt gleichzeitig Sauerstoff an. Die Tiere brauchen umgekehrt den Sauerstoff, um organische Stoffe um- und abzubauen; dabei fällt Kohlendioxid an. Wie jeder Aquarienfreund weiß, genügt die Sauerstoffproduktion grüner Pflanzen im Licht, um eine gewisse Anzahl von Tieren zu versorgen. Knapp kann es mit dem Sauerstoff im Wasser werden – die Fische schnappen dann an der Wasseroberfläche nach Luft – wenn das Verhältnis von Pflanzen zu Tieren nicht ausgewogen ist, wenn das Wasser besonders warm wird, oder im Dunkeln, wenn auch die Pflanzen Sauerstoff verbrauchen und Kohlendioxid ausscheiden.
Kohlendioxid löst sich leicht und reichlich in Wasser; es spielt daher für die Pflanzen keine begrenzende Rolle. Anders beim Sauerstoff. Die maximale Konzentration an gelöstem Sauerstoff beträgt in Wasser von 0 °C nur 0,05 Volumenprozent, im Gegensatz zu 21 Prozent in der Luft. Voraussetzung für eine maximale Sauerstoffsättigung ist der ausreichende Kontakt zwischen Wasser und Luft. Beim lebhaft über Steine plätschernden und Wirbel bildenden Bergbach ist das kein Problem – solches Wasser ist stets sauerstoffgesättigt. Bei träge dahinfließendem oder stehendem Wasser hingegen sind meist nur die obersten Wasserschichten gut mit Sauerstoff versorgt.

Erschwerend für die Atmungsbedingungen im Wasser kommt hinzu, daß mit steigender Temperatur immer mehr Sauerstoff aus dem Wasser entweicht, gleichzeitig die Aktivität und damit der Sauerstoffbedarf der Tiere aber zunimmt.
Dadurch ist der so wunderbar aufeinander abgestimmte Stoffkreislauf von pflanzlicher Assimilation und tierischer Atmung (Dissimilation) im Wasser viel störanfälliger als in der Luft. Während im riesigen Reservoir der Atmosphäre sich lokale Unterschiede der Sauerstoff- und Kohlendioxid-Konzentration rasch ausgleichen, hängt im Wasser die Menge der gelösten Gase von der Temperatur, von der Turbulenz (Luftdurchmischung) und von der Aktivität assimilierender Pflanzen ab.
Mit der Menge des im Wasser gelösten Sauerstoffes hängt begreiflicherweise nicht nur die Zahl der tierischen Organismen zusammen, die pro Raum- oder Flächeneinheit leben können, sondern auch die Art von Organismen. Denn manche Arten kommen mit weniger Sauerstoff aus als andere. Von der Zahl und Vielfältigkeit der Wassertiere aber hängt wesentlich das Selbstreinigungsvermögen eines Gewässers ab. Am Bach wirkt sich die Tendenz der Wasserbauer zur glatten Rinne und zum baumlosen Ufer in doppelter Weise negativ für die Selbstreinigungskraft aus: Durch die fehlende Beschattung erwärmt sich das Wasser und verliert Sauerstoff; durch die fehlende Turbulenz kann das Wasser verbrauchten Sauerstoff nur schwer wieder aufnehmen.

Zu einem baumlosen Gerinne degradiert: Das Gewässer erwärmt sich, es verliert Sauerstoff und kann daher seine Selbstreinigungsfunktion nicht mehr wahrnehmen.

Kalte und warme Bäche

Aus dem Untergrund sprudelnde Quellen weisen das ganze Jahr über die für Grundwasser typische Temperatur von etwa 10 °C auf. Damit entfallen für die in dieser Region lebenden Organismen die sonst für unseren Klimabereich so charakteristischen und alles Leben bestimmenden jahreszeitlichen Temperaturschwankungen.

Je weiter wir den Bach auf seinem Weg ins Tal begleiten, desto größere Temperaturunterschiede stellen wir zwischen Sommer und Winter fest. Das Quellwasser erwärmt sich also im Sommer im Verlauf seiner Reise in die Niederung und kann nach längerer Strecke 24 – 25 °C erreichen. Im Winter beobachten wir den umgekehrten Vorgang, da kühlt das Quellwasser immer mehr ab, oft bis es gerade nur noch um den Gefrierpunkt mißt.

Die Jahresschwankung der Temperatur kann daher als Maß für die Entfernung von der Quelle dienen: je größer sie ist, desto mehr befinden wir uns im Unterlauf eines Baches. Vorausgesetzt, diese natürlichen Abläufe werden nicht durch eingeleitete Kühl- und Abwässer verfälscht. Als Faustregel kann man sagen: Bachabschnitte mit einer jährlichen Temperaturschwankung von bis zu 10 °C werden zum Oberlauf gerechnet, solche mit bis zu 15 °C zum Mittellauf und Abschnitte mit größerer Amplitude zum Unterlauf.

Auch Temperaturschwankungen zählen zur natürlichen Dynamik eines Baches. Von der Quelle zur Mündung erwärmt sich das Wasser eines Baches ständig. Insbesondere die Bewegung des Gewässers im Bachoberlauf verhindert ein Durchfrieren selbst bei niedrigsten Lufttemperaturen.

Der Bach als Pflanzenstandort

Fließendes Wasser ist ein Medium, das durch seine Strömung, seine zerstörenden Kräfte und die dadurch bedingten ständigen Feststoffverlagerungen als ein besonders extremer Standort für die meisten Pflanzen angesehen werden muß. Eine weit entwickelte Spezialisierung zeichnet daher die Pflanzen aus, die sich dort behaupten müssen. Dies gilt in hohem Maße für die in oder direkt am Wasser stehenden Pflanzen durch besondere Verankerung, geringeren Strömungswiderstand und ausgeprägte Reißfestigkeit. Eingeschränkt gilt es aber auch für solche Arten, die den Überschwemmungsbereich der Aue besiedeln und sich hier gegenüber wechselnden Grundwasserständen und Überstauungszeiträumen als überlebensfähig erwiesen haben.

Daraus folgt, daß neben den Eigenschaften des Bodens die Beeinflussung durch den jeweiligen Wasserstand der entscheidende Standortfaktor für den Wechsel der Pflanzengesellschaften und ihrer Arten ist. Diese Veränderung der Wasserhöhe ist durch Strömungseinflüsse, Grundwasserverhältnisse, Auflandung oder Sohlenvertiefung einem ständigen Wandel unterworfen, so daß hier – insbesondere in unmittelbarer Wassernähe – dynamische Veränderungen in der Besiedelung mit Pflanzen zu beobachten sind.

Die übliche Einteilung der Pflanzengesellschaften im Bereich der Bäche unterscheidet:

- Wasserpflanzenbereich
- Röhrichtbereich
- Weichholzauenbereich
- Hartholzauenbereich

Diese grundsätzliche Zonierung ist jedoch keinesfalls die Regel. Vielmehr ist die jeweilige Ausdehnung oder scharfe Abgenzung, gegebenenfalls auch das Fehlen einer dieser Zonen heute überwiegend auf menschliche Einflüsse zurückzuführen, während die Oberflächengestaltung der Bachaue nur noch eine untergeordnete Rolle spielt.

Ständig untergetaucht lebende Pflanzen werden dem Bereich der Wasserpflanzengesellschaften zugeordnet. Ihr Artenspektrum ist von Natur aus relativ gering, da nur wenige Pflanzen diesen extremen Lebensbedingungen widerstehen können. Bei Strömungsgeschwindigkeiten von über 2,0 m/sec. sind keine höheren Pflanzen lebensfähig. Hier gedeihen allenfalls noch bestimmte Algen, Flechten oder Moose.

Selbst bei Strömungsgeschwindigkeiten von 0,5 bis 1,0 m/sec. besteht noch immer die Gefahr, daß verankerte Pflanzen herausgerissen werden oder daß Pflanzen oder Pflanzenteile durch schiebendes Geröll (Geschiebeführung) zerrissen oder verschüttet werden. Früchte und Samen haben in fließendem Wasser Probleme der Festlegung, also mit der Neubesiedlung des Bachgrundes.

Die Ausbreitung der Wasserpflanzengesellschaften in größere Gewässertiefen wird vom vorhandenen Lichteinfall begrenzt. So sind mineralisch bedingte oder abwasserbelastete Trübungen ebenfalls ein Faktor, der die Besiedelung tieferer Regionen durch Unterwasserpflanzen begrenzen kann. In sauberem, klarem, lichtdurchlässigem Wasser können Pflanzen in viel größere Tiefen vordringen.

Allerdings wird die Lichtmenge nicht in erster Linie von der Sichttiefe des Wassers bestimmt. Viel stärker beeinflussen die Ufergehölze unter natürlichen Bedingun-

Die an den Bachrändern natürlich wachsenden Pflanzen sind an diesen Extremstandort mit seinen häufigen Überflutungen optimal angepaßt.

Wasserpflanzen-Gesellschaften können sich nur bei ausreichendem Lichteinfall entwickeln. In nährstoffreicheren Gewässern kann sich beispielsweise der Wasserhahnenfuß (Ranunculus aquaticus) ausbreiten.

gen den Lichteinfall. So verhindert ein beidseitiger Erlenbewuchs in der Regel das Aufkommen von Wasserpflanzen in den Oberläufen, wo ein dichter Kronenschluß – das Berühren der Baumkronen über dem Bachbett – in der Vegetationszeit nur Bruchteile des vollen Tageslichtes zur Wasseroberfläche dringen läßt. Ab einer Sohlbreite von über 5 – 8 m kann das Licht auch zwischen beidseitigen Gehölzstreifen einfallen. Die Möglichkeit zu kräftigerer Vegetationsentfaltung wird hier freilich oft eingeschränkt durch die jetzt ebenfalls zunehmende Wassertiefe.

In schnellfließenden Bächen trifft man die Fluthahnenfußgesellschaft an, in der auch Wasserstern- und Laichkrautarten vorkommen können. In der näheren Umgebung von Quellen treten im Flachwasserbereich auch Pflanzenarten der Quellfluren auf. In langsamer fließenden Bachbereichen, in Altarmen oder Auskolkungen kann man Laichkrautgesellschaften antreffen, in denen neben untergetauchten Pflanzen auch Arten mit auf der Oberfläche schwimmenden Blättern vertreten sind. Sie bilden jedoch in unseren Bächen eher die Ausnahme.

Vegetationszonierung an Bächen

STANDORT	NATÜRLICHE VEGETATION
Unterwasserbereich	Wasserstern- und Fluthahnenfußgesellschaften, sofern fehlende Ufervegetation erhöhten Lichteinfall liefert
Kiesbänke	Bei ausreichendem Lichteinfall Pestwurzfluren und ggf. Rohrglanzgras-Röhrichte
Mittelwasserbereich	Hainmieren-Eschen-Erlenwaldgesellschaft; bei genügendem Lichteinfall Weidengesellschaften oder bei Entfernung aller Bäume Rohrglanzgras-Röhricht
Weichholzaue (zwischen Mittelwasser- und Sommerhochwasserbereich)	Hainmieren-Eschen-Erlenwaldgesellschaft; bei genügendem Lichteinfall Weidengesellschaften
Hartholzaue (Grundwassernaher Bereich, der selten überflutet wird)	Eichen-Hainbuchengesellschaften mit Winterlinde, Flatterulme und Gemeiner Esche

Pflanzen als Klärwerke

Schließlich soll die Vegetation aber noch aus einem ganz anderen Blickwinkel betrachtet werden. Sowohl die Ufer- als auch die Wasserpflanzen haben elementare Bedeutung bei der Beseitigung verschiedener Schad- und Belastungsstoffe, indem sie als biologische Absorptionsflächen die Selbstreinigungsleistung eines Gewässers maßgeblich mitbestimmen. So nehmen sie anorganische und organische Stoffe (auch Schwermetalle) auf. Manche Pflanzen (z. B. die Flechtbinse Scirpus lacustris) können hochgiftige CH- und CN-Verbindungen wie Phenole, Cyanide und deren Derivate aufspalten und dann als Kohlenstoff- (C-), Wasserstoff (H-) oder Stickstoff- (N-) Quellen für sich nutzbar machen. Wurzelausscheidungen mancher Pflanzen können eine rasche Säure-Neutralisierung herbeiführen und damit alkalische oder saure Abwässer in ihrer Wirkung neutralisieren. Ebenfalls über Wurzelausscheidungen z. B. der Sumpf-Kratzdistel (Cirsium palustre), des Rohrglanzgrases und der Wasserminze (Mentha aquatica) können Bakterien und Viren, die eine gesundheitliche Gefahr darstellen, vernichtet werden. Schwer zu beseitigende organische Schlämme erfahren durch Pflanzen der Verlandungszone (z. B. Schilf) eine rasche Entwässerung und Vererdung. Im fließenden Wasser sich bewegende, flutende Wasserpflanzen schließlich wirken für mitgeführte Schwebstoffe wie ein Sieb und filtern sie aus. Auf ihren Blättern und Stengeln wachsende, epiphytische Bakterien können diese Stoffe dann in Gegenwart von Sauerstoff abbauen. Niemand kann diese wichtigen Funktionen der Fließgewässer-Vegetation abstreiten. Unsere oft ohnehin stark mit Schadstoffen belasteten Bäche haben sie bitter nötig. Vernichtung der Vegetation durch wasserbauliche Maßnahmen bringt weitere Defizite bei der biologischen Selbstreinigung der Gewässer mit sich.

Röhrichtzonen sind – wie auch die Erlen – in der Lage, dem Gewässer Nährstoffe zu entziehen. Auf diese Weise leistet die Ufervegetation einen zusätzlichen Beitrag zur Gewässerreinigung.

Die Tierwelt der Bäche

Will man die reichhaltige Tierwelt des Lebensraums Bach ergründen, so steht am Anfang oft eine Enttäuschung. Selbst dem eifrigsten und vorsichtigsten Betrachter wird sich die unglaubliche Vielfalt der Bachbewohner nur zu einem geringen Teil offenbaren, solange er sich nur auf Beobachtungen beschränkt. Vielleicht hat man das Glück, einen Fisch vorbeihuschen oder in der Strömung stehen zu sehen. Der Großteil unserer heimischen Bachbewohner ist dem Auge des Betrachters entzogen und führt ein Leben im Verborgenen. Viel eher fallen da schon die Tiere des Bachufers und des angrenzenden Landstreifens, der Bachaue, auf. Gerade dieser unmittelbar an den Bach anschließende und von diesem geprägte Auensaum ist ein äußerst wichtiger, vielfältiger und interessanter Teilbereich des Gesamtlebensraums Bach. Er wird durch das sich jährlich mehrmals wiederholende Wechselspiel von Überschwemmung und anschließender Abtrocknung in einer Weise geprägt, die es nur einer gewissen Zahl von spezialisierten, angepaßten Tieren erlaubt, dort zu existieren. Selbstverständlich kommen neben diesen besonders angepaßten Arten auch noch viele weitere vor, deren Ansprüche weniger speziell sind, weshalb man sie auch in anderen Biotopen findet. Die Bedeutung und Notwendigkeit von intakten Auen, als Lebensraum gerade für die an sie angepaßten Arten, ist offensichtlich. Die Bachaue ist aber auch der Teil des Gesamtlebensraums Bach, der am gefährdetsten und vielerorts sogar schon weitgehend zerstört ist.

Versetzen wir uns nun wieder in die Rolle des Beobachters, so können wir schnell die beiden hauptsächlichen Lebensbereiche eines Fließgewässers unterscheiden: den deckungslosen, stark bewegten Wasserkörper und das mehr oder weniger zerklüftete Bachbett, genauer die Bachsohle. In dieser Bodenzone lebt der Großteil unserer etwa 1000 Arten von Süßwasserorganismen. Hier gibt es Verstecke im Überfluß, und durch Reibungseffekte verliert hier die Strömung an Gewalt, so daß eine dünne strömungsarme Grenzschicht zwischen Substrat und dem Wasserkörper entsteht. Diese dünne Schicht ermöglicht der Mehrzahl unserer Fließgewässerorganismen überhaupt erst ein Überleben im Bach.

Stellt der Wasserkörper eines Baches ein ziemlich einheitliches, energiezehrendes Medium dar, in dem nur Fische existieren können, so bietet der Grund eines Baches ein ungleich größeres und vielseitigeres Angebot an Lebensmöglichkeiten. Und alle Teilbezirke dieses Lebensraumes sind von besonderen Spezialisten bewohnt.

Natürlicher Lauf eines Bergbaches.

In der Natur für den Beobachter nahezu unsichtbar – die oft nur millimetergroßen Erbsenmuscheln (rechts oben).

Köcherfliegen (links Mitte) – typische Vertreter der Bachlebensgemeinschaft.

Steinfliege (links unten) und ihre Larve (rechts Mitte), die als gefährlichster Räuber der Bachsohle gilt.

Die Strudelwürmer (rechts unten) leben vorwiegend auf den Steinunterseiten.

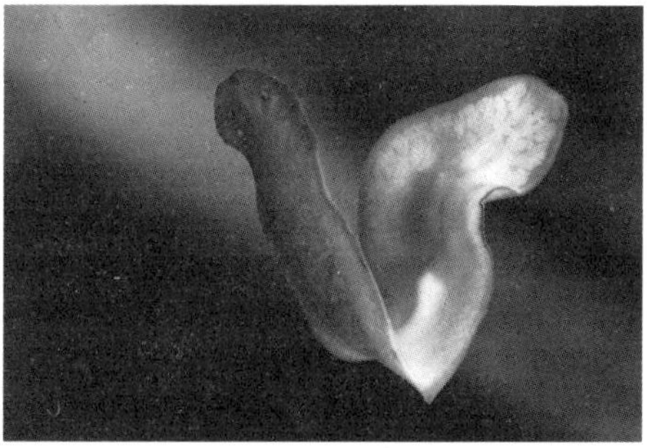

So gelingt es fast nur der Flußnapfschnecke und einigen Mückenlarven, die Oberfläche größerer Steine dauerhaft zu besiedeln und dort selbst stärkster Strömung zu trotzen. Hakenkäfer und ihre Larven findet man fast ausschließlich in den dichten Moosrasen, die die großen Gesteinsbrocken vieler Mittelgebirgsbäche oft fast vollständig überziehen. Ganz anders leben wiederum die Muscheln und die meisten unserer Würmer, die nicht auf dem Substrat nach Nahrung suchen, sondern sich in dieses hineingraben und so ein Leben gänzlich im Verborgenen führen. Ähnlich verhalten sich frisch aus dem Laich geschlüpfte Forellen, die sich zunächst auch in den strömungsarmen Spaltensystemen der kiesigen Bachoberläufe aufhalten.
Die größte Fülle an tierischem Leben findet man jedoch dann, wenn man sich einmal die Mühe macht und einen der Geröllbrocken umdreht oder aus dem Wasser herausnimmt. Neben den oft kunstvoll und bizarren Gehäusebauten der Köcherfliegenlarven erlebt man eine rege Flucht der unterschiedlichsten Tiere. Egel bewegen sich neben Eintagsfliegenlarven, Bachflohkrebse neben Strudelwürmern und Steinfliegenlarven – alle mit dem gleichen Ziel: die lichtabgewandte und geschützte Unterseite des Steines wieder zu erreichen. Denn dort haben sie ein vorzügliches Versteck und sind der reißenden Kraft der Strömung nicht oder nur schwach ausgesetzt.
Eine weitere interessante Lebenszone ist der schmale Übergangsstreifen zwischen dem Wasserkörper und dem Ufer. Dieser amphibische Bereich in der Spritzwasserzone des Baches ist durch den Wellengang und die kapillare Saugkraft des Bodens dauernd wassergesättigt. Insbesondere bei sandiger Beschaffenheit des Ufers finden hier die großen grabenden Larven einiger Eintagsfliegen und die madenförmigen grauen Larven der Bachmücken (Limoniidae, Tipulidae) optimale Lebensbedingungen.
Als letzter Lebensbereich des Baches sei noch die Wasseroberfläche genannt. Ihre Lebensbedingungen sind von denen der drei bisher erwähnten Teilbereiche so verschieden, daß eine gesonderte Betrachtung gerechtfertigt erscheint, wenn auch die Bedeutung beim Bach längst nicht so groß ist wie bei stehenden Gewässern. Vor allem die Wasseroberfläche im ufernahen Bereich, in größeren und kleineren Buchten gemächlich hinziehender Bäche wird von Tieren besiedelt, die die Kunst beherrschen, auf der gespannten „Wasserhaut" zu laufen.
Hier, wo die Kraft der Wellen und Wirbel zu schwach ist, die Oberfläche des Wassers zu zerreißen, tummeln sich die verschiedenen Arten von Taumelkäfern und Wasserläufern. Wer ganz genau hinsieht, wird auch die winzigen, urtümlichen Springschwänze entdecken, die mit ihrer Sprunggabel auf der Wasserfläche herumspringen können. Freilich sind diese Tiere am Tag oft hinter herabhängender Ufervegetation verborgen.
Noch deutlicher als die Lebensbereiche des Bachquerschnittes unterscheiden sich die der aufeinander folgenden Bachabschnitte zwischen Quelle und Mündung. Wir sahen schon, wie viele Lebensbedingungen sich da verändern. Das aber spiegelt sich sehr deutlich im Artenspektrum wider. Die jeweils anzutreffenden Lebensgemeinschaften (Biozönosen) sind durch bestimmte Tierarten geprägt, die nur unter den gegebenen Bedingungen existieren können. Solche Leitarten kann man zur Charakterisierung und Benennung der einzelnen Bach-

abschnitte verwenden. Üblicherweise werden die Bachregionen nach den dort dominanten Fischarten benannt. Man macht sich dabei die unterschiedlichen Ansprüche der einzelnen Arten etwa an die Körnung des Bachuntergrundes, an den Sauerstoffgehalt des Wassers oder an die Strömungsgeschwindigkeit zunutze.

Im wesentlichen läßt sich ein Bach in eine obere und untere Forellenregion und in die Äschenregion unterteilen. Gelegentlich könnte man ihm auch noch die Barbenregion zurechnen, begibt sich damit aber bereits in den Lebensraum des Flusses, bei dem man zwischen Barben- und Brachsenregion unterscheidet. Die beiden Forellenregionen unterscheiden sich hauptsächlich darin, daß die obere gröberes Substrat, kühlere Temperaturen und größere Strömungsgeschwindigkeiten aufweist als die untere. Das schlägt sich vor allem auch im Fischartenspektrum der beiden Regionen nieder – wie noch ausführlicher darzustellen sein wird.

Auch der Taumelkäfer ist gelegentlicher Gast in Stillwasserzonen.

Mittlerweise ist die Bachforelle fast eine Seltenheit in unseren Bächen.

Verwobene Beziehungen

Die in den Bächen natürlicherweise vorhandenen Lebensgemeinschaften von Kleinorganismen sind durch Nahrungsbeziehungen vielfältig miteinander und mit den Pflanzen als Produzenten in der Nahrungskette verbunden.

Bei den Kleinorganismen ist die Besiedlungsdichte jahreszeitlich bedingt und erreicht ihr Maximum im Sommer und Herbst. In der übrigen Jahreszeit werden sie durch räuberische Tätigkeiten anderer Organismen oder durch Abdriften mit der Strömung reduziert.

Bakterien sind darauf angewiesen, im Wasser gelöste Stoffe aufzunehmen, während die Pflanzen mineralische Nährstoffe benötigen. Dabei kommt den Hochwasserwellen eine besondere Bedeutung zu, denn sie transportieren Nährstoffe auch in höhergelegene Uferbereiche und versorgen auf diese Weise nicht nur Bakterien und Wasserpflanzen, sondern auch die Ufervegetation selbst damit.

Dieser Umstand verdient auch deswegen erhöhte Aufmerksamkeit, weil Pflanzen am intakten Bach im wesentlichen erst im Uferbereich auftreten. Die Schwarzerle als häufigste und bedeutendste Baumart spielt dabei durch ihre Fähigkeit, Luftstickstoff über Wurzelknöllchen zu binden, noch eine zusätzliche Rolle für die Nahrungskette. Teile der Wasserpflanzen und das Laub bilden die Ernährungsbasis der Kleinorganismen als Zersetzer. Dabei zeigt sich, daß das Laub jener Bäume zuerst abgebaut wird, die zu den natürlichen Pflanzengesellschaften gehören, während Laub von künstlich angebauten Baumarten nur mit Verzögerung oder überhaupt nicht abgebaut wird. Es ist also entscheidend, daß sich die Masse des angeschwemmten organischen Materials,

Bachflohkrebse stellen die bedeutendste Gruppe unter den Kleinorganismen eines Fließgewässers dar. Sie haben einen hohen Anteil an den Zersetzern in einem Bach. Ohne ihre rege Tätigkeit könnte die in das Gewässer eingetragene organische Masse nicht so schnell abgebaut werden.

Bäche mit einem beidseitigen Erlenbewuchs können bis zu 95% des eingestrahlten Tageslichts abfiltern. Ihre mittlere Durchschnittstemperatur in der sommerlichen Wärmeperiode liegt daher zwischen 1 bis 2 Grad Celsius niedriger als die von Gewässern ohne eine solche beidseitige natürliche Beschattung.

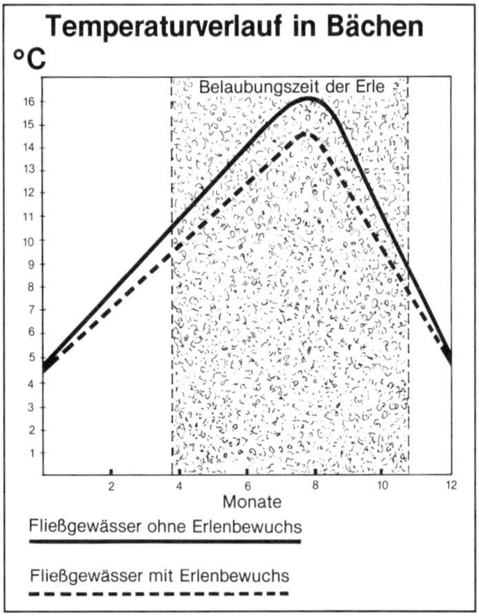

von dem sich die Bachtiere ernähren, aus den Arten der natürlichen Gesellschaften zusammensetzt.
Auch hier kommt dem Laub der Schwarzerle eine besondere Bedeutung zu, weil dieses von den wichtigsten Zersetzern in unseren Bächen, den Bachflohkrebsen, bevorzugt abgebaut wird. Dies hängt mit der Tatsache zusammen, daß bestimmte Bakterien und Bachpilzarten die Erlenblätter sofort nach Laubeintrag im Herbst besiedeln und sie für die Primärkonsumenten wie die Bachflohkrebse zu einer besonders weichen und damit bevorzugten Nahrungsgrundlage erschließen.
Dagegen wird das Laub von Pappeln, Eichen oder Buchen, die nie zur eigentlichen Vegetation der unmittelbaren Bachufer gehört haben, nur sehr langsam abgebaut; die Nadeln von Fichten oder Kiefern finden im Bach überhaupt keine Zersetzer. Da künstliche Nadelholzforste meist auch nur über eine dürftige Krautschicht verfügen, stellen sie – sofern sie die unmittelbare Ufervegetation von Waldbächen ausmachen – für die Lebensgemeinschaft des Baches keine Nahrungsbasis dar. In Bächen, die ausgedehnte Nadelholzforste durchfließen, ohne daß sie noch von weiteren Arten der natürlichen Pflanzengesellschaft gesäumt wären, fehlt daher das erste Glied der Nahrungskette – und dies hat natürlich auch Auswirkungen auf Sekundärkonsumenten. Aus diesem Grund können derartige Bachabschnitte auch ausgesprochen fischarm, wenn nicht gar frei von jeglichen Fischen sein, die ja überwiegend von den Kleinorganismen, wie Bachflohkrebsen u. a. leben.
Das Laub der Uferbäume stellt also ein wichtiges Anfangsglied in der Nahrungskette dar und ist für die ökologische Funktionsfähigkeit des Lebensraumes Bach von grundlegender Bedeutung.

Kleinorganismen, die organische Substanz im Bach abbauen, bevorzugen vor allem solche Blattarten, die natürlicherweise am Bachrand vorkommen. Dabei werden zuerst weichere Blätter und später die etwas widerstandsfähigeren Blätter zersetzt.

Zustand von Blättern in Bächen im März

Blätter	Buche	Schwarzpappel	Erle
Unversehrt	60%	35%	5%
Angefressen	28%	40%	45%
Skelettiert	12%	25%	50%

Vom Fressen und Gefressenwerden

Der Fall-Laubeintrag stellt die wichtigste Nahrungsreserve für die Bachbewohner dar.

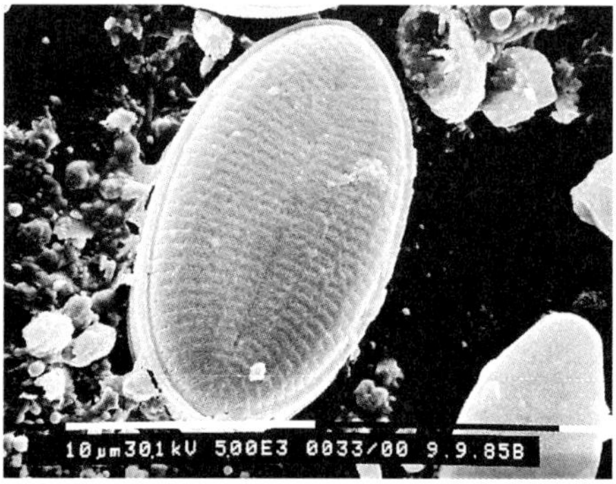

Kieselalgen bilden für viele weidende Organismen im Bach die Nahrungsgrundlage.

Wie in allen Ökosystemen, so besteht auch im Ökosystem Bach eine Reihe von Abhängigkeiten zwischen den einzelnen Gliedern, die dieses System ausmachen. Die augenscheinlichste Abhängigkeit oder Verknüpfung der Mitglieder dieses Systems wird bei der Ernährung deutlich. Auch beim Bach läßt sich eine Dreigliederung der dort lebenden Arten durchführen, wobei jede dieser drei Gruppen eine bestimmte Bedeutung für die Nahrungsbilanz oder -weitergabe besitzt. Zunächst gibt es die pflanzlichen Produzenten, die aus anorganischen Stoffen, wie Mineralien, Wasser, Kohlendioxid und Lichtenergie, organische Biomasse aufbauen. Die nächste Gruppe oder Stufe sind die tierischen Konsumenten. Sie leben von der organischen Masse, die die grünen Pflanzen, gleich ob Algen, Moose oder Blütenpflanzen, aufgebaut haben. Die pflanzliche Biomasse wird von den Tieren aufgenommen und entweder verbraucht oder in eigene Körpersubstanz umgewandelt. Die dritte Gruppe schließlich sind die Reduzenten oder Zersetzer, bei denen es sich im wesentlichen um Bakterien und Pilze handelt. Sie haben die Funktion, die Leichen der Tiere und Pflanzen wieder bis zu den kleinsten Ausgangsstoffen zu zerlegen, damit diese wiederum für den Aufbau neuer Pflanzensubstanz zur Verfügung stehen.

In einem ziemlich abgeschlossenen System, wie etwa einem Teich, funktioniert diese Art des Recyclings weitgehend problemlos. Bei einem fließenden Gewässer, wie einem Bach, spielt einmal mehr die Strömung einen Streich. Die wertvollen Mineralien werden zwar zurückgewonnen, lassen sich jedoch nicht am Ort ihres ursprünglichen Eintrags halten; die Strömung verfrachtet sie bachabwärts. Es erwächst also die Notwendigkeit, immer neue Stoffe zuzuführen. Dies geschieht einmal durch das Quellwasser, welches im Bodeninneren Mineralien ausgewaschen hat, und zum anderen durch die Zuführung von bereits produzierter organischer Masse von außen. Wären die tierischen Besiedler des Bergbaches allein auf die Produktion von pflanzlicher Biomasse in ihrem Bachabschnitt angewiesen, müßte der größte Teil von ihnen sterben oder abwandern. Die Strömung ist dort zu gewaltig, so daß sich nicht genügend Pflanzen ansiedeln

Von Bachflohkrebsen skelettierte Blätter.

können. Die Moospolster, die man dort findet, können nur von wenigen Spezialisten gefressen werden, und die Algenüberzüge sind oft zu dünn, als daß sie mit Energiegewinn abgeweidet werden könnten. Folglich sind die Tiere auf Zufuhr von pflanzlicher Nahrung, hauptsächlich in der Form von Blattfall, angewiesen.

In den unteren Bachabschnitten oder Flachlandbächen erlaubt die Strömung das Heranwachsen großer Wasserpflanzengürtel und reicher Algenbestände.

Bei der Nutzung und Aufschließung der ins Wasser gefallenen Blätter spielen die Bachflohkrebse eine Schlüsselrolle. Fast nur sie sind in der Lage, die großen Blätter zu zerkleinern und die darin enthaltenen Nährstoffe für die anderen Bachbewohner direkt oder indirekt nutzbar zu machen. Direkt profitieren die Tiere davon, die die kleinsten, beim Zerkleinern abgefallenen Pflanzenteilchen verwerten, oder die halbverdauten Bestandteile der Flohkrebsausscheidungen nochmals aufnehmen. Einen indirekten Nutzen – gerade auch durch die enormen Zahlen, die diese Kleinkrebspopulationen erreichen können – hat die große Schar der Räuber, die oft ausschließlich von Flohkrebsen leben.

Nahrungsspezialisten

Bei vielen Räubern ist die Technik der Nahrungsaufnahme, unabhängig von der Art des Beutetieres, gleich. In den meisten Fällen gehen sie, wie Steinfliegenlarven, Flußkrebse oder Wasserkäfer, aktiv auf Beutefang aus, das heißt, sie suchen sich ihre Beute, beschleichen diese und fangen sie schließlich. Nur einige wenige, vor allem Raubfische wie die Forelle, lassen sich manchmal ihre Beutetiere von der Strömung zutragen. Bei den Pflanzenfressern und auch bei den Gemischtfressern lassen sich verschiedene Methoden des Nahrungserwerbs beobachten.

Zunächst fallen hier die Filtrierer und Strudler auf, wobei die Strudler, die selbst einen Wasserstrom erzeugen, vorwiegend in stehenden Gewässern vorkommen, so daß in der Bachbiozönose nahezu ausschließlich Filtrierer zu finden sind. Diese Arten nutzen die natürliche Strömung aus, die andauernd neue Nahrungspartikel heranbringt. Mittels feingewobener Netze (viele Köcherfliegenlarven) oder fächer- und reusenartigen Körperanhängen (Kriebelmückenlarven) wird Nahrhaftes aus dem Wasser herausgesiebt. Ähnlich verfahren auch alle Muscheln.

Eine große Gruppe der Bachbewohner, wozu hauptsächlich die Schnecken und die Eintagsfliegenlarven gehören, ähnelt in ihrer Ernährungsart den Kühen und wird deshalb treffend als Weidegänger bezeichnet. Diese Arten haben raspel- oder schaberähnlich umgestaltete Mundwerkzeuge, mit denen sie den Algenbelag der Steine und Pflanzen abkratzen können. Eine andere wichtige Gruppe sind die Zerkleinerer. Hierher gehören die schon mehrmals erwähnten Bachflohkrebse und eine weitere Krebsart, die Wasserasseln. Ihnen kommt die Aufgabe zu, mit ihren beißenden Mundwerkzeugen größere Pflanzenteile und vor allem das Fallaub zu zerkleinern und es so den anderen Mitbewohnern zugänglich zu machen. Den Abschluß bilden die sogenannten Abfall- oder Detritusfresser. Sie nehmen meist ein Gemisch von verwesten Pflanzenteilen, Bakterien, lebenden Algen und anderen organischen Partikeln auf. Diese Arten leben meistens auf schlammigem Substrat, welches sie entweder auf der Suche nach Verwertbarem durchwühlen, wie die Zuckmückenlarven oder die grabenden Eintagsfliegen-Arten, oder unsortiert aufnehmen, wie die meisten Würmer.

Flußkrebse wirken als Räuber regulierend auf die Entwicklung anderer Tierarten.

Eine besondere Stellung im Ökosystem nehmen die Egel und das Bachneunauge ein. Obwohl auf tierische Nahrung angewiesen, sind sie doch keine echten Räuber, sondern vielmehr Parasiten, da zumindest bei den Egeln das Beutetier am Leben bleibt. Lediglich das Blut, bei den Neunaugen auch etwas Gewebe, wird den befallenen Tieren abgezapft.

Ausgewogenheit – Voraussetzung für ein stabiles Ökosystem

Ein ausgewogenes Räuber-Beute-Verhältnis und starker gegenseitiger Konkurrenzdruck der Arten mit gleicher Ernährungsgrundlage sind die Voraussetzung, um eine stabile Lebensgemeinschaft im Bach zu gewährleisten. Jede geeignete Art findet hier ihren Platz und keine kann sich beherrschend ausbreiten. Erst durch das Ausfallen einer oder mehrerer Arten wird das Gleichgewicht in der Biozönose gestört, so daß es zu Fehlentwicklungen und schließlich zum Zusammenbrechen der ursprünglichen Gemeinschaft kommen muß.

Untersucht man die Nahrungsbeziehungen der Arten untereinander, so erhält man für jeden Bachabschnitt ein anderes Bild. Besonders deutlich werden diese Unterschiede, wenn man einmal das Nahrungsgefüge des Oberlaufs mit dem des Unterlaufs vergleicht. Schon eingangs hatten wir festgestellt, daß die extremen Bedingungen des Oberlaufs nur wenigen spezialisierten Arten ein Überleben ermöglichen, so daß in den Unterläufen mit wesentlich mehr Arten zu rechnen ist. Mehr Arten bedeuten jedoch größere Konkurrenz und kompliziertere Nahrungsgefüge. Kann man die Nahrungsbeziehungen des Oberlaufs noch ziemlich einfach und gradlinig in der geläufigen Form einer Nahrungskette darstellen, so ist dies im Unterlauf ungleich schwieriger. Erstens sind hier die Nahrungsketten länger – da vor allem noch eine Reihe von Räubern hinzukommt – und zweitens gibt es so viele Querverbindungen, daß man schon von einem Nahrungsnetz sprechen muß. Wird im Oberlauf die Masse der pflanzlichen Produktion von außen zugeführt, treten im Unterlauf die Wasserpflanzen an diese Stelle. Außerdem stellt sich mit den Abfallfressern eine neue Gruppe von Nahrungsverwertern ein, der vor allem in verschmutzten Gewässern immense Bedeutung zukommt.

Schema der Nahrungsbeziehungen im Bachunterlauf

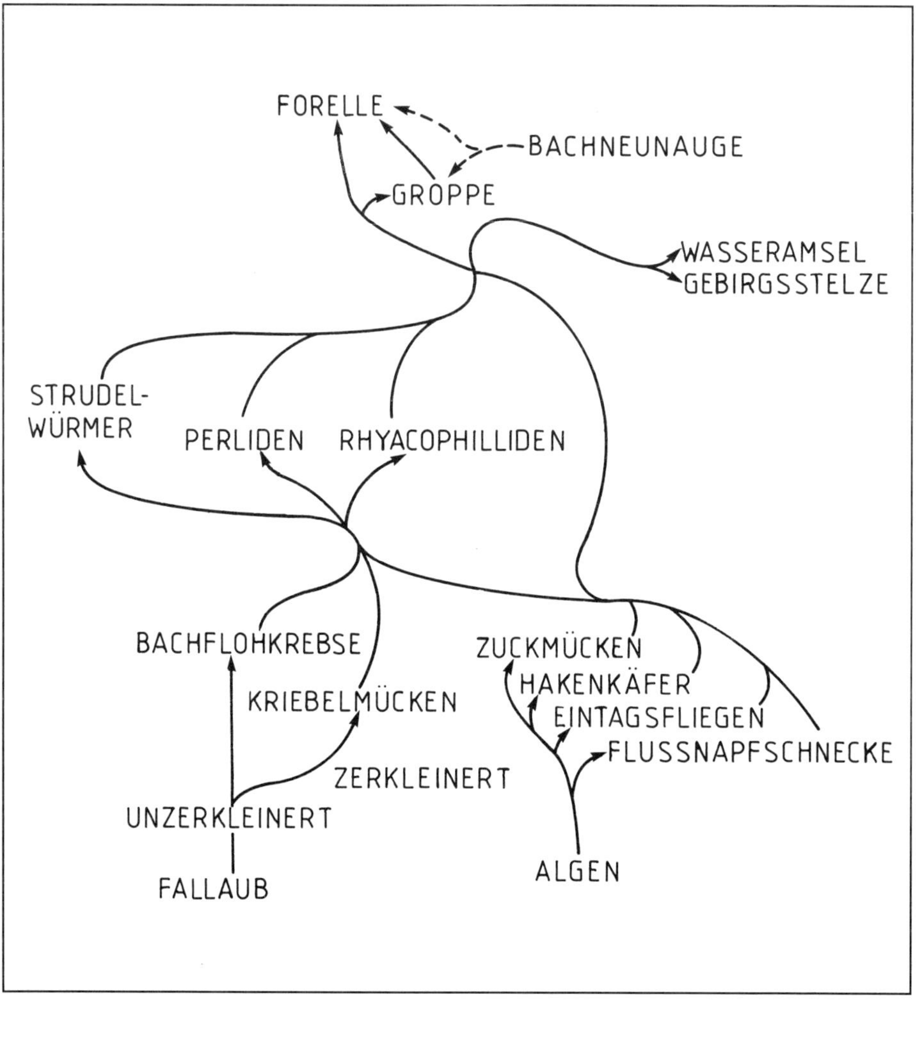

Abb. S. 41 links
Im Unterlauf eines Baches wird die pflanzliche Biomasse zu einem großen Teil durch Wasserpflanzen im Bach selbst erzeugt.

Abb. S. 41 rechts
Typischer Oberlauf eines Baches mit Fall-Laubeintrag als Hauptnahrungsquelle.

Schema der Nahrungsbeziehungen im Bachoberlauf

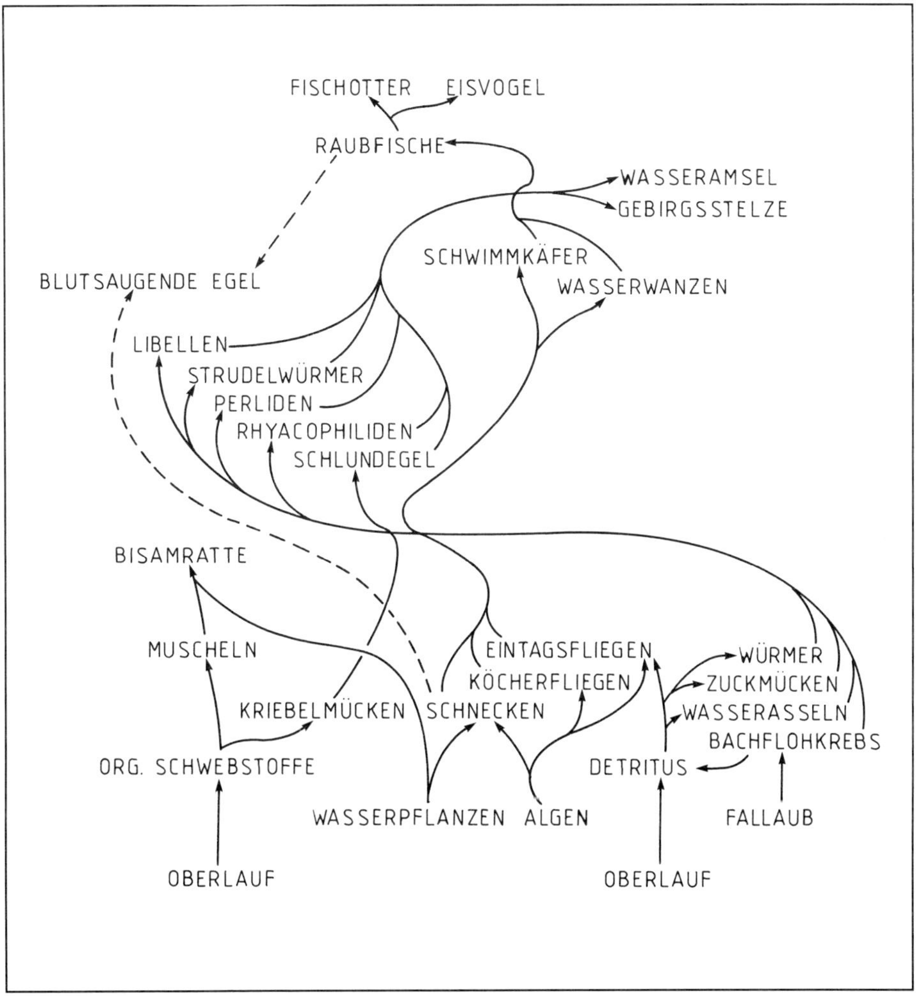

Abhängigkeit durch Verflechtung

Neben den Abhängigkeiten durch das Nahrungsgefüge gibt es noch weitere Verflechtungen zwischen Arten, die jedoch in der Regel schwerer zu erkennen sind. So benutzen die kleinen Wassermilben frisch geschlüpfte Wasserinsekten als Transportmittel, um bei deren Kompensationsflug bachaufwärts transportiert zu werden. Muscheln sind auf Fische als Träger- und Wirtstier für ihre parasitisch lebenden Larven angewiesen, wie auch manche Zuckmückenlarven die Larven der Eintagsfliegen als Wirtstiere benötigen. Manche Köcherfliegen brauchen die leeren Schalen von Schnecken und kleinsten Muscheln, um sich ihre Köcher bauen zu können. Egel benutzen leere Muschelschalen im schlammigen Substrat als willkommene Anheftungsflächen für ihre Eikokons. Die Schilfkäfer haben sich, um dauernd unter Wasser bleiben zu können, darauf spezialisiert, mit zwei Hinterleibsdornen die hohlen Schilfstengel anzustechen, um so an die benötigte Atemluft zu kommen.

In manchen Fällen werden sogar leere Schneckenschalen und leere Gehäuse der Köcherfliegenlarven als sichere Zufluchtstätten in Besitz genommen. So wurde beispielsweise in einem Köcher der Gattung Sericostoma eine Puppe der Gattung Rhyacophila gefunden. Die freilebenden Rhyacophiliden bauen sich jedoch normalerweise aus kleinen Steinchen selbst ein Puppengehäuse, wählen aber offensichtlich auch einen bequemeren Weg. So ließe sich ohne Schwierigkeiten noch eine Vielzahl von Abhängigkeiten zeigen, die alle immer wieder die unglaubliche und nur schwer durchschaubare Verflechtung einer Biozönose zeigen würden.

An den Quellen

Quellen waren den Menschen stets heilig. Überall auf der Welt findet man Quellenkulte. Die Gottheiten, die hier ihren Sitz hatten, waren meist weiblichen Geschlechts. Besonderer Verehrung erfreuten sich heilkräftige Quellen. Zu vielen von ihnen wurde und wird gewallfahrtet und noch heute werfen die Menschen in manche Brunnen und Quellen Geld oder Schmuck als Quellopfer.
Wissenschaftlich betrachtet, sind Quellen Orte, an denen Grundwasser an die Erdoberfläche tritt. Dies geschieht vor allem dort, wo Schichtgrenzen zwischen wasserdurchlässigen und wasserundurchlässigen Schichten am Hang angeschnitten sind. Die im Boden versickernden Niederschläge sammeln sich an solchen Grenzschichten und treten an Hängen aus.
Jede Quelle hat ihren eigenen Charakter, ihre besondere Wasserqualität, ihre besondere Form und ihre besondere Lebensgemeinschaft. Gleichwohl kann man drei allgemeine Quelltypen unterscheiden: Sturz-, Tümpel- und Sickerquellen. Der Vorstellung vom sprudelnden Quell am nächsten kommt die Sturz quelle, die man aber fast ausschließlich im Gebirge antrifft. Hier sprudelt das Wasser tatsächlich oft mit großer Gewalt aus Gesteinsspalten und Höhlungen und ergießt sich alsbald als Bergbach oder Wasserfall zutal.
Auch Tümpelquellen oder Quellbecken findet man häufig im Gebirge, ebenso oft aber auch im Flachland. Hier tritt das Wasser am Grund einer Mulde zutage. Die Mulde füllt sich mit dem Quellwasser, das schließlich irgendwo übertritt und sich als Bach bergab schlängelt. Die Quelle ist hier also am Grund eines größeren oder kleineren Tümpels versteckt, erkennbar meist nur an der Tatsache, daß ein solcher Tümpel in der Regel besonders klar ist und keinen oberirdischen Zulauf besitzt. Die schönsten Tümpelquellen sind Karstwasseraustritte, wie die des Blautopfs von Blaubeuren.
Botanisch am interessantesten sind die sogenannten Sickerquellen, deren Wasser meist unauffällig und oft an mehreren Stellen durch das Erdreich zutage tritt und dabei einen Quellsumpf bildet. Je nach Lage und Beschaffenheit des Wassers können sich im Umkreis solcher Sickerquellen verschiedene Moortypen mit ihren charakteristischen Pflanzengesellschaften ausbilden.
Der Ökologe Ellenberg unterscheidet einerseits zwischen überrieselten Quellfluren und durchfeuchteten Quellsümpfen und andererseits zwischen kalkarmen Weichwasserquellen und kalkreichen Hartwasserquellen. Die Weichwasserquellfluren sind gekennzeichnet durch verschiedene Birnmoos-(Bryum-)Arten, die hier oft in gewaltigen Polstern auftreten. Charakteristisch für solche Standorte sind weiterhin das Bittere Schaumkraut, das Mierenblättrige Weidenröschen und der Stern-Steinbrech. An sonnigen Stellen findet man das unscheinbare, kleine Quellkraut.
Wo das Wasser kalkreich aus dem Boden tritt, bilden sich Quelltuff-Fluren mit Glänzender Gänsekresse, Pyrenäen-Löffelkraut und Wassermoos-(Cratoneurum-) Arten. Botanisch besonders reizvoll sind auf breiter Front an schwach geneigtem Hang austretende Quellen. Solche Quellmoore wurden vielfach als Sauerwiesen gemäht, so daß sich blumenreiche Kleinseggenriede entwickeln konnten. Da findet man neben Mehlprimeln, Simsenlilien und verschiedenen Knabenkrautarten an feuchteren Stellen auch den hübschen

Ein Bach entsteht.

Abb. links
Auch Quellen sind Stätten eines ungemein reichhaltigen und interessanten Lebens.

Gelegentlich überwintern Schwimmkäfer in den nicht zufrierenden Tümpelquellen.

Fieberklee und manch andere Rarität. Wo solche Quellhorizonte im Schatten von Eschen, Ulmen, Ahorn und anderen Laubgehölzen auftreten, wird man noch andere Pflanzengesellschaften entdecken, etwa mit Brunnenkresse, Zwiebeltragender Zahnwurz, Goldnessel, Einbeere und Aronstab. – Leider sind viele dieser botanisch so wertvollen Standorte durch unseren barbarischen Umgang mit Natur im allgemeinen und mit Wasser im besonderen vernichtet worden oder bedroht. Entweder wird entwässert, oder es werden Fischteiche angelegt. Am brutalsten mutet es aber an, wenn Quellstandorte zu wilden Müllkippen werden.

Nicht nur die Flora, auch die Fauna der Quellen ist hochinteressant. Dieser Lebensraum ist ja schon aufgrund seiner Temperaturbedingungen einzigartig in unserem Klimabereich. Sommers wie winters herrscht im Quellwasser annähernd dieselbe Temperatur, die dem Jahresdurchschnitt der Lufttemperatur in der betreffenden Gegend entspricht oder etwas darüber liegt. Da das Wasser im Sommer relativ kalt, im Winter aber relativ warm ist, trifft man hier ebenso kälteliebende, alpin-arktische Arten wie frostempfindliche atlantische oder submediterrane. Das gilt vor allem auch für die Pflanzenwelt der Quellen.

Die Tierwelt ist eher artenarm, dafür um so ungewöhnlicher. Man findet hier nämlich einige seltene Vertreter der lichtscheuen Grundwasserfauna, etwa die Höhlenassel, den Höhlenflohkrebs oder auch verschiedene augenlose Strudelwürmer. Es handelt sich dabei um ausgeschwemmte Tiere, die sich tagsüber unter Steinen verstecken und sich nachts von feinsten, eingeschwemmten organischen Teilchen ernähren. Als Vertriebene aus der Unterwelt erkennt man sie sofort an ihrer Farblosigkeit und am Fehlen von Augen.

Ausgeschwemmte Grundwassertiere sind aber nur der exotischere Teil der Quellfauna. Die unter Steinen und Blättern tagsüber versteckten Bachflohkrebse gehören auch in der Quellregion zu den häufigsten und ökologisch wichtigsten Tieren. Ihnen kommt ja die Funktion zu, ins Wasser gefallenes Laub zumindest in erster Stufe abzubauen. Man findet diese 15 – 20 mm großen, gekrümmten Krebschen unter Steinen oder zwischen Fallaub und Wasservegetation oft in enormen Ansammlungen.

Die tpyischen Quelltiere weisen meist besonders kleine Formen auf. Das trifft etwa für die Strudelwürmer Crenobia alpina und Polycelis felina ebenso zu wie für die winzigen Quellschnecken der Gattung Bythinella. Auch die hier vorkommenden Wassermilben, Köcherfliegenlarven, Käfer, Fliegen- und Mückenlarven sind mit ausgesprochen kleinen Arten vertreten. Beim Gewöhnlichen Flohkrebs werden die im Quellbereich lebenden Tiere nie so groß, wie weiter bachabwärts lebende.

Eine Besonderheit der Quellbiozönosen ist die Tatsache, daß sich viele Insektenlarven dank des verhältnismäßig warmen Quellwassers auch im Winter weiterentwickeln können, so daß die Flugzeit der Vollinsekten viel früher liegt, als bei den Arten und Populationen, die weiter bachab in stärker abgekühltem Bachwasser den Winter verbringen. Schon ab Februar kann man im Bereich von Quellen fliegende Zuckmücken- und Steinfliegenarten finden.

Der Bergbach

Der Schwerkraft und den Geländeformen folgend, vereinigen sich mehrere Quellrinnsale zum Bach. Im Bergland ist dieser Oberlauf der Bäche durch vielerlei Besonderheiten gekennzeichnet, und je nach Beschaffenheit, Ursprung und Lage spricht man von Gletscherbächen, Hochgebirgsbächen, Wildbächen. Auch wenn manche davon in Mitteleuropa eher ungewöhnlich sind, lohnt es sich doch, einen Blick auch auf so exotisch anmutende Erscheinungen, wie den Gletscherbach, zu werfen, bevor wir uns den gewöhnlicheren Bergbächen zuwenden, die wir in vielen Teilen unseres von Mittelgebirgen geprägten Landes finden.

Zu den Bergbächen zählen neben Gletscherbächen, Hochgebirgsbächen und Wildbächen auch all jene in den Mittelgebirgslagen, die mit hoher Strömungsgeschwindigkeit die Eintiefung ihres Bachbettes bewirkt haben.

Der Gletscherbach

Man muß schon höher als 2500 m in den Alpen klettern, wenn man das besondere Naturschauspiel einer Gletscherbach-„Quelle" bestaunen will. Obwohl das Gletschereis auf der Oberfläche schmilzt, läuft das Schmelzwasser selten auch dort ab. Vielmehr verschwindet es rasch in Gletscherspalten und sammelt sich unterm Gletscher bereits zu einem stattlichen Bach. Der tritt dann am Ende der Gletscherzunge meist durch eine markante Öffnung im Eis, das Gletschertor, zutage.

Obwohl auch Niederschläge die Wasserführung des Gletscherbachs beeinflussen – jedenfalls in den kurzen Sommerwochen, in denen es in solchen Höhen regnet und nicht schneit – bestimmt doch vor allem die Luft- und Strahlungstemperatur, ob der Gletscherbach nur sanft murmelt oder zum reißenden Wildbach anschwillt. Während der sonnendurchglühten Hochsommertage aber quellen die Wassermassen immer reichlicher aus dem Gletschertor, zunächst noch milchigtrüb, dann graugrün gefärbt, durch zahllose Gesteins- und Erdteilchen, die sich vom Schutt auf der Oberfläche und aus der Grundmoräne des Gletschers mitschwemmen. Schließlich, zur Zeit der größten Wasserführung, stürzen schmutzigbraune Wasser, die volle Breite des Bachbettes füllend, tosend zu Tal, schäumen hoch über die Ufer hinauf und rollen, schieben, stoßen die Felsbrocken und den Sand des Bachgrundes talwärts.

Im wahrsten Sinne eiskalt tritt das Gletscherwasser mit 0 °C aus. Es braucht auch viele hundert, ja oft mehrere tausend Meter, bis es sich um einige Grade erwärmt. Man möchte kaum glauben, daß unter solch unfreundlichen Bedingungen sich Leben anzusiedeln und zu halten vermöchte. Wasserpflanzen finden auch tatsächlich keinen Halt hier. Nur auf der Unterseite flacher Felsstücke fand der Forscher Steinböck eine bis dahin unbekannte Zuckmückenart – besser gesagt, die Larven derselben: Die Gletscherzuckmücke (Brachydiamesa steinböcki) hat sich ganz auf diesen frischen Lebensraum spezialisiert, lebt hier von den feinen organischen Partikeln, die der Wind auf den Gletscher und das Schmelzwasser in den Bach bringen, und dringt sogar durch das Gletschertor bis unter den Gletscher selber vor.

Hochgebirgsbäche haben meist eine sehr hohe Strömungsgeschwindigkeit, mit der sie Felsen abschleifen, Tobel und Schluchten ausräumen und selbst bei normaler Wasserführung sehr viel Geschiebe am Bachgrund transportieren.

Lebensbedingungen im Bergbach

Es ist nicht so sehr eine Frage der Herkunft des Wassers – ob es nun von einem Gletscher stammt, oder aus Sturz-, Tümpel- oder Sickerquellen – sondern eine Frage des Gefälles, ob man einen Bach in seinem Oberlauf als Wild- oder Bergbach bezeichnen kann. Neben dem Gefälle und der damit zusammenhängenden Strömungsgeschwindigkeit wird der Charakter eines Bergbaches aber auch von der Wassermenge bestimmt. Beides zusammen macht die Kraft eines Baches aus, mit der er Hindernisse aus dem Weg räumen, Felsen abschleifen und Rinnen, Tobel und Schluchten ausräumen kann. Ein kleiner Bach mit starkem Gefälle kann unter Umständen ähnliches bewirken wie ein Bach mit mehr Wasser bei geringerem Gefälle.

Typisch für Bergbäche ganz allgemein sind

- hohe Strömungsgeschwindigkeit (meist über 2,5 m/sec),
- niedrige Wassertemperaturen (zwischen 2° C und 9° C),
- hoher Sauerstoffgehalt des Wassers (100% Sättigung),
- ein aus groben Steinen oder anstehendem Fels bestehender Bachgrund mit oft über die Wasseroberfläche aufragenden Brocken,
- geringe pflanzliche Produktion, eine von eingetragenen Pflanzenabfällen lebende Tierwelt.

Hinzu kommt, daß der Lauf eines Bergbaches mehr oder weniger gestreckt ist (im Gegensatz zum sich windenden Bach des Tieflands), und sein Profil als Folge ständiger Erosion mehr oder weniger tief eingeschnitten, V-förmig sich darstellt. Sehr unterschiedlich können Bergbäche in bezug auf ihre Wasserführung sein. Bergbäche mit großen, niederschlagsreichen Einzugsgebieten und erheblichem Oberflächenablauf können sich vom plätschernden Rinnsal bis zur donnernden Urgewalt verwandeln. Andere Bergbäche, die ihr Wasser hauptsächlich aus dem Untergrund bekommen, oder deren Einzugsgebiet aus abflußharmonisierenden Mischwäldern besteht, können das ganze Jahr über mit nahezu gleichbleibenden Wassermengen aufwarten. Selbstverständlich prägen solche Unterschiede das Gesicht eines Bergbaches sehr grundlegend. Je extremer die Schwankungen, desto eher wird man von einem Wildbach sprechen. Auf ihre wasserwirtschaftlichen Probleme kommen wir im Zusammenhang mit Fragen des Wasserbaus noch zurück.

Im Gegensatz zu den mäandrierenden Bächen im Tiefland ist für den Verlauf eines Bergbaches die mehr oder weniger gestreckte Linienführung charakteristisch, die zu einer starken Taleintiefung führt.

Abdrift und der Drang nach oben

Um der Kraft der Strömung zu trotzen und so in einer bestimmten Region zu bleiben, haben die Bergbachbewohner eine Unmenge von Anpassungsformen entwickelt, die ihnen ein Überleben ermöglicht. Grundsätzlich kann man hier zwei verschiedene Prinzipien unterscheiden. Zum einen wird versucht, ein Abschwemmen und Verdriften durch die Strömung zu verhindern, zum anderen ist man bemüht, den verlorenen Boden wiedergutzumachen, um so die Drift auszugleichen. Diese Art der Driftkompensation findet man häufig bei Eintagsfliegen. Die im Bach lebenden Larven werden während der gesamten Dauer ihrer Entwicklung zwar langsam, aber kontinuierlich bachabwärts gespült. Gäbe es dafür keine Regulationsmöglichkeit, hätten die Tiere nach wenigen Generationen einen Bachabschnitt erreicht, in dem für sie ein Überleben nicht mehr möglich wäre. Die Art wäre zum Aussterben verurteilt! Um diesem Schicksal zu entgehen und um den Nachkommen die lebensnotwendigen Bedingungen zu garantieren, fliegen die geschlechtsreifen Tiere unmittelbar nach dem Schlüpfen bachaufwärts, um einen geeigneten Platz für die Paarung und Eiablage zu finden.

Das flugfähige Tier gewinnt also die Strecke im Bach zurück, die es als Larve verloren hat.

Ganz anders verhalten sich die verschiedenen Arten der Bachflohkrebse. Sie bedienen sich eines Reflexes, der sie andauernd aktiv gegen die Strömung anschwimmen läßt. So können sie einem Verdriften entgegenwirken, oder aber die Driftstrecke selbst zurückgewinnen und in ihren angestammten Lebensraum zurückwandern. Ähnliches findet man auch bei einigen Fischen, insbesondere den Forellen. Kämpfen auch die Jungfische heftig gegen die Strömung an, so werden sie doch bachabwärts getragen, und erst die erwachsenen Forellen sind stark genug, die Strömung zu bezwingen und an den Ort ihrer Geburt zurückzukehren.

Aber auch Tiere die augenscheinlich zu klein oder zu unbeweglich sind, um größere Strecken zurückzulegen, müssen solche Gebietsverluste ausgleichen können. Einige Arten haben sich deshalb auf eine spezielle Art von „Transport-Parasitismus" verlegt. So benutzen die kleinen, mit bloßem Auge kaum sichtbaren Wassermilben frisch geschlüpfte Eintagsfliegen als Transportmittel. Hat die Eintagsfliege dann eine bachaufwärts gelegene Region erreicht und beginnt dort mit der Eiablage, lassen sich die Milben einfach in den dahinströmenden Bach fallen, klammern sich an der erstbesten Unebenheit fest und haben so den für sie notwendigen Lebensraum wieder erreicht.

Ähnlich verhält es sich bei einzelnen Muschelarten. Das Muttertier entläßt einige Hundert kleinste Muschellarven, die sogenannten Glochidien. Kommen diese in die Nähe eines geeigneten Fisches, heften sie sich mittels einer speziellen Vorrichtung an diesem fest. Einmal festgeheftet, wachsen die Glochidien in die äußeren Schichten der Fischhaut ein. Während nun der Fisch auf seiner Laichwanderung bachaufwärts schwimmt, entwickeln sich die Muschellarven zu richtigen kleinen Muscheln. Hat der Fisch sein Laichgewässer erreicht, so lassen sich die jungen Muscheln abfallen und graben sich schleunigst in den Untergrund ein. Da sich dieser jedoch dauernd in Bewegung befindet, ist es für die

Muscheln unvermeidlich, daß sie immer weiter abgetrieben werden. Erst mit der Geschlechtsreife ist es ihnen möglich, das verlorene Terrain wieder zurückzugewinnen.

Flache Körperformen

Eine andere Art der Anpassung an reißende Strömungen ist die sehr starke Abflachung des Tierkörpers. Diese hauptsächlich bei Eintagsfliegen- und Steinfliegenlarven zu beobachtende Tendenz ermöglicht diesen oft doch relativ großen Tieren einen Aufenthalt in der dünnen, strömungsarmen Grenzschicht, die über dem Substrat entsteht. In Biotopen mit extrem hohen Strömungsgeschwindigkeiten und entsprechend dünner Grenzschicht können sich nur solche Arten halten, bei denen die Körperabflachung auf die Spitze getrieben scheint. Der Kopf ist dann zur flachen Scheibe reduziert, die Augen sind von den Seiten völlig auf die Oberseite gewandert, und die Beine sind nicht mehr auf der Unterseite der Brust, sondern seitlich eingelenkt. Ein dermaßen angepaßter Organismus bietet, vor allem wenn er sich fest an den Untergrund drückt, kaum noch einen Angriffspunkt für die Strömung. Unterstützt wird das Ganze noch durch die behaarten Schwanzanhänge, mit denen die Larven, jede kleinste Unebenheit als Widerlager benutzend, sich gegen die Strömung stemmen können.

Außer der Abflachung gibt es natürlich noch eine Reihe weiterer anatomischer Anpassungen, wie zum Beispiel ein fast runder Körperquerschnitt bei Fischen, der sehr viel strömungsgünstiger ist als etwa die hochrückigen Körper der Fluß- und Seefische.

Eine Verkleinerung des Tierkörpers findet man bei einigen Schnecken, bei denen in einem gewissen Alter die obersten Windungen des Gehäuses abbrechen, wodurch das Tier insgesamt kleiner wird. Bachflohkrebse bilden – wie wir schon hörten – in stark fließendem Wasser bedeutend kleinere Standortformen aus als in schwach strömenden. Auch sind

Strömungsarme Zone an der Sohle eines Baches, im Übergangsbereich zwischen Wasser und Substrat.

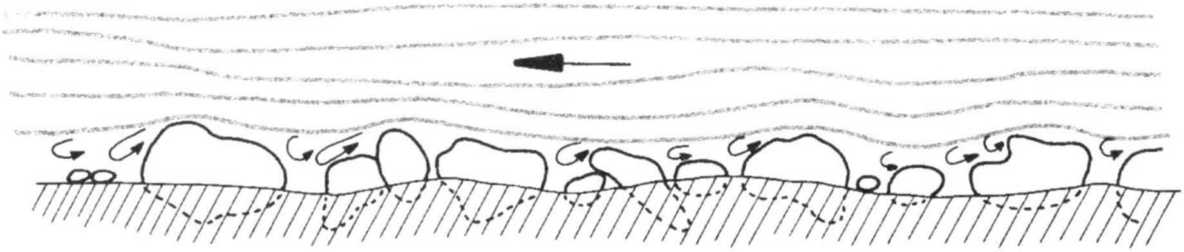

solche Arten begünstigt, die von Natur aus nur eine geringe Körpergröße erreichen. Als glänzende Beispiele muß man die unzähligen Hakenkäfer- und Wassermilbenarten ansehen, die in diesen Lebensraum vorgedrungen sind und sich dort heimisch fühlen. Gerade die Wassermilben, als die kleinsten der Bachorganismen, kommen mit über 200 strömungsliebenden Arten regelmäßig und oft in großer Individuenzahl in unseren Bächen vor; ihre genaue Bestimmung ist nur wenigen Spezialisten möglich.

Eintagsfliegenlarven mit extremer Körperabflachung besiedeln Regionen stärkster Strömung.

Verankerungskünstler

Einen ganz anderen Weg der Strömungsanpassung haben weitere Gruppen der Bachfauna „beschritten". Um Schutz vor der Strömung zu finden, verbinden sie ihren Körper fest mit dem Substrat. Diese Anheftung an vorwiegend gröberes Gestein kann eine dauerhafte oder auch nur eine kurzfristige Verbindung sein. Läßt sich eine dauerhafte Anheftung nur durch ein Verkleben oder Festbinden an den Untergrund erreichen, so gibt es wenige Tierarten, die Saugnäpfe besitzen, mit deren Hilfe sie sich sehr gut festhalten und auch entgegen der Strömung bewegen können. Solche Saugnapfbildungen finden sich bei allen Egeln, vereinzelt bei Würmern und vor allem bei den Larven der Lidmücken. Diese Mükkenlarven verfügen über sechs auf der Bauchseite gelegene Saugnäpfe, die in ihrer Wirksamkeit alle ähnlichen Organe anderer Tiergruppen in den Schatten stellen. Lidmückenlarven sind in der Lage, Strömungen zu trotzen, deren Fließgeschwindigkeiten zwischen 3 und 4 m/sec liegen. Solchermaßen angepaßt sind sie die typischen Bewohner wasserumtoster Felsbrocken, wie sie für Wasserfälle und die Oberläufe steiler Wildbäche charakteristisch sind. Als weitere Anpassungsmerkmale werden bei Insekten oft auch noch Haarsäume ausgebildet, die, wenn sie den Zwischenraum zwischen der Körperunterseite und dem Substrat abdichten, einen ähnlichen Effekt wie Saugnäpfe hervorrufen.

Sind die bisher erwähnten Arten trotz ihrer oft extremen Anpassungserscheinungen immer noch frei beweglich, so gibt es auch genügend Arten, die sich diesen Lebensraum nur dadurch erschließen konnten, daß sie ihre freie Ortsbeweglichkeit aufgaben, zur seßhaften

Lebensweise übergingen. Dazu gehören einige unserer Köcherfliegenlarven und viele Zuckmückenarten. Ihnen allen ist gemeinsam, daß sie sich ein Gehäuse bauen, in welchem sie Zeit ihres Lebens wohnen und das sie fest mit Steinen oder Wasserpflanzen verbinden. Sowohl die Köcherfliegen- als auch die Zuckmückenlarven sind in der Lage, ein Sekret, ähnlich den Spinnfäden der Spinnen, zu produzieren, welches im Wasser sofort erstarrt. Damit können sie aus dem unterschiedlichsten Material ihre Wohn- oder Puppenköcher bauen und diese gleichzeitig am Untergrund befestigen. Untersucht man einmal die Gehäuse verschiedener Köcherfliegenarten genauer, so ist man fasziniert von der Mannigfaltigkeit und kunstvollen Gestaltung dieser Larvenköcher.

In den Bergbachregionen herrschen hauptsächlich Köcher aus sandigem oder steinigem Material vor. Dies hat den Vorteil, daß der Köcher neben dem Schutz des weichen Hinterleibes dem Tier noch einen weiteren Vorteil bietet. Durch die Verwendung solchen Materials, wobei oft sogar noch größere Steinchen zur Verbreiterung und Seitenabflachung eingebaut werden, erhält das Tier ein wesentlich größeres Gewicht, wodurch es weniger strömungsempfindlich wird. Das ist vor allem während des Larvenstadiums von Bedeutung, da dann die meisten unserer Köcherfliegenarten noch frei beweglich sind; erst kurz vor der Verpuppung werden die Köcher angeheftet und dann als Puppengehäuse benutzt.

Andere Arten der Köcherfliegen, die jedoch keinen Köcher besitzen, bewegen sich in der Strömung wie ein Bergsteiger in der Steilwand. Das Speicheldrüsensekret, mit dem die anderen Arten ihre Köcher bauen, wird von diesen Rhyacophila-Larven zu einem Faden ausgezogen, der in gewissen Abständen am Substrat befestigt wird und ihnen so als Sicherungsleine dient.

Manche Köcherfliegenarten kommen nur in Bergbächen vor und können deshalb als Charakter- oder Leitarten dieser Biozönose angesehen werden; dazu gehört z. B. die Köcherfliege Lithax niger. Bisher haben wir so getan, als gäbe es im Bergbach überhaupt kein Pflanzenleben. Tatsächlich wird man hier nach höheren Wasserpflanzen meist vergeblich suchen. Trotzdem leben längst nicht alle Tiere, wie die Bachflohkrebse, nur von Pflanzenabfällen, die irgendwie in den Bach gelangen. Eine ganze Reihe von Arten ernährt sich von den kaum sichtbaren, aber wegen ihres raschen Wachstums doch recht produktiven Kiesel- und Grünalgenüberzügen der Bachsteine.

Größte Bedeutung hat im Bergbach eine weitere Gruppe von pflanzlichen Verankerungskünstlern: die Bachmoose. Sie siedeln sich überall dort an, wo es nicht mehr ganz so wild zugeht. In kleineren Buchten oder auf sanft überrieselten Steinen können sich sehr stattliche Moospolster, oft sogar kleine Mooswälder bilden. Das ist für viele Tierarten ein ganz wichtiger Lebensraum. In einem Moospolster von nur 35 x 35 cm Fläche und nur 5 g Trockengewicht fand der Biologe Dittmar auf einem Felsen in einem Sauerlandbach 4309 Tiere. Zu 35 % handelte es sich dabei um Zuckmückenlarven, zu 20 % um Köcherfliegenlarven, zu 14 % um Eintagsfliegenlarven, zu je 10 % um Steinfliegen- und Zweiflüglerlarven.

Gewöhnlich unterscheidet man zwischen steinlebenden und mooslebenden Tieren des Baches. Eine allzu scharfe Trennung ist aber wenig sinnvoll, da von vielen Arten, die sonst unter Steinen leben, die

Junglarven sich gerne im Moos verstekken. Außerdem fand man in kalkreichen und daher moosarmen Jurabächen typische Vertreter der Moosfauna in den Ritzen und Höhlungen der Tuffsteine. – Die Natur ist eben doch anpassungsfähiger, als es dem nach Ordnung suchenden Menschen lieb ist.

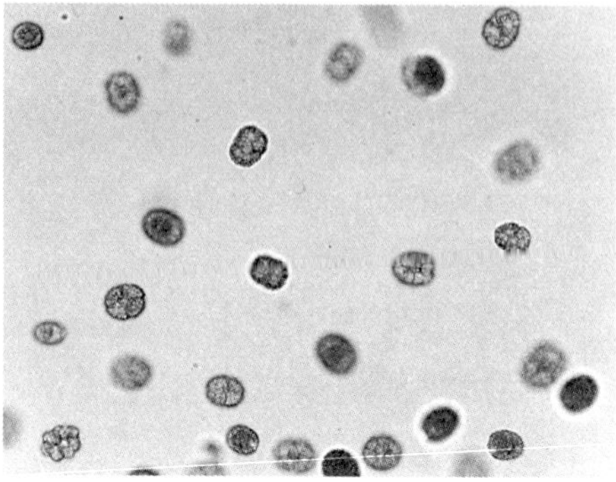

Auch hier ist ein Leben für spezialisierte Arten noch möglich (unten).

Bauchseite eines Steinköchers einer Rhyacophila-Puppe. Die Larve befindet sich gerade im Übergang zum Puppenstadium (rechte Seite, rechts oben).

Steinerne Köcher dienen bei vielen Köcherfliegenarten als Driftschutz gegen die Strömung (rechte Seite, links oben).

Freilebende Rhyacophila-Larve (rechte Seite, links Mitte).

Grünalgen bilden neben Kieselalgen die Nahrungsgrundlage für Schnecken und viele andere Tiere (oben).

Moosüberzüge und dicke Moospolster wirken als feines Kanalsystem strömungsberuhigter Räume (rechte Seite, unten).

Forellen, Neunaugen und Groppen

Die Tierarten, die in der sogenannten Freiwasserzone der Bäche leben, werden unter dem Begriff Nekton zusammengefaßt. Sie befinden sich in dauerndem Kampf mit der Strömung und sind in der Lage, nennenswerte Strecken gegen die Kräfte des Wassers zurückzulegen. Die einzigen Tiere die bei uns solche Leistungen vollbringen, sind die Fische und die Neunaugen. Sogar in Bereichen mit stärkster Strömung gelingt es noch einzelnen Arten, sich zu behaupten. Die Charakterfische unserer Bergbäche sind die Forellenartigen, insbesondere die Bachforelle selbst. Hinzu kommt dann noch die Äsche, die derselben Fischfamilie entstammt, sowie einige andere an diese extremen Bedingungen angepaßte Fische. In den Oberläufen gesellen sich zu den Forellen lediglich noch die Bachneunaugen und die Groppen. Diese beiden halten sich jedoch meist in Bodennähe auf und wagen sich nur selten in das freie Wasser.

Für die Bachforelle jedoch sind die klaren, sauerstoffreichen Wildbäche ein geradezu idealer Lebensraum. Hier findet sie reichlich Verstecke und Schlupfwinkel. Die kiesigen, kühlen Oberläufe bringen alle Voraussetzungen für geeignete Laichplätze mit sich, und Nahrung findet sie hier in Hülle und Fülle. Bevorzugtes Beuteobjekt sind Köcherfliegenlarven, die mitsamt dem Köcher verschlungen werden, aber auch andere Insektenlarven, Bachflohkrebse, ja sogar Brut und Jungfische der eigenen Art werden nicht verschmäht.

Schlüpfen aus den in kiesiges Substrat abgelegten Eiern die Jungtiere aus, so leben sie zunächst noch einige Zeit von

ihrem Dottersack. Aber schon bald machen sie Jagd auf Einzeller und andere kleine Organismen. Dabei sind sie nach und nach gezwungen, das strömungsarme Lückensystem zwischen den Kieseln zu verlassen und sich hinaus in die Strömung zu wagen. Einigen gelingt es vielleicht sogar, noch ein Stück bachaufwärts zu wandern, die meisten werden jedoch von der Strömung mitgerissen und über die Länge des Bachlaufs verstreut. Gelingt es einem dieser Jungfische, einen von Forellen unbesetzten Bachabschnitt zu finden und sich dort festzusetzen, kann er innerhalb weniger Jahre zum geschlechtsreifen Tier heranwachsen. Die meisten der jungen Forellen gelangen jedoch in die Reviere von älteren Artgenossen, von denen sie als willkommene Beute angesehen werden.

Haben sie sich aber einmal ein eigenes Revier erkämpft, so stehen sie stundenlang in der Strömung und schnappen blitzschnell nach allen Tieren, die von der Strömung losgerissen wurden. Gelegentlich wird auch einmal ein fliegendes Insekt erbeutet, welches der Wasseroberfläche nahe genug kommt, um von der Forelle im Sprung gefangen zu werden. Die heimische Bachforelle wird freilich seit Jahren von der aus Nordamerika eingebürgerten Regenbogenforelle mehr und mehr verdrängt. Diese in ihren Ansprüchen unempfindlichere Art hat sich hauptsächlich durch Verwilderungen aus Fischzuchtanlagen und durch das planmäßige Aussetzen durch Angelsportvereine in unseren Bächen breitgemacht. Dank ihrer geringeren Ansprüche an die Wasserqualität ist es der Regenbogenforelle fast überall gelungen, stabile Populationen aufzubauen und sich auf Kosten der Bachforelle auszudehnen. Relativ leicht lassen sich die beiden Arten

an ihrer Körperfleckung unterscheiden. Ist der Körper der Regenbogenforelle gänzlich von rein schwarzen Flecken übersät, so treten dazu bei der Bachforelle, unterhalb der Seitenlinie, hellbehöfte rote Flecken auf.
Die Begleitfische der Forellen in dieser Region, die Groppen oder Bachneunaugen, sind in eigentümlicher und doch hervorragender Weise an ihr Leben in Bodennähe angepaßt. Beide sind, wie auch die Forellen, Raubfische, wobei man die Bachneunaugen wohl treffender als Parasiten bezeichnet. Diese aalähnlichen, sich schlängelnd fortbewegenden Tiere haben ihre Mundpartie zu einem höchst wirksamen Saugnapf umgestaltet. Dieser Saugapparat steht sowohl im Dienste der Strömungsanpassung, die Neunaugen können sich damit an Steinen festsaugen, als auch im Dienste der Ernährung. Als Wirtstiere kommen fast ausschließlich die Forellen in Frage, an deren Körperoberfläche sich die Bachneunaugen festsaugen. Mit ihren scharfen Zähnen raspeln sie dann regelrecht Löcher in den Fischkörper und ernähren sich so von dem Fleisch und dem Blut der befallenen Tiere. Ganz anders leben die Groppen. Als einer der wenigen Fische verfügt die Groppe über keine Schwimmblase, so daß sie sich ohne Anstrengung in ständiger Bodennähe aufhalten kann. Unterstützt wird diese Lebensweise durch eine etwas ungewöhnliche Gestalt. Der Kopf ist ziemlich breit, flachgedrückt und von dreieckiger Form. Die Augen sitzen, ähnlich wie bei vielen Eintagsfliegenlarven, fast auf der Kopfoberseite. Rumpf und Schwanz sind äußerlich nicht voneinander zu trennen und im Verhältnis zum Kopf relativ klein ausgefallen. Dermaßen ausgestattet, ist es der Groppe ein leichtes, zwischen Steine oder in die Hohl-

räume des Gerölls einzudringen, um dort nach Insektenlarven und Würmern zu suchen.
Als Fische, die in die untere Forellenregion eindringen, sind noch die Elritzen und die Schmerlen zu nennen. Die Schmerlen, die man unschwer an ihren Mundfäden oder Barteln erkennt, sind kleine Bodenfische, die in den Geröllspalten Unterschlupf finden, wohingegen die Elritzen nur in kleinen ruhigen Buchten auftreten. Beide ernähren sich räuberisch, wobei mit Vorliebe Bachflohkrebse verzehrt werden.
In den Unterläufen der Bergbäche und im Übergang zu den Niederungsbächen liegt das Hauptverbreitungsgebiet einer anderen Fischart, der Äsche. Dieser forellenartige Fisch läßt sich jedoch leicht durch seine wesentlich größere Rückenflosse und die gelben Längsbinden von den echten Forellen unterscheiden. Von seiner Lebensweise her ähnelt die Äsche sehr der Bachforelle. So benötigt sie ebenfalls kiesigen Untergrund zum Laichen, in den das Weibchen mit dem Schwanz eine Laichgrube schlägt, in die dann die Eier abgegeben werden. Danach bedeckt das Weibchen den Laich wieder mit Kies, um ein Abschwemmen zu verhindern. Als Beutetiere bevorzugt die Äsche ebenfalls Insekten und deren Larven, verschmäht jedoch auch Schnekken und Würmer nicht.

Die Bachforelle ist der Charakterfisch der Oberläufe (S. 58).

Der zur Saugscheibe ausgebildete Mund hilft dem Bachneunauge im Kampf gegen die Strömung (S. 59).

Die Groppe – ein ungewöhnlicher Fisch (S. 60).

Die Elritzen – kleine Räuber in der Forellenregion (links).

Würmer und Egel

Eine eher unbedeutende Rolle kommt den Saitenwürmern zu, die nur mit einer Art in der Region des Bergbaches vertreten sind. Dieser Saitenwurm, auch „Wasserkalb" genannt, tritt zwar nicht häufig in der Bergbachbiozönose auf, hat aber eine auffällige, unverwechselbare Gestalt. Oft bis zu 80 cm lang und doch nur Bruchteile eines Millimeters dick, gleicht das Tier eher einem Haar als einem Lebewesen. In vielen Windungen aufgeknäult liegt das Tier nahezu bewegungslos im seichten Wasser. Da die Saitenwürmer weder über Mund noch After verfügen und auch die Haut für Nahrungsteilchen undurchlässig ist, muß man annehmen, daß die erwachsenen Tiere keine Nahrung mehr aufnehmen, sondern lediglich der Fortpflanzung dienen. Aus den Eiern schlüpfen winzige Larven, die sich in Wasserinsekten einbohren und sich in deren Muskulatur einkapseln. In ihren Wirtstieren entwickeln sie sich dann zum fertigen Wurm. Nachdem sie das Innere ihres Wirtes bis auf den Darmtrakt und das Tracheensystem ausgefressen haben, verlassen sie diesen und kehren ins Wasser zurück.

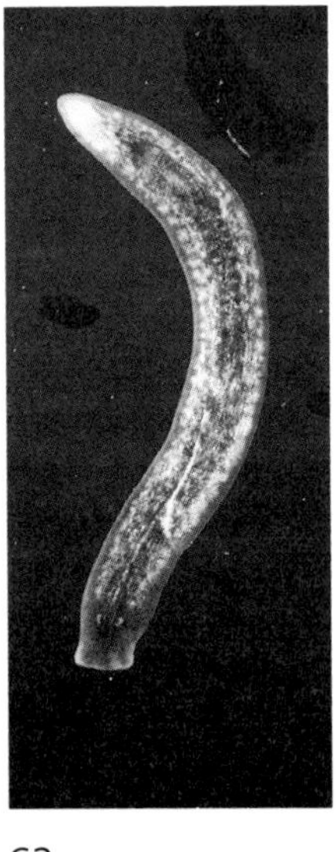

Strudelwürmer erfüllen als Räuber und Aasfresser eine wichtige Rolle im Bach.

Wesentlich zahlreicher an Arten und Individuen sind die Strudel- oder Plattwürmer in unseren Bächen zu finden. Ihnen ist es gelungen, alle Zonen eines Baches von der Quelle bis zum Unterlauf zu besiedeln. Voraussetzung für ihr Vorkommen ist lediglich das Vorhandensein von Steinen oder kiesig-steinigem Untergrund, an dem sie sich mit einem schleimigen Sekret festheften können. Dieser Schleim dient neben der Anheftung auch der gleitenden Fortbewegung, in deren Dienst auch die zahlreichen Wimpernhärchen der Körperoberfläche stehen, die den Strudelwürmern ihren Namen gegeben haben. Die sofort ins Auge fallende extreme Körperabflachung hat dazu geführt, daß sie oft ebenso treffend als Plattwürmer bezeichnet werden. Eine genaue Unterscheidung der Arten ist nur anhand der Kopfform und der Augenanordnung möglich. Die Färbung der Tiere, die von milchweiß über hellbraun bis zu dunkelbraun oder sogar schwarz geht, ist hierfür kein verläßliches Merkmal. Obwohl die Strudelwürmer räuberisch leben, fressen sie auch tote Tiere. Das erbeutete Tier (Insektenlarven, Kleinkrebse und andere) wird mit Hilfe eines ausstülpbaren Rüssels regelrecht angestochen und mit Verdauungsflüssigkeit gefüllt; die zersetzte Körpersubstanz wird anschließend aufgesaugt. Wird ein Strudelwurm selbst einmal verletzt, so können selbst kleinste Reste, dank ihres unglaublichen Regenerationsvermögens, wieder zu einem vollständigen Tier heranwachsen. Daher ist es auch nicht verwunderlich, daß neben einer geschlechtlichen Vermehrung durch Eier eine ungeschlechtliche Vermehrung durch einfache Teilung vorherrscht.

Schnecken und Muscheln

Bei den Schnecken kann man sehr schön verfolgen, wie sich das Arteninventar, entsprechend den äußeren Faktoren, von der Quelle bis zum Unterlauf hin ändert. Findet man in der Quellregion nahezu ausschließlich kleine Formen, wie etwa die Quellschnecke (Bythinella dunkeri), werden diese im Bergbach von der vorzüglich strömungsangepaßten Flußnapfschnecke abgelöst, die ihrerseits im Unterlauf wiederum anderen Arten weichen muß. Nur die Flußnapfschnecke hat es geschafft, in den Bereich dauernder starker Strömung vorzudringen. Eine mützenförmige strömungsgünstige Schale ohne große Unebenheiten und die Absonderung von klebendem Schleim haben es dieser Schnecke ermöglicht, Fließgeschwindigkeiten bis zu 1 m/sec zu ertragen. Es ist den Flußnapfschnecken unter diesen Bedingungen noch möglich, auf der Oberseite von Steinen herumzukriechen und den Algenbelag abzuweiden. Alle weiteren Schneckenarten, die man vielleicht im Bereich des Bergbaches findet, sind entweder aus der Quellregion verdriftet, oder kurzzeitig aus dem Unterlauf aufwärts gewandert – freilich nur, um spätestens beim nächsten Hochwasser wieder herabgespült zu werden.

Wie die Schnecken gehören auch die Muscheln zu den Weichtieren. Obwohl ihr eigentlicher Lebensraum das Meer und allenfalls noch stehende Süßgewässer sind, gibt es doch auch einige Vertreter, die sich Flüsse und Bäche erobert haben. Nur wenige sind dabei bis in die stark strömenden Regionen des Bergbaches vorgedrungen. Zu dessen typischen Bewohnern gehört die nur 7 bis 10 Millimeter große Erbsenmuschel. Diesen fast kugelförmigen Tierchen gelingt es ohne Schwierigkeiten, kleinste Lücken des Bachuntergrundes zu besiedeln.

Ein an die hohen Strömungsgeschwindigkeiten hervorragend angepaßter Weidegänger – die Flußnapfschnecke.

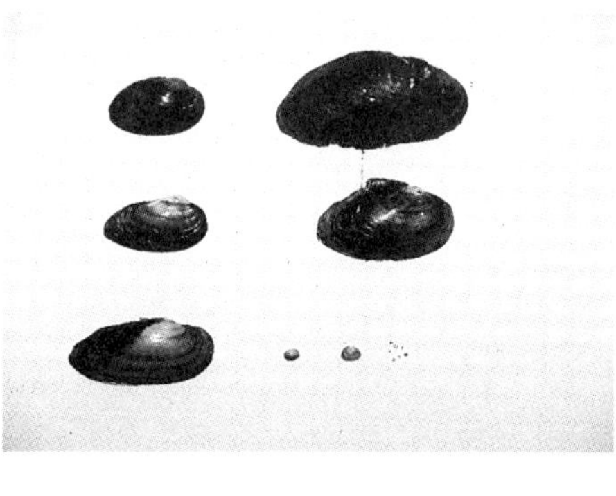

Die Muscheln in unseren Bächen: von links nach rechts 1. Reihe: Gemeine Flußmuschel, Flußperlmuschel 2. Reihe: Blasige Flußmuschel, kleine Teichmuschel 3. Reihe: Malermuschel, Kugelmuscheln, Erbsenmuscheln.

Eine besonders wertvolle und inzwischen auch höchst seltene Bewohnerin klarer Bergbäche ist die Flußperlmuschel. Im Gegensatz zur Erbsenmuschel und zur Gewöhnlichen Flußmuschel, die beide auch in anderen Gewässertypen gedeihen können, ist die Flußperlmuschel nur in Bächen zu finden. Ihre außerordentlich hohen Ansprüche an die Wasserbeschaffenheit engt ihren Lebensraum drastisch ein. Nur wenige Bäche sind bei uns gleichzeitig kalkarm, kühl, sauerstoffreich und noch klar genug, der Flußperlmuschel das Überleben zu ermöglichen. Dort wo sie vorkommt, etwa in einigen Bächen im Bayerischen Wald, kann man sie allerdings in solchen Mengen finden, daß das Bachbett wie mit Muscheln gepflastert erscheint. Nicht zuletzt verdankt die Flußperlmuschel ihren Niedergang auch einer komplizierten Jugendentwicklung. Weitaus häufiger findet man die Gewöhnliche Flußmuschel, die bis in die Oberläufe der Bäche vordringt und sich dort auch in gröberes Geröll eingräbt. Wegen ihres hohen Sauerstoffbedürfnisses ist sie auf schnell strömende Bäche angewiesen.

Sowohl bei der Perlmuschel, als auch bei der Gewöhnlichen Flußmuschel sind die schwarze Außenhaut und die äußeren Schalenschichten im Bereich der Wirbel meistens stark abgeschliffen. Während der größte Teil der Schale eingegraben und gut geschützt ist, ragt der Wirbelbereich, in dem die beiden Schalenhälften miteinander verwachsen sind, aus dem Bachgrund hervor, da sich hier die Mundöffnung der Muschel befindet. Der ständig im Bach mitgeführte Sand prallt wie ein Sandstrahlgebläse auf den ungeschützten Teil der Schale und schleift diese beständig ab.

Die Zukunft erhalten - gemeinsam schaffen wir es.

Mitglieder erhalten kostenlos vierteljährlich

Natur & Umwelt

Zeitschrift für Ökologie und Umweltpolitik

Was sagen andere über den BUND?

Zeitschrift GEO: „Der BUND ist die wichtigste Umweltschutzorganisation der Bundesrepublik".

DER SPIEGEL: „Dem neuen Naturschutz läßt sich eine wachsende Zahl westdeutscher Verbände zuordnen – allen voran der Bund für Umwelt und Naturschutz Deutschland".

Meine Interessengebiete: ______________________

Meine Telefon-Nr.: (____________) ______________

Bemerkungen: ______________________

____

Bund für
Umwelt und Naturschutz
Deutschland e. V. (BUND)

Bundesgeschäftsstelle
Im Rheingarten 7
Postfach 30 02 20

5300 Bonn 3

Beitrittserklärung

Hiermit erkläre ich meinen Beitritt zum **Bund für Umwelt u. Naturschutz Deutschland e. V. (BUND)** zu folgendem Jahresbeitrag (Mitgliedschaft im jeweiligen Landesverband ist enthalten):

☐	Einzelmitglieder	DM 90,–
☐	Ehepaare	DM 100,–
☐	Fördernde Mitglieder	DM 180,–
☐	Mitglieder des Stifterkreises	DM 600,–
☐	Mitglieder auf Lebenszeit (einmalig)	DM 3000,–
☐	Rentner	DM 30,–
☐	Personen in der Berufsausbildung	DM 30,–
☐	Vereine, Körperschaften, Firmen etc. nach Vereinbarung	

Ich bin - (nicht) - damit einverstanden, daß mein Beitrag jährlich von meinem Konto abgebucht wird. Diese Ermächtigung erlischt durch Widerruf oder mit meinem Austritt aus dem BUND:

Konto-Nr.	Geldinstitut/Ort		Bankleitzahl
Name Vorname			Geb. am
Straße, Hausnummer	PLZ	Ort	
Beruf			

Datum Unterschrift

K 7

Bachflohkrebse – Nahrungsbereiter für alle

Zu den bedeutendsten Mitgliedern der Lebensgemeinschaft des Baches gehören die 1 – 2 cm großen Bachflohkrebse. Bei ihnen fällt sofort eine besonders starke seitliche Abflachung auf, die den Flohkrebsen ihre eigentümliche, sehr schmale und hohe Körpergestalt verleiht. Um die strömungsarme Grenzschicht über dem Gewässergrund ausnützen zu können, sind sie gezwungen, sich ständig auf die Seite zu legen. Trotzdem würden sie unwiederbringlich durch die Strömung abgetrieben, wenn sie nicht andauernd dagegen anschwimmen würden. Dies tun sie, indem sie ihr Hinterende bis unter die Brust schlagen, um dann den Körper sofort wieder zu strekken. Der auf diese Art erzielte Vortrieb ist sogar groß genug, um kürzere Strecken freischwimmend zurückzulegen.

Für den Bereich des Bergbaches und auch für die Quellregion sind die unter Steinen und Blättern versteckten Bachflohkrebse die wichtigsten Tiere überhaupt. Verzehren sie zwar auch gelegentlich Aas, so besteht ihre Hauptnahrung im wesentlichen aus Pflanzenteilen. Die starke Strömung läßt neben dem Wachstum einiger Algen und Moose keine nennenswerte Produktion pflanzlicher Masse zu. Der Großteil der pflanzlichen Biomasse gelangt daher durch Laubfall oder abgestorbene Ufervegetation in den Bach. Die Bachflohkrebse sind nun in der Lage, diese schwer verwertbaren Pflanzenteile als Nahrungsstoffe zu erschließen. Gleichzeitig werden die von ihnen nicht verwerteten Anteile umgewandelt und dienen anderen Bachorganismen als Nahrungsgrundlage. Andererseits stellt die Biomasse der Bachflohkrebse selbst die Ernährungsvoraussetzung für viele räuberische Bachbewohner dar.

Bemerkenswert ist die Art der Brutfürsorge bei den Bachflohkrebsen. Vor der Begattung klammert sich das beträchtlich größere Männchen etwa eine Woche lang auf dem Rücken des Weibchens fest. Das Weibchen besitzt im Brustbereich zu beiden Seiten breite Lamellen, deren Randborsten zusammenstoßen, so daß sich auf der Bauchseite ein vorn und hinten offenes Rohr bildet, in dem die Eier abgelegt und befruchtet werden. Je nach Bedingungen schwankt die Eizahl zwischen 20 und über 100. Die Weibchen können während ihrer Lebenszeit 5- bis 10mal trächtig werden. Die aus den Eiern geschlüpften und erst dann ins freie Wasser entlassenen Jungen sind bereits fast völlig entwickelt. Bis zur Geschlechtsreife machen sie etwa zehn Häutungen durch. Dieser ungewöhnlichen Fürsorge ist wohl auch das hohe Vermehrungspotential der Bachflohkrebse zu verdanken. Gerade in Bergbächen findet man oft mehrere Hundert je Quadratmeter. Neben dem im Quellbereich gelegentlich zu findenden Höhlenflohkrebs (Niphargus puteanus) kommt im Bergbach vor allem die Art Rivulogammarus pulex vor.

Die Bachflohkrebse sind als eine der wenigen Arten dazu in der Lage, Blätter und andere Pflanzenreste als Nahrung direkt zu verwerten.

Eintagsfliegen

Während bei vielen nahverwandten Tierarten gerade die Jugendformen schwer voneinander zu unterscheiden sind, verhält es sich bei den Eintagsfliegen gerade umgekehrt. Die ausgeschlüpften, erwachsenen Tiere gleichen sich fast aufs „Haar", so daß sie meist nur von Spezialisten eindeutig auseinandergehalten werden können. Bei den zwar immer noch schwer zu bestimmenden Larven herrscht dagegen eine ungleich größere Formenvielfalt. Das hängt zweifellos mit der unterschiedlichen ökologischen „Einnischung" zusammen, also mit speziellen Umweltanpassungen im Zusammenhang mit der jeweiligen Lebensweise, speziell dem Nahrungserwerb.

Die Eintagsfliegen sind mit den echten Fliegen durchaus nicht verwandt, sondern bilden eine eigene Ordnung im verwirrenden Insektenreich. Auch was die in ihrem Namen angedeutete Kurzlebigkeit anbelangt, so beschränkt sie sich – wie übrigens bei manchen anderen Insekten auch – auf das geflügelte Stadium der Geschlechtstiere allein. Die Larvenformen leben zuvor 2 – 3 Jahre.

Bei den etwa 80 in Mitteleuropa vorkommenden Eintagsfliegenarten kann man grob vier Anpassungstypen unterscheiden. Charakteristisch für die Lebensgemeinschaft Bach ist vor allem der sogenannte torrenticole Typ mit höchster Strömungsanpassung sowie grabende Arten. Mehr auf stehende Gewässer beschränkt sind alle schwimmenden und kriechenden Arten, die man aber auch gelegentlich in den Bachunterläufen und vor allem in der Uferregion von Flüssen findet.

Allen gemeinsam sind die drei oft langen Schwanzfäden, die ein wichtiges Unterscheidungsmerkmal gegenüber den Steinfliegenlarven darstellen, die nur derer zwei besitzen. Lediglich einige wenige Arten haben ihren mittleren Schwanzfaden reduziert, so daß sie insofern den Steinfliegenlarven ähneln. Sie können aber immer noch leicht von diesen unterschieden werden, da sie wie alle Eintagsfliegenlarven beiderseits an ihrem Hinterleib blättchen- oder fadenförmige Ausstülpungen tragen, die als Kiemen dienen. Bei den Steinfliegen, die auch über äußere Kiemen verfügen, sitzen diese fein zerzausten, watteähnlichen Gebilde in der Region der Beine oder des Kopfes.

Die typischen Fließwasserarten der Eintagsfliegen sind mit die bestangepaßtesten und charakteristischsten Arten schnell fließender Bachabschnitte. Man findet sie als Bewohner aller größeren Steine in einem Bachbett, wo sie sich bevorzugt auf der lichtabgewandten Unterseite aufhalten und ihren flachen Körper in die kleinsten Unebenheiten des Untergrundes drücken, um Schutz vor der Strömung zu finden. Sie benötigen sauerstoffreiches, klares Wasser, welches ihnen durch die Strömung andauernd frisch zugeführt wird. Dadurch können sie an einem Platz längere Zeit verharren, ohne daß in dem sie umgebenden Wasser Sauerstoffarmut entsteht – wie das in stehenden Gewässern häufig der Fall ist. Dort sind die Tiere gezwungen, sich fortzubewegen, oder aber das Atemwasser herbeizufächeln, was beides mit dauerndem Energieaufwand verbunden ist. Aber gerade in extremen Biotopen heißt es möglichst sparsam mit der vorhandenen Energie umzugehen; außerdem birgt jede Bewegung im schnellströmenden Bach das Risiko, abgetrieben zu werden. Durch ihre totale Körperabplattung, die so weit fortgeschritten sein kann, daß

Nur wenige Tage oder Stunden dauert das Leben der erwachsenen Eintagsfliegen.

die Augen auf der Kopfoberseite sitzen, weil an den Seiten kein Platz mehr ist, ist es den Fließwasserarten der Eintagsfliegenlarven möglich, sich ständig in der strömungsarmen Grenzschicht zwischen Wasser und Untergrund aufzuhalten. Mit der Dämmerung verlassen die Larven ihr Versteck und schieben sich langsam über die Oberfläche des Steines. Immer fest an den Untergrund gedrückt, jede Vertiefung ausnutzend und die behaarten Schwanzfäden als zusätzliche Stützen nutzend, arbeiten sich die Tiere bis an die Algenüberzüge der Gesteinsoberflächen heran. Mit ihren speziell ausgebildeten Mundwerkzeugen schaben sie die Algen von den Steinen. Diejenigen Larven, die dabei zu unvorsichtig vorgehen, werden leicht von der Strömung weggerissen und sind dann eine willkommene Nahrung der im Wasser lauernden Raubfische, insbesondere der Forellen.

Steinfliegen

Eine weitere Insektengruppe, deren Larven beim flüchtigen Hinschauen oft mit den strömungsangepaßten Eintagsfliegenlarven verwechselt werden, sind die Steinfliegen. Alle Arten der Steinfliegen verbringen ihre Larvenstadien, von einigen ganz wenigen Ausnahmen abgesehen, in fließenden Gewässern.

Ihr Lebensraum ist im wesentlichen der Oberlauf eines Baches, da sie in noch stärkerem Maße als die Eintagsfliegenlarven auf sauerstoffreiches Wasser angewiesen sind. Das Vorkommen von Steinfliegenlarven in einem Bach kann deshalb als untrügliches Zeichen für dessen hohe Wasserqualität gewertet werden. Auch in ihrer Lebensweise zeigen die Steinfliegenlarven einige Parallelen zu denen der Eintagsfliegen. So besiedeln sie bevorzugt Steine, an deren lichtabgewandter Unterseite sie sich tagsüber aufhalten. Ihre Bewegungen sind meist langsam und vorsichtig und die Ernährung, zumindest der kleineren Arten, ist rein vegetarisch. Aber gerade bei der Ernährung gibt es weitreichende Unterschiede. Weiden die kleinen, bis zu 1 cm großen Arten, ähnlich den Eintagsfliegenlarven, die Algen- und Kieselalgenüberzüge der Steine ab, so sind die großen Formen zu reinen Fleischfressern geworden.

Diese großen Larven, die eine Körperlänge bis zu 4 cm erreichen können, sind außer den Fischen die gefürchtetsten und gefräßigsten Räuber in der Lebensgemeinschaft eines Baches. Bevorzugte Beuteobjekte dieser Larven sind nahezu alle erreichbaren Insektenlarven, wobei der Hauptteil aus Zuckmücken- und Eintagsfliegenlarven besteht. Die stark entwickelten Oberkiefer sind ohne weiteres in der Lage, das harte Chitinskelett der Beutetiere zu zerbrechen, oder einem

So gewandt wie die Larven der Steinfliegen unter Wasser auf Beutesuche gehen, so unbeholfen bewegen sich die erwachsenen geflügelten Tiere in der Luft.

ungeschickt zufassenden Menschen empfindlich in den Finger zu beißen.

Das direkt aus der Larve geschlüpfte, erwachsene Insekt ist zwar flugfähig, doch sind die Steinfliegen sehr schlechte Flieger. Während ihres kurzen Lebens nehmen sie auch keine Nahrung mehr auf, sondern leben von den Fettvorräten, die sie als Larve gespeichert haben. Die meiste Zeit sitzen sie in Verstecken oder laufen am Ufer umher, lediglich bei Störungen oder Gefahr entfliehen sie manchmal in einem unsicheren, flatternden Flug. Man nennt sie deshalb auch Uferfliegen. Zu den Charakterformen des Bergbachs gehören die Larven der Steinfliegenarten Isoperla rivulorum und Leuctra nigra. Sie kommen ausschließlich im Oberlauf von Bächen vor.

Käfer, Mücken und Köcherfliegen

Hervorragende Anpassungen an die hohen Strömungsgeschwindigkeiten des Bergbaches finden wir auch bei einer Reihe weiterer Insektenarten. Da sind zum einen aus der großen Gruppe der Käfer einige winzige, schwarz oder braun gefärbte Vertreter, die wegen ihrer kräftigen Klauen, mit denen sie sich vor allem an Moosen festhalten, Hakenkäfer genannt werden.

Im Gegensatz zu vielen anderen Insektenarten leben die Hakenkäfer auch als erwachsene, geflügelte Tiere im Wasser. Ihre Herkunft vom Land spiegelt sich nur noch im Puppenstadium wider, das sie außerhalb des Wassers verbringen. Auch eine ebenso komplizierte wie merkwürdige Art der Atmung verrät die Käfer als Tiere, die ursprünglich an der Luft lebten. Nach dem Schlüpfen aus der landlebenden Puppe begibt sich der Hakenkäfer wieder ins Wasser und nimmt dabei eine gewisse Menge Luft in seinen Tracheen und zwischen seinen Haaren mit. Dieser Vorrat muß für das ganze weitere Leben reichen.

Um dem Gasaustausch nachzuhelfen, haben die Käfer ein bemerkenswertes Verhalten entwickelt. Alle paar Minuten bürsten sie mit den Vorderbeinen ihre Brust, wodurch aus den Atemöffnungen eine Luftblase austritt. Diese wird nun eine Weile mit den Beinen durchgeknetet, wobei das darin enthaltene Kohlendioxid an das Wasser abgegeben und neuer Sauerstoff aufgenommen wird.

Der Hakenkäfer Limnius perrisi ist eine für den Oberlauf von Bächen besonders charakteristische Art; man nennt solche Arten auch Biotop-Leitarten, da sie nur hier leben.

Spezialisten der Bergbäche sind die Lidmücken, deren Larven ausschließlich in rasch fließenden Gebirgsbächen leben. Man hat den Eindruck, es kann ihnen nicht wild genug sein: Sie sitzen mit Vorliebe gerade auf den Felsen und Steinen, über die das Wasser mit seiner größten Wucht braust. Mit sechs Saugnäpfen an der Bauchseite heften sie sich so fest an, daß man sie nur mit dem Taschenmesser ablösen kann. Der Vorteil dieser „technisch ausgereiften" Saugnäpfe gegenüber fest angeklebten Arten: Die Lidmückenlarven können sich damit noch fortbewegen, indem sie nach der Art der Spannerraupen die einzelnen Saugnäpfe nacheinander lösen und wieder festheften. Mit ihren kräftigen Kiefern weiden sie die Algenüberzüge von Steinen ab.

Auch die Larven der Kriebelmücken findet man im Bergbach, wenn auch mehr an etwas ruhigeren Stellen. Mit einer Haftscheibe des Körperendes verankern sie sich meist auf Dauer an einem Stein oder an einer Pflanze. Mit einem kammartigen Fächer um ihre Mundöffnung filtern sie aus der Strömung allerlei Nahrhaftes heraus. Wenn die Larven ausgewachsen sind, spinnen sie sich eine an den Untergrund geheftete Röhre, aus deren bachaufwärts gerichteter Öffnung fadenförmige Atemorgane ragen. Aus den Puppen schlüpfen die winzigen, aber recht schmerzhaft stechenden Mücken, die bei Massenbefall sogar Rinder umbringen können.

Von den rund 250 mitteleuropäischen Köcherfliegenarten leben einige ausschließlich oder bevorzugt in Bergbächen und in den klaren Oberläufen von Niederungsbächen. Da wir im Zusammenhang mit der Schilderung der Lebensgemeinschaften der Tieflandbäche ausführlicher auf diese interessante Insektengruppe eingehen werden, wollen wir uns an dieser Stelle auf das Nötigste beschränken. Wie wir bereits sahen, haben sich viele Tierarten durch flachen Körperbau an die starken Strömungsverhältnisse der Bergbäche angepaßt. Bei manchen Köcherfliegenlarven der Bergbäche hat zwar der Körper die normale walzenförmige Gestalt bewahrt, dafür hat sich der Bauinstinkt der Tiere den Bedingungen einer reißenden Strömung angepaßt: Die Arten mehrerer Gattungen bauen die Flanken des Köchers mit breiten Steinchen aus und glätten durch den Einbau von Sandkörnern alle Unebenheiten so geschickt, daß schließlich eine besonders strömungsgünstige Platte entsteht.

Im übrigen leben gerade im Bergbach viele Arten von Köcherfliegen, deren Larven keine Köcher bauen. Sie leben teils räuberisch, indem sie frei herumstreifend auf Jagd gehen, oder sie bauen Fangnetze, in die ihnen die Strömung allerlei Nahrhaftes treibt.

Auch Köcherfliegen sind mit echten Fliegen nicht näher verwandt, sehen ihnen nicht einmal ähnlich. Eher gleichen sie Motten, mit denen sie wohl auch am ehesten verwandt sind. Die nur unbeholfen fliegenden Geschlechtstiere leben nur wenige Tage im Hochsommer.

Mit ihren fächerförmig entwickelten Mundwerkzeugen filtrieren die Kriebelmückenlarven organische Schwebstoffe aus dem Wasser.

Puppe der Kriebelmücke.

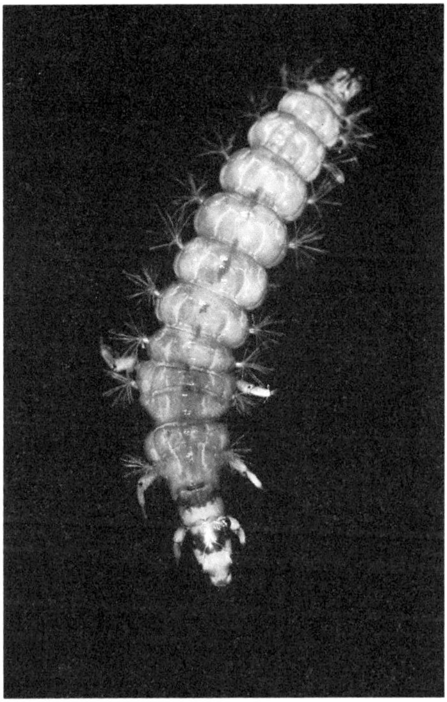

Die Larven der Gattung Rhyacophila kriechen frei auf den Steinen umher und sichern sich mit einem selbstgesponnenen Sekretfaden gegen Verdriftung.

Im Aussehen ähneln die Köcherfliegen Kleinschmetterlingen.

Salamander und Wasseramsel

Eine große Anzahl von Tierarten ist unmittelbar von fließendem Wasser und dessen Begleiterscheinungen abhängig, ohne allerdings im Wasser selbst zu leben. Diese Arten kann man als eine Art Bindeglied zwischen der Lebensgemeinschaft der Fließgewässer und den Biozönosen auf dem Land betrachten. Die Bedeutung des Baches für diese Tiere ist sehr unterschiedlich, doch dominiert eindeutig die Benutzung des Bachs als Nahrungsquelle. Dadurch greifen die an den Bach gebundenen Tiere unmittelbar in dessen biologisches Gleichgewicht ein und müssen eigentlich auch der Lebensgemeinschaft Bach zugerechnet werden.

Der Feuersalamander, der gern in Buchenwäldern lebt, die von klaren, sauerstoffreichen Bächen durchzogen sind, nutzt nicht nur die erhöhte Luft- und Bodenfeuchte solcher Gebiete aus, sondern ist für die Entwicklung seines Nachwuchses auf Bäche des genannten Typs angewiesen. Die Weibchen des Feuersalamanders suchen, nach fast dreivierteljähriger Tragzeit, im März/April eine geeignete seichte Stelle im Bach auf und gebären dort zwischen 20 und 50 Larven. Im Gegensatz zu allen anderen Amphibien entwickeln sich ihre Nachkommen nur in fließenden Gewässern.

Mit dem Absetzen von Larven steht der Feuersalamander zwischen den eierlegenden Molchen, Fröschen und Kröten und dem kleineren, reinschwarzen Alpensalamander, der voll entwickelte Junge zur Welt bringt, die nicht mehr auf eine Entwicklungsphase im Wasser angewiesen sind. Gelegentlich bringt auch der Feuersalamander entwickelte Junge zur Welt. Verglichen mit den eierlegenden Arten ist die Zahl der Nachkommen beim Feuersalamander gering; beim Alpensalamander sinkt sie gar auf 2 – 4 Junge pro Wurf. Dafür sind die Ausfälle durch Freßfeinde geringer.

Die räuberisch lebenden jungen Salamanderlarven wachsen schnell heran und haben sich im Verlauf von einem Jahr soweit entwickelt, daß sie sich anschikken, das Wasser zu verlassen. Haben die Larven schon von Geburt an eine salamanderähnliche Gestalt, so fehlt anfangs noch die charakteristische schwarz-gelbe Fleckung. Ihre hellbräunliche, hervorragend an den Bachgrund angepaßte Tarnfärbung weicht denn auch erst kurz vor Verlassen des Wassers der grellen Warntracht der erwachsenen Feuersalamander.

Zu den besonders auffälligen Lebensformen am Bergbach gehören zwei Vogelarten, die zwar auch an unteren Bachabschnitten und größeren Gebirgsflüssen vorkommen, in hohem Maße aber auf saubere kies- und insektenreiche Fließgewässer angewiesen sind, wie man sie allenfalls noch im Bergland antrifft. Es handelt sich um die Gebirgsstelze und die Wasseramsel. Beiden liefert der Bach Nahrung, Nistplätze und oft sogar noch Nistmaterial.

Die gelbbäuchige Gebirgsstelze ist viel ausschließlicher an Bäche und Flüsse gebunden als die Bachstelze, die trotz ihres Namens zur Brutzeit oft weitab von irgendwelchen Gewässern zu finden ist. Das Nest des lebhaften, ungewöhnlich langschwänzigen Vogels wird in Uferböschungen, zwischen Baumwurzeln, in Felsspalten, gern aber auch unter Brükken, an Wehren und anderen Kunstbauten am Wasser angelegt.

Gebirgsstelzen haben sich so sehr auf die Kleintiere schnellfließender Bäche spezia-

Der Feuersalamander benötigt für die Entwicklung seiner Larven klare unverbaute Bäche.

In seichten Bachzonen macht die Gebirgsstelze Jagd auf Insektenlarven und andere Wassertiere.

Bei der Nahrungssuche taucht die Wasseramsel oft vollständig unter ist sogar in der Lage, kurze Strecken mit den Flügeln zu schwimmen.

Nisthilfe mit Wasseramselnest.

lisiert, daß sie zu den wenigen Insektenfressern gehören, die sich von Eis und Schnee wenig beeindrucken lassen. Oft trifft man sie schon im März in ihren Brutgebieten, die immerhin weit nach Nordeuropa und bis über die Baumregion der Alpen reichen. Vielerorts überwintern einzelne Gebirgsstelzen auch, während andere bis weit nach Afrika ziehen. Von Steinen im Bach oder vom Ufer aus erhaschen sie mit elegantem Schwung jedes auf dem Wasser treibende Insekt.

Noch ungewöhnlichere Verhaltensweisen in Anpassung an das Leben am Bach zeigt die Wasseramsel. Der kurzschwänzige, braune Vogel mit dem auffallenden weißen Latz ist als einziger heimischer Singvogel so mit dem Wasser vertraut, daß er nicht nur mit erhobenem Schwanz und Kopf drauf schwimmt (leicht wie ein Korken), sondern auch vollständig untertaucht, geschickt die Strömung nutzend am Bachgrund herumläuft und unter Steinen nach Nahrung sucht. Gelegentlich kann man Wasseramseln sogar dabei beobachten, wie sie unter Wasser schwimmen, indem sie ihre Flügel als Ruder gebrauchen.

Das ziemlich umfangreiche, backofenförmige Nest der Wasseramsel ist außen fein aus Wassermoosen gearbeitet und innen mit zarten Weidenblättern und Gräsern gepolstert. Man findet es zwischen Felsbrocken, in Bodenlöchern, zwischen Baumwurzeln, unter Brücken und sogar hinter dem Vorhang von Wasserfällen – immer jedenfalls in unmittelbarer Bachnähe.

Der Stand- und Strichvogel fehlt größtenteils in der norddeutschen Tiefebene und ist leider heute auch im Bergland überall durch Bachverbauungen und Gewässerverschmutzung bedroht.

Der Niederungsbach

Die Unterschiede zwischen einem Bergbach und einem Niederungs- oder Tieflandbach springen ins Auge. Nun gibt es freilich eine Reihe von Übergängen, denn es ist ja nicht immer so, daß der Bergbach von der Quelle bis zur Mündung im nächsten Fluß in allen Abschnitten die typischen Bergbacheigenschaften aufweisen würde. Viele Bäche, die in ihrem Oberlauf den Charakter von Bergbächen besitzen, können in ihrem Unterlauf als Niederungsbäche ausgeprägt sein. Im Übergangsbereich des Mittellaufs findet man oft sogenannte Umlagerungsstrecken, auf denen nicht wie im Oberlauf hauptsächlich erodiert, also Material abgetragen wird, und auch nicht wie im Unterlauf hauptsächlich sedimentiert, also abgelagert wird, sondern beides in ständigem Wechsel geschieht.

Auf den Umlagerungs- oder Furkationsstrecken lagern die aus dem Oberlauf reichlich geschiebeführenden Gewässer die Sand- und Geröllmassen bei jedem Hochwasser im breiteren Talboden um. Leider gibt es solche vom Menschen ungestörten Bach- und Flußmittelläufe kaum noch. Sie waren charakterisiert durch weite Kiesflächen und Auwälder einer besonderen Ausprägung. Auf den Kiesflächen z. B. des Lechs – bevor man ihn zum Kraftwerkskanal degradierte – brüteten Vogelarten, die inzwischen verschwunden oder zu großen Seltenheiten geworden sind: Lach- und Flußseeschwalben, Triele, Flußregenpfeifer und Flußuferläufer. Letzte Reste dieses besonderen Lebensraumes finden sich noch an der Isar, oberhalb von München – allerdings mehr von Grillparties als von Seeschwalben bevölkert.

Ganz besonders wertvoll sind diese Umlagerungsstrecken im Mittellauf von Gebirgsbächen und -flüssen auch in botanischer Hinsicht. Auf den verschiedenen Schwemmflächen findet man alle Stadien der Vegetationsentwicklung (Sukzession) von den frühesten, oft kurzlebigen Pioniergesellschaften bis hin zur nur noch gelegentlich überfluteten Hartholzaue. In geradezu lehrbuchhafter Ausprägung findet man solche Entwicklungszonen von der nackten Kiesfläche bis zum stabilen Auwald in den Deltabereichen einiger Voralpenseen, etwa im Rheindelta des Bodensees, im Ammerdelta des Ammersees und besonders schön im Achendelta des Chiemsees.

Mühsam sucht sich der noch junge Bach seinen Weg. In der flachen Talausformung schwenkt er mäandrierend von der einen zur anderen Talseite.

Im Bereich von sogenannten Umlagerungsstrecken werden mitgeführte Geröllmassen mit jedem Hochwasserereignis so bewegt, daß ständig neue Rinnsale und Kies- oder Geröllbänke entstehen. Daher befinden sich in diesen Gewässerabschnitten auch immer nur Pionierstadien von Pflanzengesellschaften.

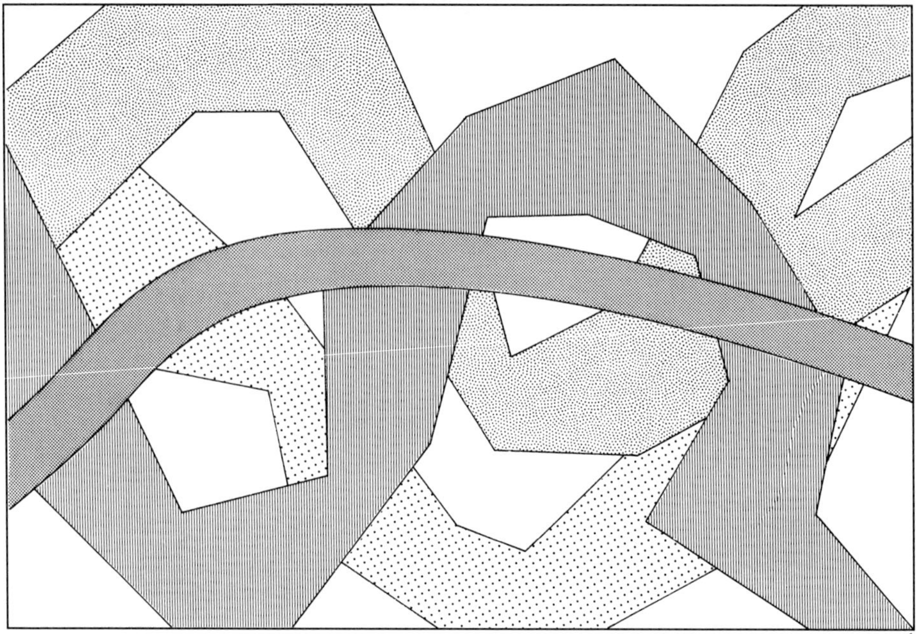

Natürliche Bachläufe verändern ihren Lauf ständig. In den Auen kann man diese alten Mäandrierungen durch unterschiedliche Sedimentablagerungen (Schraffuren) sehr gut nachvollziehen.

Bachmäander

Während es im Voralpenland wenige Bergbäche gibt, die bis in die Ebene als Bach erhalten bleiben – sie haben sich bis dahin meist zu ordentlichen Flüssen entwickelt – findet man in den Mittelgebirgen zahlreiche Bäche, deren Gefälle bei wenig angewachsener Wasserführung vom steileren Oberlauf zum flacheren Unterlauf wechselt. Daneben finden wir auch solche Bäche, die sozusagen als Niederungsbäche geboren werden und sich von der Quelle an gemächlich durchs Land winden.

Die Mäandrierung oder die Gewässerschlingen sind in der Tat die hervorstechendende Eigenschaft nicht oder gering beeinflußter alluvialer Fließgewässer (Gewässerstrecken im Schwemmland nacheiszeitlicher geologischer Formationen). Insbesondere die schwankende Geschiebemenge läßt den Bach oder Fluß in diesem Abschnitt seinen Lauf ständig verändern. An den Prallufern wird dabei fortwährend Material abgetragen, wodurch der Feststofftransport erhöht wird, während durch Anlandung die sogenannten Gleitufer (Innenufer) ständig wachsen.

Durch unterschiedliche Wasserführung und dadurch wechselnde Transportkraft wird (bei Hochwasser) immer wieder Geschiebe herangeschafft und abgelagert. Dabei entstehen unter Niveauanhebung die Auenbereiche.

Defizite an Sedimentation führen zu Eintiefungen der Gewässer und damit langfristig wieder zur Absenkung der Aue. Der Abtrag an den Prallufern (Außenufer) und die Auflandung an den Gleitufern hängt auch mit fliehkraftbedingten spiralig verlaufenden Strömungen zusammen. Während die Strömung stärker die Prallufer belastet, trägt sie dieses Material zum jeweils gegenüberliegenden Innenufer, wodurch diese Gleitufer ständig wachsen.

Die Bachschlingen wurden häufig durch starke Erosionskräfte des Wassers durchstoßen, so daß sogenannte Altarme entstanden. Durch die geringere Fließgeschwindigkeit sind diese meist sehr schnell verlandet. Aber auch durch künstliche Begradigungsmaßnahmen sind Altarme oft entstanden. Im Rahmen solcher Eingriffe ist jedoch der verbliebene Altarm häufig verschüttet und eingeebnet worden. Nur in wenigen Fällen konnte die Erhaltung solcher Bereiche aus landschaftsökologischen Gründen durchgesetzt werden.

Verglichen mit dem Bergbach ist die Wasserführung des Niederungsbaches schon wesentlich ausgeglichener. Trotzdem kommt es natürlich auch hier zu Hochwässern, vor allem, wenn im Oberlauf die natürlichen Möglichkeiten des Wasserrückhaltes (z. B. durch Wälder, Moore, Überflutungsflächen) durch Verbauungen eingeschränkt und die Abflußgeschwindigkeit durch Begradigungen erhöht wurden. Bei solchen Hochwassern kommt es auch noch in den Niederungen zu Veränderungen des Bachbettes durch Uferabbrüche und die Verlagerung von Sand- und Schlammbänken.

Insgesamt aber erscheint der Niederungsbach doch eher zahm. Selten erreicht er Fließgeschwindigkeiten von mehr als 0,7 m/sec. Die mittlere Strömung beträgt bei Normalwasserstand sogar nur 0,4 – 0,5 m/sec. So geringe Strömungen transportieren auch kleine und kleinste Teilchen nicht mehr. Sie sinken zu Boden und schaffen mit Sand und Schlick und anderen feinteiligen Substraten einen völlig anderen Bachboden als im Bergbach. Durch abgelagerte organische

Stoffe kann es zu erheblicher Sauerstoffzehrung kommen, der nur dort entgegengewirkt wird, wo sich Unterwasserpflanzen reichlich ansiedeln und bei sonnigem Wetter kräftig assimilieren.

Zusammenfassend lassen sich die Lebensbedingungen des Niederungsbaches etwa folgendermaßen charakterisieren:

- geringe Strömungsgeschwindigkeiten (unter 1 m/sec)
- jahreszeitlich schwankende Wassertemperaturen (1 – 20° C)
- unterschiedlicher Sauerstoffgehalt je nach Temperatur, organischer Belastung, Bewuchs usw.
- ein überwiegend aus feinteiligem Substrat bestehender Bachgrund
- stellenweise bedeutende pflanzliche Produktion
- eine vielfältige, teils von Abfällen, teils von der bacheigenen Produktion lebende Tierwelt
- ein gewundener Lauf, in dem sich erodierende und sedimentierende Prozesse die Waage halten oder die Ablagerungsprozesse überwiegen.

Niederungsbäche haben geringere Strömungsgeschwindigkeiten, ein überwiegend feinsandiges Substrat am Bachgrund und verfügen über eine stellenweise bedeutende pflanzliche Vegetation im Gewässer, wenn die bachbegleitenden Ufergehölze fehlen.

An den Außen- und Prallufern trägt die Strömung Material fort, das am jeweils gegenüberliegenden Innen- und Gleitufer angelandet wird.

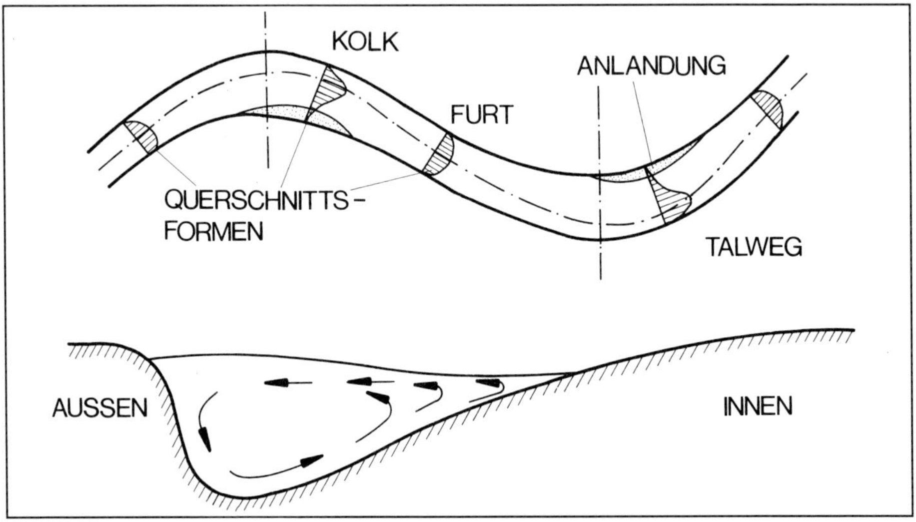

Pflanzen und Pflanzengesellschaften

Die Pflanzenwelt der Niederungsbäche ist ungleich artenreicher entwickelt als die der Gebirgsbäche. In strömungsarmen Buchten siedeln sich bereits viele Arten der Wasserpflanzen- und Röhrichtgesellschaften stehender Gewässer an. Die Zahl der speziell an die Strömungsverhältnisse angepaßten Pflanzenarten ist nicht besonders groß. Um so konkurrenzloser können sich einige von ihnen ausbreiten: oft findet man große Reinbestände einer einzigen Art.

Spezielle Anpassungen an das fließende Wasser sind vor allem Blattformen, die entweder lang und schmal sind und dann vor allem auf dem Wasser fluten, oder solche, die fein zerschlitzt untergetaucht wachsen. Beides dient dazu, den Widerstand und damit die an der Pflanze zerrenden Kräfte herabzusetzen.

Bei den Pflanzen mit grasähnlichen Riemenblättern sind einige Arten dabei, wie z. B. das Pfeilkraut, die nur in Fließgewässern solche langen, schmalen Blätter ausbilden, während sie in Stillgewässern runde oder wenigstens wesentlich breitere Blätter aufweisen.

Zu den Pflanzen in rasch bewegtem Wasser gehören:

Schwanenblume (Butomus umbellatus f. submersus)

Flutender Schwaden (Glyceria fliutans f. submersa)

Flutendes Laichkraut (Potamogeton nodosus)

Haarblättriger Wasserhahnenfuß (Ranunculus trichophyllus)

Aufrechter Merk (Sium erectum f. submersum)

Außerdem die Algenarten Cladophora glomerata, Hildenbrandia rivularis und Hydrurus sp. sowie die Moose Hygroamblystegium irriguum und Rhynchostegium rusciforme.

Zu den Arten, die man bei geringer Strömung (13 – 70 cm/sec) findet, gehören:

Kanadische Wasserpest (Elodea canadensis)

Großer Wasserschwaden (Glyceria maxima f. submersa)

Pfennigkraut (Lysimachia nummularia f. submersa)

Rohrglanzgras (Phalaris arundinacea f. submersa)

Ästiger Igelkolben (Sparganium erctum f. submersum)

verschiedene Laichkrautarten (Potamogeton crispus, lucens, nitens und perfoliatus).

Zu den typischen Arten in leichter Strömung gehören außerdem der Wasserhahnenfuß (Ranunculus aquatilis), das Tausendblatt (Myriophyllum), die Rotalge (Lemanea), das Quellmoos (Fontinalis) und andere Wassermoose. Viele der oben aufgelisteten Pflanzenarten kommen mehr oder weniger anders gestaltet auch auf dem Land vor. Am bekanntesten ist diese Art von Dimorphismus (Zweigestaltigkeit) vom Wasserknöterich, dem man seine doppelte Lebensweise sogar im botanischen Artnamen vermerkte: Polygonum amphibium.

Der Pflanzensoziologe unterscheidet zwei für Fließgewässer typische Pflanzengesellschaften, die Laichkraut-Unterwasserwiesen und ein Fluthahnenfuß-Fließwasserrasen. Während die ersten fast ausschließlich aus einer oder mehreren der etwa 10 in Frage kommenden Laichkrautarten bestehen, zeichnen sich die Hahnenfußgesellschaften durch größeren Artenreichtum aus. Neben den bereits erwähnten Arten kann man in ihnen auch Vertreter der Gattungen Was-

Ästiger Igelkolben steht auch im Bach.

Auf Schotterbänken oder im Bereich von Verlandungszonen dehnt sich die Pestwurz bei entsprechendem Lichteinfall stark aus.

Die fehlende Beschattung hat zu einer starken Entwicklung von Wasserpflanzen-Gesellschaften geführt, die sich zunehmend auch als Abflußhindernis erweisen.

Wiesenbach im Mittelgebirge mit Bitterem Schaumkraut und Sumpfdotterblumen.

serstern (Callitriche), Pfeilkraut (Sagittaria) und Seebinse (Schoenplectus) finden.
Wenn die Bäche bereits im Oberlauf von jeglichem Uferbewuchs entblößt wurden, und dadurch in vollem Umfange Licht einfällt, können sich die Arten der Fluthahnenfuß- oder Laichkrautgesellschaften ausbreiten und ausgedehnte Unterwasserrasen bilden. Dies trifft man insbesondere in der Norddeutschen Tiefebene häufig an. Verminderte Fließgeschwindigkeit, freilich verbunden mit verminderter Abflußleistung, zugleich aber auch geringere Erosionswirkung sind die Folge solcher Unterwasserpflanzen. Sie schützen die Gewässersohle, weil sich die Pflanzen bei Hochwasser flach an den Grund legen.
Allerdings gilt dies nur für nicht zu üppig entwickelte Unterwasserrasen; mit zunehmendem Wachstum führen sie u. U. zu einer beträchtlichen Behinderung des Abflusses und damit zu Ausuferungen. Spätestens in diesem Stadium muß regulierend eingegriffen werden, was jedoch – gleich ob Abmähen oder Ausbaggern – erneut eine explosionsartige Neuentwicklung des Pflanzenwuchses nach sich zieht.

Obwohl solche Unterwasserrasen auch Lebensraum für eigenständige Tiergemeinschaften bilden können, sollte nie vergessen werden, daß ihre Lebensmöglichkeiten erst durch Eingriffe des Menschen – nämlich durch Beseitigung der Ufergehölze – geschaffen worden sind. Die Stabilität des Lebensraumes Bach wird im Flachland wie im Bergland im wesentlichen durch die intakte Ufervegetation und nicht ersatzweise durch Wasserpflanzengesellschaften bestimmt. Das Verschwinden untergetauchter Pflanzen bei zunehmender Beschattung durch Uferbäume ist also ein durchaus wünschenswerter Effekt! Die dadurch bedingte Artenverarmung ist in Wirklichkeit ein Schritt in Richtung eines naturnäheren Zustandes.
Zwischen Niedrigwasser- und Mittelwasserbereich kann sich eine größere Pflanzenvielfalt entwickeln, da die extremen Unterwasserbedingungen während längerer Perioden ausbleiben. Durch Auflandung, Aufschlickung oder Bildung von Schotterbänken in diesem Bereich finden hier Früchte, Samen und vegetative Teile von Pflanzen, die mit der fließenden Welle herantransportiert werden, ideale Wuchsbedingungen vor. Die äußeren Einflüsse, wie Bodenabtrag, Auflandung, Wellenschlag oder Eisgang, lassen jedoch nur eine begrenzte Zahl von Pflanzenarten zu. Die dauerhafte Ansiedlung von Röhricht setzt zudem einen entsprechenden Lichteinfall voraus; nur dann ist die Erhaltung von Röhrichtbeständen langfristig gesichert.
Die an den Bächen mitunter vorherrschenden Pflanzengesellschaften zwischen Niedrigwasser und Mittelwasserbereich sind die Rohrglanzgras-Röhrichte. Sie können sowohl im alpinen Bereich als auch im norddeutschen Flachland

angetroffen werden. Rohrglanzgras (Phalaris arundinacea) ist dabei die dominierende Art der relativ artenarmen Gesellschaft, die noch bis zu 30 cm Wassertiefe wurzeln kann, sofern genügend Sauerstoff vorhanden ist.
Schwaden-Bachröhrichte sind als Pflanzengesellschaften hauptsächlich im Mittelgebirge oder flachen Hügelland verbreitet. Ihre Charakterarten sind der Flutende oder der Falt-Schwaden (Glyceria fluitans und G. plicata) an kleinen, nicht allzu schnell fließenden Bächen. An stärker mit Abwassern belasteten Bächen des Flachlandes und der Mittelgebirge sowie auf nährstoffreichen Standorten am Ufer von Stillwasserzonen beziehungsweise in Bereichen der Frühjahrsüberflutungen oder hohen Grundwassers dominieren die Wasserschwaden-Röhrichte mit dem Wasserschwaden (Glyceria aquatica) als wichtigster Charakterart. Der Ästige Igelkolben (Sparganium erectum) ist an nicht schnellfließenden Bächen ebenso anzutreffen wie in Stillwasserzonen, während Kalmus- Röhricht an Bächen nur im gelegentlich überfluteten Bereich oder an Altwässern auftritt.
Seltener trifft man als bachbegleitende Pflanzengesellschaft das Großseggenried an. Diese Pflanzengesellschaft kann allenfalls an sehr langsam fließenden Gräben oder Bächen dominieren, wenn die Substrate im Auflandungsbereich einen hohen Anteil mineralischer Bestandteile besitzen und durch Entfernung der Ufergehölze reichlich Licht einfallen kann.
Gerade im Mittelwasserbereich, also entlang der normalen Wasserstandlinie, können Röhrichtbestände einen idealen Uferschutz bilden. So dringen die Wurzelstöcke (Rhizome) des Schilfs bis 1 m tief in den Boden vor und tragen auf diese Weise zur Sicherung des Böschungsfußes und teilweise der seitlichen Bachsohlen bei. Noch wichtiger sind dabei jedoch die oberirdischen Pflanzenteile, die in der dem Ufer vorgelagerten Röhrichtzone unterhalb des Wasserspiegels zu einer wirkungsvollen Energieumwandlung der strömungsbedingten Erosionskräfte – insbesondere bei größeren Bächen – führen und damit die empfindliche Uferzone im Mittelwasserbereich zusätzlich schützen können. Ein weiterer Vorteil der Schilf- und Binsenpflanzen – wie auch verschiedener Baumarten – besteht in ihrem Vermögen, dem Wasser auf natürliche Weise Nährstoffe zu entziehen, wodurch sie wirksam zum Abbau der Abwasserfracht beitragen können. Besonders wirksam ist dieser Reinigungseffekt, wenn die abgestorbenen Pflanzenteile nicht wieder in das Wasser gelangen.
Stets handelt es sich bei den Röhrichtgesellschaften an unseren Bächen nur um eine zeitlich begrenzte Phase der natürlichen Weiterentwicklung zum Auewald. Es wird sicherlich immer Bereiche an unseren Bächen geben, die – aus welchen Gründen auch immer – baumfrei gehalten werden müssen. Dies sind dann jene Bereiche, wo der Uferschutz durch Röhricht sichergestellt werden kann, das eine kostengünstige und funktionelle Alternative zu allen rein technischen Varianten mit toten Baustoffen darstellt. Da aber die volle Beschattung unserer Bäche durch Ufergehölze erst die ökologische Funktionsfähigkeit der Bach-Ökosysteme garantieren kann, sind Röhrichtpflanzungen an Bächen immer nur eine zweite Wahl, sie sollten also nur dort eingesetzt werden, wo auf Bäume verzichtet werden muß.

Ufergehölze

Bereits am Mittellauf der Bäche kann man im Anschluß an das Bach- oder Flußbett eine mehr oder weniger breit ausgedehnte Aue finden, die unter Umständen auch schon eine unterschiedliche Ausprägung als „Weichholzaue" und „Hartholzaue" erkennen läßt. Im allgemeinen wird der Bereich zwischen Mittelwasser- und Sommerhochwasserlinie als Weichholzaue bezeichnet; es sind an den Bächen meist relativ schmale Gürtel in direktem Anschluß an die Uferlinie.

Im Gebirge herrschen je nach Höhenlage und Bodensubstrat dort Grauerlenwälder und Lavendelweiden-Gesellschaften vor, während Bach-Erlen-Eschenwälder und Hainmieren-Erlenwald-Gesellschaften die Ufer unterer Mittelgebirgslagen prägen.

Der Unterlauf mit seinem geringen Gefälle unterscheidet sich durch das Fehlen der Grauerle, die auf hohe Sommerwasserstände angewiesen ist. Dafür ist hier die Stufenreihe der Formationen, die vom Bachufer bis zum Rand der Aue aufeinander folgen, am vollständigsten ausgeprägt.

Im oft überfluteten, zeitweise aber auch recht trockenen Bereich unmittelbar oberhalb des Mittelwasserstandes können sich nur sommereinjährige Pflanzen ansiedeln, die rasch zur Samenreife gelangen. Dazu gehören vor allem Gänsefuß-, Knöterich- und Zweizahn-Arten. In der nächsthöheren Zone finden sich bereits ausdauernde Teppiche von Gräsern und anderen sich vielfach vegetativ vermehrenden Pflanzenarten. Erst oberhalb einer gewissen Überflutungsgrenze siedeln sich die ersten Pioniere des Auenwaldes an, insbesondere buschige und raschwüchsige Weidenarten.

Die an unseren Mittelgebirgs- oder Niederungsbächen stehenden Schwarzerlen sind die Relikte früherer ausgedehnter Bach-Erlen-Auen.

Die Erlenauenwälder werden im wesentlichen von der Schwarzerle beherrscht. Diese Pflanzengesellschaften sind in der Regel heute gerodet und anderen, intensiven Nutzungen zugeführt.

Im Flachland bildet sich hier unter natürlichen Bedingungen hauptsächlich der Hainmieren-Erlenwald aus. Unter den naturnahen Waldgesellschaften ist diese Art der Weichholzaue freilich auch die vom Menschen am meisten und gründlichsten veränderte. Entweder sind die Wälder gerodet, die Böden entwässert und damit einer landwirtschaftlichen Nutzung zugeführt worden, oder die Erlenwälder sind durch Entwässerungen aus benachbarten landwirtschaftlichen Standorten so stark in ihrer Pflanzenzusammensetzung verändert, daß sie mehr einem Eichen-Hainbuchen-Wald gleichen.

In ihrem ursprünglichen Artenspektrum treten neben der dominierenden Schwarzerle (Alnus glutinosa) vereinzelt einige Eschen (Fraxinus excelsior), Moorbirken (Berula pubescens), Ohr- und Grauweiden (Salix aurita und S. cinerea) auf. In der Krautschicht am Boden überwiegen vor allem die Langjährige Segge (Carex elongata) und das Sumpfreitgras (Calmagrostis canescens) sowie mitunter Bitteres Schaumkraut (Cardamine amara) und Gegenblättriges Milzkraut (Crysosplenium oppositifolium).

Die Silber- oder Bruchweidenauen sind vor allem in den tieferen Lagen der Mittelgebirge und im Flachland verbreitet; sie finden sich dort an größeren Flüssen, so an Niederrhein, Ijssel, Erft, Weser, Main oder Oberrhein. Gelegentlich treten aber auch in den bachbegleitenden Weichholzauewäldern Weidenarten auf. Neben Silberweide (Salix alba) und Bruchweide (Salix fragilis) handelt es sich um Strauchweidenarten, wie Purpurweide (Salix purpurea) oder Mandelweide (Salix triandra). Der Name Bruch- oder Knackweide rührt im übrigen von ihrer Eigenschaft her, daß die Äste leicht abbrechen können. Mit dem Wasser fortgeschwemmte Aststücke – übrigens aller Weidenarten – können Wurzeln schlagen und neu austreiben, wenn sie auf Schotter- oder Sandbänken landen.

Baumweiden treten im Mittelwasserbereich unserer Fließgewässer in natürlicher Weise nur dann auf, wenn die Gewässerbreite von oben einen genügenden Lichteinfall gewährleistet.

Wurzeln sichern die Ufer

Kennzeichnend für alle Baumarten der Weichholzaue ist ihr hohes Ausschlagvermögen, das Schäden an der Vegetation durch Geschiebeführung oder Hochwasser sehr schnell wieder ausgleichen kann. Ein ebenso typisches Merkmal für ökologisch intakte Weichholzaue-Vegetation ist die Tatsache, daß sie mit ihrem dichten – bis weit unter die Mittelwasserlinie reichenden – Wurzelwerk in der Lage ist, das Ufer vor Bodenabtrag wirksam zu schützen. Bei Hochwasser reduzieren dabei die oberirdischen Pflanzenteile – ähnlich wie das Röhricht im Bereich der Mittelwasserlinie – durch den elastischen Widerstand der umflossenen Zweige und Stammteile die Fließgeschwindigkeit mit ihrer zerstörenden Wirkung, eine von keinem Baustoff übertroffene Ufersicherung.

Die relativ schmalen Bereiche der Weichholzauewälder entlang unserer Bäche weisen nur noch selten eine den natürlichen Verhältnissen entsprechende Vegetation auf. Nach Untersuchungen des BUND sind in Südbaden nur noch an 17 % der Bachstrecken naturnahe Vegetationsformen vorhanden. In Osthessen stellten die Gewässerkundler des Max-Planck-Instituts aus Schlitz an etwa 32 % der Bachstrecken naturnahe Ufervegetation fest, während innerhalb des Waldes sogar nur 1,6 % der untersuchten Gewässerabschnitte eine Pflanzengesellschaft der Weichholzauen aufwiesen. Während im Wald Buchen- oder Fichtenbestände bis in die unmittelbare Bachnähe vorgedrungen waren, sind durch menschlichen Einfluß außerhalb des Waldes an den Uferböschungen der ehemaligen Weichholzaue aus Ansaatmischungen hervorgegangene Rasen entstanden, die denen der Fettwiesen ähnlich sind.

Allerdings kommt es sehr schnell zu einem Vegetationsumbau in diesem Bereich, der hinführt zu massenreichen und bis zu 2 m hohen Brennesseldickichten mit beigemischter Quecke. Diese Ent-

An unseren Bächen befinden sich heute überwiegend nur noch die Relikte der früheren Auevegetationen. Solche vereinzelten Erlen in einem Wiesengrund werden daher heute weitgehend als der natürliche Zustand empfunden.

wicklung hat mehrere Ursachen. Zum einen wird durch die Bäche vorbelastetes Wasser herangeführt, dessen Nährstoffe bei Hochwasser in den Böschungsgrund eindringen; gleichzeitig werden auch nährstoffbelastete Schlammschichten abgelagert. Von den angrenzenden landwirtschaftlichen Grundstücken werden zudem Düngemittel abgeschwemmt und in die Bäche eingetragen. Auch auf diese Weise findet eine Nährstoffverschiebung im Boden statt. Und schließlich war es jahrelang Unsitte, das Mähgut der Böschungen aus Kostengründen liegen zu lassen oder zu verbrennen. Sowohl die allmähliche, wie bei einer Kompostierung verlaufende Zersetzung der Mähgutrückstände als auch die Asche haben zusätzlich als Dünger gewirkt und letztlich zu dem verhängnisvollen Vegetationsumbau beigetragen.

Innerhalb der Wälder sind die ursprünglichen Auewald-Gesellschaften weitgehend durch forstliche Wirtschaftsweisen verdrängt worden.

Üppige Hartholzaue

Die zwischen dem Bereich des mittleren oder Sommerhochwassers (MHW) und des höchsten Hochwassers (HHW) gelegenen, dabei grundwassernahen Standorte nennt man die Hartholzaue. Sie sind noch durch relativ starke Schwankungen des Grundwassers gekennzeichnet, die mit den Hochwasserständen im Zusammenhang stehen. Allerdings sind diese Standorte mit Abstand nicht so stark der Dynamik der Bäche mit häufigeren Hochwässern unterworfen wie die Weichholzauen. Sommerhochwasser treten nur sehr selten und Frühjahrshochwasser nicht regelmäßig auf. Daher wird auch die Entwicklung der Krautschicht in der Hartholzaue nicht häufig gestört, wie dies in der Weichholzaue durch längere Überflutung in der Vegetationszeit oder durch Auflandungen immer wieder geschieht.

Die Hartholzaue bedeckt in der Regel eine ungleich größere Fläche als die Weichholzaue, die sich häufig nur als schmaler Gürtel am Bachufer hinzieht. Insbesondere lichtbedürftige Arten der Weichholzaue geraten leicht unter den Konkurrenzdruck schattenverträglicher Hartholzaue-Baumarten, sofern denen Boden- und Wasserverhältnisse zusagen.

Die Hartholzauen werden im wesentlichen geprägt von den Erlen-Eschenauen, von der Ulmenaue und den Eichen-Hainbuchenwäldern. Die Erlen-Eschenaue kommt als feuchtnasse Waldgesellschaft über hochanstehendem, kalkreichem Grundwasser oder auf sickerfeuchten Standorten vor, wobei sie nicht selten mit den Bach-Eschen-Erlenwäldern der Weichholzaue eng verbunden ist. Charakteristische Arten sind, neben Eschen und Schwarzerlen, in der Strauchschicht u. a. Traubenkirsche und Haselstrauch sowie in der Krautschicht die Winkelsegge.

Die Ulmenauen gehören zu den produktivsten Öko-Systemen Mitteleuropas, finden sich jedoch überwiegend an den größeren Flüssen und nur ausnahmsweise im Bereich der Bachauen. Kaum eine andere Waldgesellschaft weist soviele Arten auf. Neben der vermutlich forstlich eingebrachten Esche und der Feldulme (Ulmus minor), ist vor allem die Stieleiche (Quercus robur) vorherrschend. Daneben kommen aber auch die verschiedenen Ahornarten – teilweise jedoch eingebracht – und die Winterlinde (Tilia cordata) vor.

In der ebenfalls reichen Strauch- und Krautschicht findet man u. a. Wilden Hopfen (Humulus lupulus), Waldrebe (Clematis vitalba), Schlehe (Prunus spinosa), Gewöhnlichen Schneeball (Viburnum opulus), Pfaffenhütchen (Evonymus europaeus), Weißdorn (Crataegus monogyna) und Hasel (Corylus avellana) sowie Scharbockskraut (Ficaria verna), Gelbes Windröschen (Anemone ranunculoides) oder den Wald-Gelbstern (Gagea lutea). Alle diese Arten sind jedoch nicht an die Auenwälder allein gebunden, sie kommen vielmehr auch sonst in manchen Laubwäldern vor.

Wo Überflutungen nur noch selten hinreichen, tritt in der Hartholzaue die Hainbuche (Carpinus betulus) auf. Sie zeigt den Übergang zum Eichen-Hainbuchenwald an, und zwar meist in dessen feuchter Ausbildung, die durch den Waldziest (Stachys sylvatica) in der Krautschicht charakterisiert ist.

Während die Weichholzaue, zumindest noch in bruchstückhaften Resten als Erlen-Galeriewälder, Weidengruppen oder einzelnen Erlen erhalten blieb, wird die ungleich größere Hartholzaue – aufgrund ihrer hervorragenden Bodenqualität – heute meist landwirtschaftlich genutzt. Bereits frühzeitig hatte mit der Besiedlung der Fluß- und Bachtäler eine landwirtschaftliche Nutzung der Auen stattgefunden, zumeist als Mähwiesen mehr oder weniger extensiv. Die so entstandenen artenreichen Auenwiesen stellten aber immerhin ökologisch wertvolle Ersatzgesellschaften dar. Die Intensivierung der Landwirtschaft hat jedoch zu Entwässerungen, zum Umbruch der Wiesen in Ackerland und damit zu einer Artenverarmung geführt. Die Hartholzaue hat also am stärksten unter der Besiedlung und landwirtschaftlichen Nutzung gelitten.

Berg-Erlen-Aue in den Höhenlagen der Mittelgebirgszone.

Sehr wertvolle ufernahe Waldgesellschaft aus Eschen, Bergahorn, Schwarzerlen, Eichen und Traubenkirschen, die primär zum Erhalt und zur Absicherung dieses Auentyps als Naturschutzgebiet im hessischen Westerwald ausgewiesen wurde. Lebensraum von Wasseramsel, Eisvogel, Wasserfledermaus und Überwinterungsareal nordischer Exemplare des Wasserpiepers.

Geeignete Holzarten	Kleine Bäche mit Beschattung durch beidseitigen Bewuchs						Größere Bäche mit Lichteinfall
	Mittelbasenreiche Böden	Basenreiche Böden	Moorböden	Basenarme Sandböden	Mäßig basenhaltige bindige Böden	Basenreiche Mergelböden	Bodenunabhängig
Mittelwasserbereich							
Bäume:							
Rot- oder Schwarzerle (Alnus glutinosa)	x	x	x	x	x	x	x
Esche (Fraxinus excelsior)		x			(x)	x	
Bruch- oder Knackweide (Salix fragilis)	x	x		x	x	x	x
Fahlweide (Salix rubens)	x	x			x	x	x
Silberweide (Salix alba)		x			x	x	x
Grauerle (Alnus incana) nur auf Böden in den Alpen und im Alpenvorland							
Sträucher:							
Purpurweide (Salix purpurea)							x
Mandelweide (Salix triandra)							x

Geeignete Holzarten	Kleine Bäche mit Beschattung durch beidseitigen Bewuchs						Größere Bäche mit Licht-einfall
	Mittelbasenreiche Böden	Basenreiche Böden	Moorböden	Basenarme Sandböden	Mäßig basenhaltige bindige Böden	Basenreiche Mergelböden	Bodenunabhängig
Böschungen oberhalb des Mittelwasserbereichs							
Größere Bäume:							
Stieleiche (Quercus robur), bis 400 m NN	x	x	x	x	x	x	x
Vogelkirsche (Prunus avium)	(x)	x			x	x	x
Esche (Fraxinus excelsior)		x			x	x	x
Bergahorn (Acer pseudoplatanus)	x	x					
Spitzahorn (Acer platanoides)		x					
Mittlere Bäume:							
Moorbirke (Betula pubescens)			x	x			
Sandbirke (Betula pendula)			x				
Eberesche oder Vogelbeere (Sorbus aucuparia)	x		x		x		
Traubenkirsche (Prunus padus)	x	x			x	x	x
Hainbuche (Carpinus betulus)	x	x		x	x	x	x
Feldahorn (Acer campestre)		x		x	x	x	x
Sträucher:							
Grauweide (Salix cinerea)			x				
Ohrweide (Salix aurita)			x	x			
Faulbaum (Frangula alnus)	x		x	x			
Schneeball (Viburnum opulus)	x	x		x	x	x	x
Hasel (Corylus avellana)	x	x			x	x	x
Schlehe oder Schwarzdorn (Prunus spinosa)	x	x			x	x	x
Pfaffenhütchen (Euonymus europaeus)		x			(x)	x	x
Hartriegel (Cornus sanguinea)		x			(x)	x	x

Die artenreiche Tierwelt der Barbenregion

Im Bereich der langsamströmenden Niederungsbäche und in der Übergangszone vom Bach zum Fluß findet die Barbe (Barbus barbus) ihren Lebensraum, eine Fischart, die so charakteristisch für den Unterlauf der Bäche und den Mittellauf der Flüsse ist, daß man diese Gewässerabschnitte auch als Barbenregion kennzeichnet. Ihr folgt im Unterlauf der Flüsse noch die Brachsenregion, während man den Ober- und Mittellauf der Bäche im Bergland als Forellen- und Äschenregion benennt.

Die Barbe bevorzugt kühle, sauerstoffreiche Gewässer mit sandig-schlammigem Untergrund, in denen sie hauptsächlich in der Dämmerungsperiode aktiv wird und auf Nahrungssuche geht. Als typischer Bodenfisch, der an seinen vier Barteln und dem abgeplatteten Bauch leicht zu erkennen ist, sucht die Barbe ihre Nahrung in dem weichen Substrat des Gewässergrundes, wo sie sowohl allerlei Getier als auch viele Pflanzenreste verzehrt.

Ein weiterer Vertreter der Fischfauna, der sich auch in dem dichten Gestrüpp überhängender Ufervegetation der Niederungsbäche wohlfühlt, ist der Stichling (Gasterosteus aculeatus). Dieser kleine, silbrigglänzende Räuber macht Jagd auf alle Wassertiere, die er überwältigen kann. Die bei uns vorkommenden zwei Arten haben ihren Namen von der Zahl ihrer beweglichen Rückenstacheln. Man unterscheidet hier den Dreistacheligen Stichling, der etwas häufiger auftritt, vom Neunstacheligen Stichling. Beide Arten betreiben Brutpflege, indem das Männchen aus Pflanzenteilen ein richtiges Nest baut, den Laich bewacht und ihm sauerstoffreiches Atemwasser zufächelt.

Auch die Wasseroberfläche ist jetzt ruhig genug, um den Wasserläufern und Taumelkäfern Lebensraum zu bieten. Oft können sich hier ausgedehnte Zonen von Wasserpflanzen entwickeln, die einer Vielzahl von Tierarten Halt, Nahrung und Verstecke bieten.

Die Ufervegetation kann sich hier bei fehlendem Bach-Uferwald üppig entwickeln, und die ins Wasser hängenden Teile sind bevorzugte Verstecke von allerlei Schwimmkäfern und für die Larven der wenigen Libellenarten, die sich überhaupt im fließenden Wasser entwickeln können.

Diese Pflanzenzonen und der feine, weiche Untergrund, der bis mehrere Dezimeter mächtig werden kann, sind die wichtigsten Lebenszonen im Niederungsbach. Hartsubstrate wie große Steine oder Geröll sind eher die Ausnahme. Das Bild wird hier von Tieren beherrscht, die sich entweder eingraben, also im Substrat selbst leben, oder die auf strömungsarme Zonen angewiesen sind, die sie hier in Buchten und Vegetationsgürteln finden.

Der Sand und Bodenschlamm ist erfüllt von zahlreichen grabenden und wühlenden Arten wie Erbsen-, Kugel- und Flußmuscheln, Würmern und Zuckmückenlarven. Knapp in die obersten Schichten des Schlammes eingewühlt lauern Großlibellenlarven auf ihre Beute, und in sandigen, ufernahen Zonen graben sich große Eintagsfliegenlarven gleich Maulwürfen ihre Gänge.

In den ausgedehnten Wasserpflanzenbeständen finden sich neben vielen Schneckenarten erstmals auch in größerer Zahl Wasserinsekten ein, die sich schwimmend fortbewegen. Hierzu gehören alle Arten der Schwimmkäfer, schwimmende Eintagsfliegenlarven und die Wasserwanzen.

Vielen dieser Tierarten ist es unmöglich, im Bergbach zu existieren. Zum einen würden sie aufgrund ihrer Fortbewegungsweise sofort mit der Strömung fortgerissen, zum anderen sind sie gezwungen, regelmäßig atmosphärische Luft zu atmen. Zu diesem Zweck müssen sie in kurzen Abständen ihre Atemöffnung über die Wasseroberfläche bringen, wobei sie hilflos der Strömung ausgesetzt wären. Erst im Flachlandbach ist dies ohne die Gefahr der Verfrachtung möglich. Die Bewohner des Bergbaches umgehen diese Notwendigkeit, indem sie mit Hilfe von Kiemen den im Wasser reichlich gelösten Sauerstoff aufnehmen.

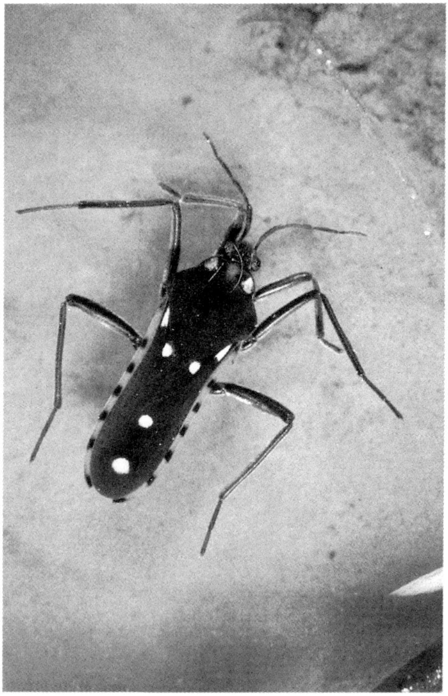

Die ruhigere Oberfläche der Niederungsbäche bietet dem Stoßwasserläuter Lebensraum.

Larve einer Kleinlibelle.

Ein Schwimmkäfer beim erfolgreichen Beutefang.

Tiere im Bachgrund

Die Tierwelt des Gewässergrundes stellt den reichhaltigsten Anteil an der gesamten Bachfauna. Die Beschaffenheit dieses Untergrundes kann sowohl anorganischer als auch organischer Natur sein. Das bedeutet, daß neben Steinen, Sand und Schlamm auch die Pflanzen und sogar manche Tiere als Besiedlungsflächen dienen. So siedeln beispielsweise manche Zuckmückenlarven auf den Larven der Eintagsfliegen, Egel befestigen ihre Eikokons auf Muschelschalen, und Wassermilben der Gattung Unionicola verbringen ihr Leben im Innern von Großmuscheln.

Jede Tiergruppe spielt aufgrund ihrer Eigentümlichkeiten im Ökosystem Bach eine ganz bestimmte Rolle; man nennt solche ökologischen Aufgabengebiete ihre ökologische Nische. Fallen einzelne Glieder des Systems aus, so ist es als Ganzes bedroht. Welchen Tiergruppen welche Aufgaben zufallen und wie sie sich an das Leben im Bach angepaßt haben, kann nur ausschnittsweise und nacheinander dargestellt werden.

Von der großen Gruppe der Borstenwürmer leben nur wenige Arten im Süßwasser. Den wenigsten davon ist es gelungen, den Anforderungen des Lebensraumes Bach zu entsprechen, denn die meisten der aquatisch lebenden Borstenwürmer bevorzugen den Grund von Teichen und Tümpeln. Die wichtigsten Vertreter dieser Gruppe im fließenden Gewässer sind der Schlammregenwurm (Eiseniella tetraedra), ein enger Verwandter des Regenwurms, und die rötlichen Schlammröhrenwürmer der Gattung Tubifex. Schon aus dem Namen geht hervor, welches Substrat von den Tieren benötigt wird. Die oft mächtigen Schlammablagerungen der Tieflandbäche beherbergen auf einem Quadratmeter oft Tausende von Borstenwürmern, die sich durch den Schlamm wühlen und dabei Algen, Pflanzenreste und Tierleichen als Nahrung aufnehmen.

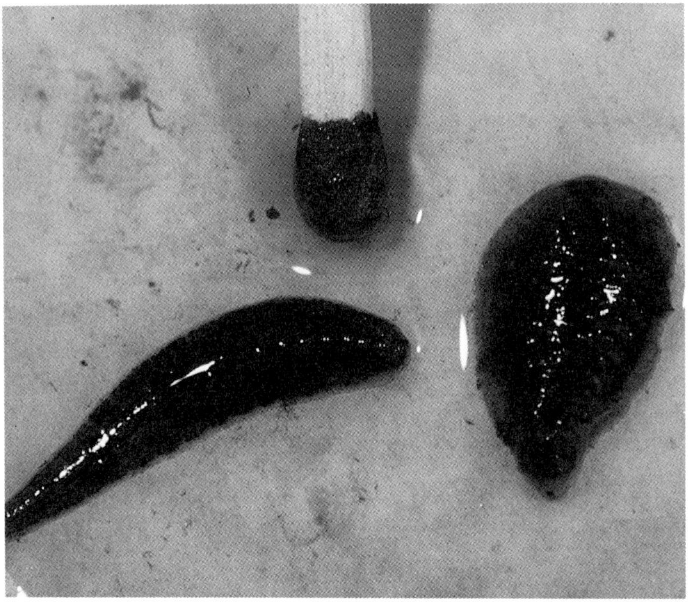

Schneckenegel im Größenvergleich.

Blutsauger

Die am höchsten entwickelten und stark spezialisierten Tiere der Gruppe der Ringelwürmer sind die Egel. Obwohl sie gut ausgebildete Saugnäpfe entwickelt haben, dringen sie nur gelegentlich in die reißenden Regionen des Wildbaches vor. Viel lieber halten sie sich in seichten, langsam fließenden und pflanzenreichen Gewässern auf. Der Grund dafür dürfte in ihrer schmarotzenden Lebensweise zu suchen sein. Die meisten der Egelarten sind sogenannte Außenparasiten, die sich mit ihrem Saugnapf an einem Wirtstier festsetzen, eine Öffnung in die Körperoberfläche beißen, sich voll Blut saugen und dann wieder zu Boden sinken lassen. In einem schnell fließenden Bach ist die Gefahr des Abtreibens in der Phase des Anheftens und Absinkens zu groß, als daß sie diesen Lebensraum auf Dauer erschließen könnten. Lediglich den Schneckenegeln wird der Nahrungserwerb etwas erleichtert, weshalb man sie gelegentlich auch in Bergbächen findet. Charakteristisch ist auch der Fischegel, der seinen langen dünnen, an Wasserpflanzen festgehefteten Körper waagrecht von der Unterlage abspreizt und in dieser Stellung auf vorbeischwimmende Fische wartet.

Aber nicht alle Egel sind aufs Blutsaugen spezialisiert. Die Gruppe der Kiefer- und Schlundegel lebt rein räuberisch und verschlingt oft ganze Larven oder reißt Stücke aus größeren Beutetieren. Außer ihnen meiden alle Egel schlammigen Untergrund, da sie hier ihre Saugnäpfe nicht einsetzen können. Einige sind jedoch sehr gute Schwimmer, die sich schlängelnd zwischen den Wasserpflanzen fortbewegen können.

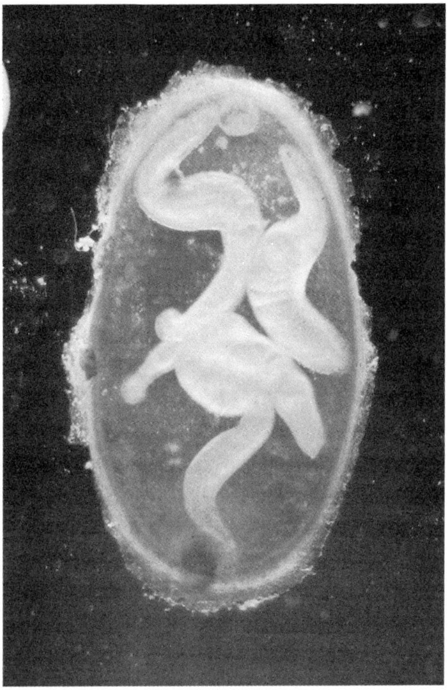

Egelkokon mit jungen Egeln.

Schnecken auf der Algenweide

Weit artenreicher als die Wurmfauna ist die Schneckenfauna der Bachunterläufe. In den weiten Rasen der Wasserpflanzen und in den Stillwasserzonen der Buchten finden auch solche Schnecken Lebensraum, die sonst hauptsächlich in stehenden Gewässern leben. Dazu gehören vor allem die Arten der Spitzschlammschnekken und der Tellerschnecken. Von den Arten, die regelmäßig in langsam fließenden Gewässern vorkommen und dort auch stabile und oft individuenreiche Populationen entwickeln können, sind die Schlammschnecken und die Leberegelschnecke zu nennen.

Allen Schneckenarten gemeinsam ist ihre rein pflanzliche Ernährung. Deshalb findet man Schnecken fast ausschließlich auf Steinen und Wasserpflanzen, wo sie den Algenbelag abweiden. Die Moose und die höheren Wasserpflanzen selbst bleiben dagegen unversehrt. Ein charakteristisches Indiz für das Vorhandensein von Schnecken sind die an den Untergrund geklebten Gelege. Diese im Wasser aufquellenden Würstchen bestehen aus einer gallertartigen Substanz, in die die Eier eingebettet sind. So vor Fraß und Austrocknung geschützt, können sich aus den Eiern relativ gefahrlos junge Schnekken entwickeln, die bis zu einer gewissen Größe heranwachsen und dann ihre schützende Hülle verlassen.

Gelegentlich findet sich in den Stillwasserbereichen der Niederungsbäche auch die lebendgebärende Sumpfdeckelschnecke.

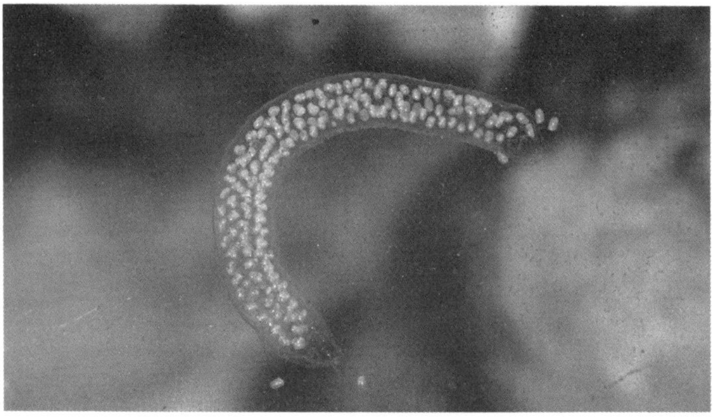

Gelege einer Schlammschnecke.

Muscheln – eifrige Filtrierer

Als sehr leistungsfähige Filtrierer spielen die Muscheln in unseren Gewässern eine noch viel zu wenig beachtete ökologische Rolle. Wenn man bedenkt, daß im Versuch ein einziges Tier pro Stunde 42 l Wasser durchfiltriert hat, so kann man sich ausmalen, was diese Tiere leisten, wenn zehn oder mehr von ihnen je Quadratmeter Gewässergrund vorkommen. Manche Arten durchwühlen den schlammigen Boden, andere begnügen sich damit, nur das Wasser auf die darin enthaltenen Planktonpflanzen und -tiere sowie auf organische Abfälle (Detritus) hin durchzusieben.

Hatten wir als typischen Vertreter des Bergbaches die Flußperlmuschel (Margaritifera margaritifera) kennengelernt und dort auch noch die kleine Erbsenmuschel (Pisidium sp.) gefunden, so treffen wir im Unterlauf der Bäche schon auf weit mehr Arten. Besonders charakteristisch für langsam fließende Niederungsbäche und Flüsse der Ebene ist die Gewöhnliche Flußmuschel (Unio crassus), die nur bis 6 cm lang wird. Auch die ihr nah verwandten, aber größeren Arten, die Blasige Flußmuschel (Unio tumidus) und die Malermuschel (Unio pictorum), die beide 7–10 cm lang werden, findet man im schlammigen Grund strömungsarmer Buchten.

Gelegentlich siedeln sich auch Vertreter der Teiche und Seen im Bach an, so die Kleine Teichmuschel (Anodonta piscinalis) und im Auslauf von Teichen und Seen wohl auch schon einmal die Große Teichmuschel (A. cygnea), die bis zu 20 cm lang wird, im übrigen aber in den unterschiedlichsten Lokalformen und -größen auftritt.

Aber auch Vertreter der Kleinmuscheln finden sich in den langsam strömenden Niederungsbächen mit ihrem reichen Angebot an organischen Stoffen. So die bis 2 cm große Kugelmuschel (Sphaerium) oder einige der etwa 17 Erbsenmuschelarten, die meist noch nicht einmal 1 cm groß werden.

In jeder Hinsicht aus dem Rahmen fällt die bis zu 4 cm große Wander- oder Dreiecksmuschel (Dreissena polymorpha). Sie stammt ursprünglich aus dem Gebiet des Kaspischen und Schwarzen Meeres, wurde dann bei uns eingeschleppt und hat sich in den letzten 40–50 Jahren mancherorts zu einer wahren Plage entwickelt. Die Wandermuschel hat zwei Eigenschaften, die man sonst nur bei Meeresmuscheln findet, und die ihre Verbreitung sehr begünstigen: Sie bildet freischwimmende Larven, und die fertigen Muscheln erzeugen Byssusfäden, mit denen sie sich überall festheften können. Besonders störend sind diese Muscheln, wenn sie sich in Massen in Kanälen, Wasserrohren und Filtern festsetzen und diese mit der Zeit völlig verstopfen.

Bedrohte Krebse

Auch im Bach der Ebene spielen die kleinen Bachflohkrebse (Rivulogammarus) eine enorm wichtige ökologische Rolle als Zersetzer organischer Abfallstoffe. Allerdings haben die sauerstoffliebenden Tiere sehr unter der organischen Belastung unserer Bäche zu leiden. Es gibt daher nicht mehr viele Tieflandbäche, in denen noch Bachflohkrebse leben. Dadurch fehlt in ihnen ein ganz wichtiges Glied in der Kette der Organismen, die für die Selbstreinigung der Gewässer verantwortlich sind. – Auf die Lebensweise der Flohkrebse gingen wir bereits im Kapitel „Bergbach" ein, so daß wir hier darauf verzichten können.

Neben den typischeren Bachbewohnern finden wir in der Gruppe der Kleinkrebse auch einige Arten, die eigentlich aus stehenden Gewässern stammen. Dazu gehören etwa die mikroskopisch kleinen Muschelkrebse (Ostracoda), die geschützt von zwei Schalenhälften auf der Schlammoberfläche und zwischen den Blättchen der Moospolster anzutreffen sind. Ebenfalls in Moospolstern halten sich gern die winzigen Ruderfußkrebse oder Hüpferlinge (Cyclops u. a.) auf. Im freien Wasser strömungsarmer Buchten trifft man wohl auch auf die wie Staubkörner im Sonnenlicht tanzenden Schwärme verschiedener Wasserfloh-Arten (Daphnia-Chydorus u. a.). All diese Kleinkrebse sind für das Ökosystem Bach von größter Bedeutung.

Der einst in so vielen Bächen heimische Flußkrebs (Astacus astacus) verschwand schon um die Jahrhundertwende in zunehmendem Maß. Grund dafür war damals noch nicht so sehr die Wasservergiftung, sondern eine Pilzkrankheit, die sogenannte Krebspest. Wobei freilich nicht auszuschließen ist, daß die Ausbreitung der Krankheit durch die zunehmende Verunreinigung der Bäche gefördert wurde. Als Ersatz wurde damals der nordamerikanische Flußkrebs (Orconectes limosus) eingeführt, der auch sofort den freigewordenen Platz im Ökosystem eingenommen hat. Der vom nordamerikanischen Krebs nur schwer zu unterscheidende heimische Flußkrebs konnte sich nur in einigen wenigen Refugien bis heute halten. Gerade in den Unterläufen vieler Bäche wurde es inzwischen aber auch dem robusteren Amerikaner zuviel mit all den Giften und Abfällen.

Entscheidend für das Vorkommen von Flußkrebsen in einem Bach ist neben einem Mindestmaß an Sauberkeit das Vorhandensein von Verstecken: Hohlräume zwischen Steinen, Baumwurzeln oder in der Uferböschung. Als Dämmerungs- und Nachttiere suchen die Krebse tagsüber gerne Unterschlupf in solchen Verstecken. Nachts gehen sie auf Jagd, wobei sie nicht wählerisch sind und neben allen möglichen Kleintieren auch Fische, Aas und sogar Wasserpflanzen fressen.

Ähnlich wie die Backflohkrebse zeichnen sich auch die Flußkrebse durch Brutfürsorge aus. Sehr merkwürdig und kompliziert ist schon die Begattung. Das Weibchen heftet die befruchteten Eier an seinen Hinterleibsgliedmaßen an und trägt sie so von November bis Mai mit sich herum. Dann schlüpfen die Jungen, klammern sich aber noch weitere 10 Tage mit den Scheren am Hinterleib der Mutter fest und werden erst nach der ersten Häutung selbständig.

In Uferhöhlen und Steinspalten verbringt der Flußkrebs den Tag, um nachts auf Beutesuche zu gehen.

Wasserasseln – wichtige Abfallverwerter

Ein weiterer wichtiger Vertreter aus der Gruppe der Kleinkrebse ist die Wasserassel (Asellus aquaticus). Lieben die Flohkrebse schnell strömendes, sauerstoffreiches, klares Wasser, so fühlt sich die Wasserassel gerade im gegensätzlichen Milieu erst richtig wohl. Langsam strömende Bäche mit schlammigem Untergrund, hoher Fracht an organischem, verwesendem Material und dadurch bedingte Sauerstoffarmut sind der ideale Lebensraum der Wasserasseln. Ähnlich den Bachflohkrebsen im Oberlauf eines Baches, wo oft Hunderte der Tiere auf einem Quadratmeter gezählt werden, können sich auch die Wasserasseln in ihrem Lebensraum in Massen entwickeln, so daß sie schließlich sogar zur dominierenden Lebensform werden können.

Sowohl die Wasserasseln als auch die Flohkrebse betreiben eine fortgeschrittene Art von Brutpflege. Die Eier werden nicht einfach irgendwo abgelegt, sondern verbleiben am Muttertier. Erst wenn sich die Jungen in den Eiern soweit entwickelt haben, daß sie den Elterntieren schon ziemlich ähnlich sind, machen sie sich selbständig. Innerhalb eines Vierteljahres sind die Jungtiere dann, nach wiederholten Häutungen, bis ins Stadium der Geschlechtsreife herangewachsen.

Wasserasseln – Anzeiger für hohe organische Belastung eines Baches.

Eintagsfliegenlarven als „Maulwürfe" und Schwimmer

Ein sicheres und verstecktes Dasein führen die grabenden Formen unter den Eintagsfliegenlarven. Man findet sie nur an Stellen, wo der Untergrund ausreichend lehmig oder sandig ist, so daß es den Tieren möglich ist, ihre Gänge zu graben. Im Oberlauf eines Baches findet man diese Verhältnisse wohl selten, so daß das Hauptverbreitungsgebiet dieser Arten in den Unterläufen und in den Niederungen liegt. Im Gegensatz zum flachen Körper der direkt der Strömung ausgesetzten Arten, erscheint der Körper der grabenden Larven (z. B. Arten der Gattung Ephemera) zylinder- oder walzenförmig. Man findet keinerlei Körperunebenheiten, die das Leben in engen Röhrensystemen erschweren würden, und selbst die Kiemen sind eng an die Oberseite des Hinterleibes angelegt. Die Oberkiefer sind lang und spitz ausgezogen und dienen den Larven als Meißel, die Vorderbeine sind schaufelartig abgeändert und ähneln täuschend den bekannten Schaufeln unserer Maulwürfe. Durch das abwechselnde Einsetzen ihrer Oberkiefer und der schaufelartigen Vorderbeine wühlen sich die Larven, gleich kleinen Maulwürfen, auf der Suche nach Nahrung durch den Bachgrund.

Ähnliche Anforderungen an ihre Umgebung wie die grabenden Eintagsfliegenlarven haben die Arten, die sich kriechend auf dem Gewässergrund fortbewegen. Allerdings leben sie nicht im Substrat selbst, sondern bewohnen die Oberfläche von Schlammablagerungen in langsam fließenden Bächen. Der Körper dieser Larven (Caenis-Arten) ist vollständig mit langen Haaren und Borsten bedeckt, an denen allerlei Schlammpartikel und Sandkörnchen hängenbleiben. Auf diese Art vorzüglich getarnt und kaum noch vom Boden zu unterscheiden, sind diese Arten gut vor Freßfeinden geschützt.

Der letzte Typ von bachlebenden Insektenlarven schließlich ist in der Lage, sich schwimmend fortzubewegen. Daran läßt sich schon ersehen, daß diese Larven nur in den stillen Buchten oder in den Wasserpflanzengürteln der Flachlandbäche vorkommen. Allerdings findet man auch in Mittelgebirgsbächen oft Larven der Gattung Baetis, die eigentlich dem schwimmenden Typus zuzuordnen sind. Ihre Kleinheit (sie werden nur 4 – 6 mm lang) gestattet ihnen jedoch ein Leben in dieser gefährlichen Umgebung; von ihrer Fähigkeit zu schwimmen machen sie kaum Gebrauch.

Ganz anders verhalten sich die schwimmenden Arten der Niederungsbäche. Durch kräftige Schläge ihres Hinterleibes, bei denen sie die drei stark behaarten, ruderähnlichen Schwanzfäden fächerartig abspreizen, erzielen sie einen erstaunlichen Vortrieb, der sie geschickt von Wasserpflanze zu Wasserpflanze schwimmen läßt. Dort weiden sie ähnlich den anderen Larven Algenüberzüge ab, die sich auf den Blättern gebildet haben.

Nach zahlreichen Häutungen ist bei allen Eintagsfliegenlarven das Wachstum und die Entwicklung abgeschlossen. Nun verpuppen sie sich nicht etwa, wie das von Schmetterlingen und anderen Insekten bekannt ist, sondern aus der Larve schlüpft unmittelbar ein flugfähiges Insekt. Diese sogenannte Subimago ist eine einzigartige Erscheinung im Tierreich, denn sie stellt noch nicht das geschlechtsreife Stadium der Eintagsfliegenentwicklung dar. Das aus der Larve geschlüpfte Tier hat lediglich die Aufgabe, den Weg vom Wasser aufs Land zurückzulegen. Dort angekommen, häutet sich die Subimago sofort zum eigentlichen Geschlechtstier. Dadurch ist gewährleistet, daß die erwachsenen Tiere, die für die Fortpflanzung zu sorgen haben, sofort trockene Flügel besitzen und dadurch flugfähig sind. Eile ist geboten, denn sie müssen in ihrem kurzen Leben, welches nur einige Stunden, in Ausnahmen einige Tage dauert, auf Partnersuche gehen und durch den Kompensationsflug die Abdrift ihrer Larven wieder ausgleichen.

Die grabenden Eintagsfliegenlarven benötigen weichen, sandig-schlammigen Untergrund.

Libellen – elegante Urtiere

Fast überall als wunderschöne, farbenprächtige Kunstflieger bekannt, machen auch die Libellen eine wesentlich unscheinbarere Entwicklung im Wasser durch. Der ihren Larven angestammte Lebensraum sind die weiten Pflanzengürtel und das ins Wasser hängende Dickicht der Ufervegetation stehender Gewässer. Wie kommt es, daß die Libellen auch einen Platz im Ökosystem Bach einnehmen?

Ebenso wie stehende Gewässer suchen die erwachsenen Libellen auch oft die Wasserflächen der umliegenden Bäche auf, um dort Jagd auf allerlei Wassertiere zu machen. Es ist faszinierend, ihren pfeilschnellen kunstvollen Flug knapp über der Wasserfläche oder das hubschrauberartige Stillstehen in der Luft zu beobachten. Mit ihren übermäßig großen Augen ist es den Libellen auch bei rasendem Flug möglich, ein im Wasser schwimmendes Beutetier zu erkennen. Sie ergreifen es mit ihren langen Fangbeinen, halten die Beute in ähnlicher Weise fest, wie man das von Greifvögeln kennt, und ziehen sich an einen sicheren Platz zurück, an dem sie dann ihre Beute verzehren.

Aber nicht nur die flugfähigen Formen der Libellen greifen in das Ökosystem Bach ein. Einigen Arten ist es gelungen, sich an die besonderen Verhältnisse im Bach anzupassen und dort ihre Larvenentwicklung durchzumachen. Allerdings bleibt die Verbreitung auf den Typ des Niederungsbaches beschränkt, da es nur dort anthropogen-bedingt die gewohnten Pflanzenzonen gibt. Diese unter Wasser oft weit ausgedehnten Pflanzendickichte sind der ideale Lebensraum für Libellenlarven. Hier finden sie genug Verstecke, ausreichend Beutetiere und Zonen mit mäßiger Strömung, in denen sie auf Beutefang gehen können. Die Libellen werden in zwei große Gruppen unterteilt: die Kleinlibellen oder Schlankjungfern und die Großlibellen oder Drachenfliegen. Vertretern beider Gruppen ist die Anpassung an den Bach gelungen. Für die Kleinlibellen sind hier in der Hauptsache die Blauflügel-Prachtlibelle (Calopteryx virgo) und die Gebänderte Prachtlibelle (Calopteryx splendens) zu nennen. Beide Arten zeichnen sich neben einer metallischen Körperfärbung durch eine ebensolche Flügelfärbung aus und sind somit leicht zu erkennen.

Ihre Larven sind jedoch eher unscheinbar gelb-bräunlich gefärbt und meistens in den Farbtönen dem jeweiligen Untergrund angepaßt. Auffällig sind die sehr langen Beine, die dem schlanken Körper mit den drei blattartigen Schwanzanhängen, für alle Kleinlibellenlarven typisch, ansitzen. Mit diesen langen Beinen können die Prachtlibellenlarven ziemlich sicher zwischen den Pflanzenstengeln umherklettern und sind viel zu sperrig, um aus dem Pflanzengewirr herausgespült zu werden. Erlegt wird die Beute, wie bei allen anderen Libellenlarven auch, mit der zu einem speziellen Fangapparat umgestalteten Unterlippe. Dieser Fangapparat (Fangmaske) besteht im wesentlichen aus einer plattenartigen Verlängerung der Unterlippe, an deren Spitze zwei scharfe, bewegliche Klauen sitzen. In Ruhestellung ist dieser Apparat an die Körperunterseite angelegt und kann bei Bedarf blitzartig vorgeschnellt werden, wobei das Beutetier von den beiden Klauen gepackt wird.

Als bachbewohnende Vertreter der Großlibellen sind die beiden Quellenjungferarten (Cordulegaster sp.) und die Arten der Gomphiden zu nennen. Erstere findet man hauptsächlich in der Quellregion, aber auch an seichten sandigen Stellen von Bergbachbuchten, während die Gomphiden den sandig-schlammigen Untergrund des Unterlaufs bevorzugen. Alle Arten jedoch sind dazu übergegangen, ihren kurzen gedrungenen Körper in die obersten Bodenschichten einzugraben und dort auf vorbeikommende Beute zu lauern. Lediglich Teile des Kopfes – zum Erfassen der Beute – und die Hinterleibsöffnung ragen ins Wasser. Die Hinterleibsöffnung deshalb, weil der Enddarm bei allen Libellenlarven als Atmungsorgan dient. (Die drei Anhänge der Kleinlibellenlarven, die oft als Kiemen angesehen werden, dienen lediglich als Schwimmhilfen.)

Nach mehreren Jahren sind die Larven ausgewachsen und verlassen das Wasser. Festgeklammert an Halme der Ufervegetation platzt schließlich die Larvenhaut, die Libelle schlüpft, und zurück bleibt eine leere, dünne Haut, in der Form der Larve.

Die Larven der gebänderten Prachtlibelle sind auf langsamfließende vegetationsreiche Bachabschnitte angewiesen.

Larve einer Großlibelle.

Käfer und Wanzen – auch erwachsen im Bach

Während die meisten unserer Süßwasserinsekten lediglich ihre Larvenzeit im Wasser verbringen, um dann als erwachsene Tiere sich in den Luftraum zu erheben (wenn auch oft nur zu einem kurzen Fliegerleben), stellen die Wasserkäfer und Wasserwanzen eine bemerkenswerte Ausnahme dar. Auch ihre Larven entwikkeln sich im Wasser, oder zumindest in unmittelbarer Wassernähe. Nach vollendeter Entwicklung klettern auch hier die Tiere zunächst ans Land, meist, um sich dort zu verpuppen. Dann aber besiedeln die Käfer und Wanzen nicht die Luft als eigentlichen Lebensraum, sondern kehren wieder ins Wasser zurück. Ihre einmal erworbene Flugfähigkeit nützen sie allerdings zuvor, um das Gewässer zu wechseln oder um die Abdrift ihrer Larven durch einen Flug bachaufwärts zu kompensieren. Die Lebensweise im Wasser, die an die kurze Flugphase anschließt, bringt es jedoch mit sich, daß nicht nur der Larvenkörper, sondern auch die Gestalt der erwachsenen Tiere strömungsangepaßt sein muß.

Da die Vertreter beider Tiergruppen an eine schwimmende Lebensweise gewöhnt sind und über speziell ausgebildete, mit langen Wimpern besetzte Schwimmbeine verfügen, findet man sie hauptsächlich in den pflanzenreichen, langsam strömenden Bachabschnitten und in den stillen Buchten.

Unter den recht zahlreichen, wasserlebenden Käferarten lassen sich drei größere Gruppen voneinander unterscheiden. Da sind einmal die oft recht stattlichen Schwimmkäfer (Dytiscidae), die mit ihrem stark abgeflachten, stromlinienförmigen Körper und den zu perfekten Rudern umgestalteten Beinen zu den besten Schwimmern unter den Wirbellosen zählen. Als geschickte und kräftige Räuber machen sie sogar auf Kaulquappen und kleine Fische Jagd. Einer der bekanntesten Vertreter dieser Gruppe ist der Gelbrandkäfer, den man freilich in Bächen nur ausnahmsweise findet.

Viel langsamer und meist auch kleiner sind die Wasserkäfer im engeren Sinne (Hydrophilidae). Ihr Rücken ist nicht flach und stromlinienförmig, sondern hochgewölbt, ihre Beine tragen nur wenige Ruderborsten – und sie schlagen damit auch nicht, wie die Schwimmkäfer, kraftvoll gleichzeitig, sondern paddeln wie ein Hund. Viele der kleineren Arten kriechen und krabbeln mehr herum und schwimmen nur selten. Die meisten Arten leben als Erwachsene vegetarisch, während ihre Larven alle räuberisch sind. Wie unzureichend die Wasserkäfer an ihren (neuen) Lebensraum angepaßt sind, zeigt sich darin, daß die Larven ihre Beute über dem Wasser aussaugen müssen, weil sie noch keine wasserdichte Saugvorrichtung besitzen.

Schließlich gibt es die Familie der Wassertreter (Haliplidae), deren Hinterbeine weit über das Hinterende des Körpers hinausragen. Die Beine stecken zum Teil unter stark verbreiterten Hüftplatten, unter denen die Tiere ihren Atemluftvorrat mit sich tragen. Alle im Wasser lebenden Käfer und Wanzen sind nämlich auf Luftatmung angewiesen und müssen deshalb immer wieder an die Oberfläche, um ihren Luftvorrat auszutauschen.

In den Pflanzenbeständen der stilleren Bachabschnitte findet man gelegentlich Ruderwanzen oder Wasserzikaden (Corixidae). Man trifft sie oft sogar in kleinen Schwärmen an. Manche Arten sind ganz von einem dünnen Luftpolster umgeben,

so daß sie wie silbrig erscheinen. Obwohl sie sich recht behend bewegen, leben sie überwiegend vegetarisch oder gar von Abfällen, die sie sich am Grund zusammenscharren. Sie können ebensogut schwimmen wie fliegen und schießen zu diesem Zweck wie winzige Torpedos aus der Wassertiefe in die Luft.
Weitere Vertreter der Wasserwanzen sind der merkwürdige Wasserskorpion (Nepa rubra) und verschiedene Rückenschwimmer-Arten (Notonecta sp.). Sie sind in Bächen aber eher als Irrgäste zu betrachten, da ihr eigentlicher Lebensraum ruhende Gewässer sind. Das gilt auch für die auffälligsten Wasserwanzen-Arten, die auf der Wasseroberfläche jagenden Wasserläufer (Gerridae), Teichläufer (Hydrometridae) und Stoßwasserläufer (Veliidae). Die langbeinigen Arten findet man häufiger auf Teichen und Tümpeln als in stillen Bachbuchten. Der weit weniger schlanke und nicht so langbeinige Stoßwasserläufer allerdings ist ein ausgesprochener Bachbewohner, der hurtig auf der Wasserfläche, sogar entgegen der Strömung laufen, ebensogut aber auch tauchen kann.
Durch eine feine und außerordentlich dichte Behaarung der Beine und Füße gegen ein Einsinken ins Wasser geschützt, lauern sie in Bereichen mit ruhiger Wasseroberfläche auf ihre Beute. Durch die rudernden und zappelnden Bewegungen eines ins Wasser gefallenen Tieres werden kreisförmige Wellen erzeugt, die von den lauernden Wasserläufern wahrgenommen werden. Sie rennen sofort an den Ursprungsort der Wellen, um dort mit ihrem für alle Wanzen charakteristischen Stechrüssel die Beute auszusaugen. Bei ihrer mehr schwimmend-gleitenden Fortbewegungsweise können sie Geschwindigkeiten erreichen, die es ihnen ermöglichen, kurzfristig gegen eine Strömung von 50 cm/sec zu bestehen.
Ähnlich den Wasserläufern treten auch die Taumelkäfer (vor allem Orectochilus villosus) häufig im Schwarm oder in kleinen Herden auf. Sie sind noch besser an ein Leben auf der Oberfläche angepaßt. Ihre Augen sind zweigeteilt und etwas auseinandergewandert, so daß das obere Augenpaar über das Wasser, das untere ins Wasser zu liegen kommt. Leicht kann man Taumelkäfer schon an ihren kreis- oder spiralförmigen Schwimmbewegungen erkennen, mit denen sie nach lebenden oder toten Beutetieren suchen. Meistens wird dies jedoch dem Beobachter verborgen bleiben, da die Käfer erst bei Einbruch der Dämmerung ihre Verstecke verlassen.

Erfolgreicher Beutefang eines Wasserläufers.

Mücken und Fliegen – kurze Flugzeit

Die Gruppe der Zweiflügler, wozu alle mücken- und fliegenähnlichen Insekten zu rechnen sind, bildet die artenreichste Gruppe unserer Süßwasserorganismen. Sind die erwachsenen Tiere leicht daran zu erkennen, daß sie nur ein Flügelpaar besitzen, so wird das Erkennen ihrer Larven durch eine unbeschreibliche, verwirrende Formenvielfalt auf das höchste erschwert. Vertretern nahezu aller Zweiflüglerfamilien ist es gelungen, die Gewässer als Lebensraum für ihre Larven zu erschließen. Man findet sie in allen Gewässertypen, wobei sie in der Lage sind, selbst extreme Umweltbedingungen zu ertragen und zu überdauern. Auch im Ökosystem Bach findet sich eine Vielzahl von Arten, die entweder durch ihr zahlreiches Auftreten oder durch ihre eigentümliche Lebensweise Bedeutung erlangen.

Zu der ersten Gruppe, die durch ihr oft massenhaftes Auftreten eine wichtige Rolle in der Biomassenproduktion spielt, gehören ohne Zweifel die Zuckmücken (Chironomidae) und die Kriebelmücken (Simuliidae). Beide kommen zwar auch nebeneinander vor, aber ihre optimalen Lebensbereiche sind doch recht unterschiedlich, so daß die Orte der höchsten Besiedlungsdichten beider Gruppen immer räumlich getrennt sind. In diesen Zonen kann – aufgrund der jeweils optimalen Umweltbedingungen – die Zahl der Tiere pro Quadratmeter bis in die Hunderttausende gehen. In Gebieten mit solch hoher Populationsdichte entstehen dann zu bestimmten Zeiten im Jahr riesige Schwärme von Millionen und Abermillionen frischgeschlüpfter Mücken.

Im Gegensatz zu den meisten anderen bachbewohnenden Zweiflüglerlarven kommen die Kriebelmückenlarven ausschließlich in fließenden Gewässern vor und müssen zusammen mit den Larven der Lidmücken (Blepharoceridae), für die ähnliches gilt, als charakteristische Vertreter der Fließgewässer-Lebensgemeinschaft angesehen werden.

In jedem Bachabschnitt, wo nur genügend Anheftungsflächen vorhanden sind, trifft man auf die bis zu 1 cm großen, weißlich oder grünlich gefärbten Kriebelmückenlarven. Egal, ob an Steinen oder an Pflanzenstengeln, überall kann man ihre eigentümlich geformte Gestalt erkennen. Vor dem bräunlichen Kopf verläuft der Körper zunächst ziemlich zylindrisch nach hinten, um sich dann am Ende keulenartig zu verdicken. Das Hinterende ist zu einem leistungsfähigen Saugnapf umgebildet, mit dem sich die Larve auf dem Untergrund verankern kann. So nur ist es ihr möglich, ihren Körper in seiner ganzen Länge in die Strömung zu strekken, ohne von dieser weggerissen zu werden. Dabei ragen zwei fächerförmig umgebildete Mundteile, gleich einem Sieb, in die Strömung und halten dort kleine und kleinste Nahrungspartikel zurück, die von der Strömung transportiert werden. Von Zeit zu Zeit werden die Fächer vor die Mundöffnung geklappt und die eingefangenen Nahrungspartikel abgeweidet. Eine solche Ernährungsweise verbietet es natürlich von selbst, daß die Larven in anderen als fließenden Gewässern leben können.

Sind die Kriebelmückenlarven notwendigerweise auf eine mehr oder weniger starke Strömung angewiesen, so stellt diese im allgemeinen für die Larven der Zuckmücken einen vernachlässigbaren Faktor dar. Die weiten Sand- oder

Schlammablagerungen der Niederungsbäche sind für diese Larven eine willkommene und wichtige Erweiterung ihres Lebensraumes. Neben Hartsubstraten wie Steine oder Pflanzenteile, wo sie in unmittelbare Konkurrenz zu den Kriebelmücken treten, können sie nahezu alle im Bach vertretenden Substrattypen besiedeln. Obwohl in Mitteleuropa über 1000 Zuckmückenarten bekannt sind, ist ihr Aussehen so einheitlich, daß der Laie die eine von der anderen Art absolut nicht unterscheiden kann. Die Unterscheidungsmerkmale sind so minimal und schwer zu erkennen, daß selbst Fachleute, die sich schon jahrelang mit diesen Tieren beschäftigen, oft nur schwer zu einer genauen Bestimmung gelangen.

Der schmale, wurmförmige Larvenkörper, der immer in 12 nahezu gleiche Segmente unterteilt und weißlich, selten rot gefärbt ist, trägt an seinem Vorderende einen relativ kleinen braunen Kopf. Lediglich das erste und letzte der Segmente trägt gliedmaßenähnliche Fußstummel, die eine beschränkte, kriechende Fortbewegung erlauben. Während viele Arten in selbstgebauten Sandröhren oder Gängen leben und so mehr oder weniger seßhaft sind, gibt es eine kleine Zahl von freilebenden Arten. Bei diesen Arten kann man auch eine merkwürdige Art des Schwimmens beobachten. Vorder- und Hinterende krümmen sich abwechselnd, was den Larven ein langsam schlängelndes Schwimmen ermöglicht.

Ein hoher Anteil der rotgefärbten Chironomus-Arten ist immer ein Anzeiger für schlechte Wasserqualität.

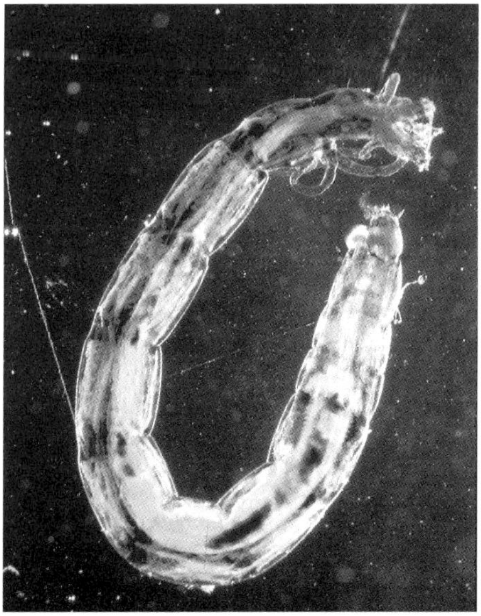

Hervorragende Anpassung an geringen Sauerstoffgehalt des Wassers erlaubt es einigen Zuckmückenarten, auch noch in stark verschmutzten Gewässern zu existieren und sich dort mangels Konkurrenz und Feinden in riesigen Massen zu entwickeln. Solch massenhaftes Auftreten von Zuckmücken, besonders der rotgefärbten Exemplare der Gattung Chironomus, sind fast immer ein sicherer Anzeiger für stark verunreinigte Bäche.

Nicht alle Arten sind jedoch Schlamm- oder Abfallfresser. Neben reinen Pflanzenfressern reicht die Palette über die Allesfresser bis zu echten Raubtieren. Vereinzelt findet man auch Larvenarten, die als Parasiten auf Eintagsfliegen-Larven oder den Larven der Lidmücken schmarotzen.

In der dauerhaft wasserdurchtränkten Übergangszone zwischen Bach und Ufer findet man häufig die dicken, grauen, madenförmigen Larven der Schnaken und Stelzmücken. Die meisten dieser Arten leben in selbstgegrabenen Gängen im Uferbereich, wo sie von den organischen Partikeln des Schlammes leben. Nur wenige Vertreter, etwa der Gattung Dicranota, sind Raubtiere, die im seichten Bereich der Ufer Jagd auf die schlammbewohnenden Würmer machen.

Köcherfliegen mit und ohne Köcher

Wer die unscheinbaren, graubraun geflügelten Tiere irgendwo trifft, würde sie wohl für kleine Schmetterlinge halten, die ihre Flügel dachförmig über ihrem Hinterleib zusammenlegen. Man begegnet den erwachsenen Köcherfliegen jedoch selten, denn sie verbringen ihre kurzen Tage versteckt in Schlupfwinkeln. Zumindest an zwei Merkmalen kann man die mottenähnlichen Tiere dennoch leicht von Schmetterlingen unterscheiden: Sie besitzen keinen Saugrüssel und ihre Flügel sind nicht von Schuppen, sondern von Haaren besetzt. Auffallend sind zudem die sehr dünnen und oft mehr als körperlangen Fühler, die in der Ruhe nach vorne gehalten werden.

Viel bekannter sind ihre Larven, die zwar selbst auch überaus unscheinbar sind, bei den meisten Arten aber über einen ausgeprägten Bauinstinkt verfügen, der der ganzen Gruppe zu ihrem Namen verholfen hat. Als Mittel zur Strömungsanpassung und zum Schutze des weichen, empfindlichen Hinterleibes bauen sich die Köcherfliegenlarven eine Wohnröhre, den sogenannten Köcher. Sie tragen ihren Bau entweder ständig mit sich herum, oder er dient ihnen als fest verankerte ständige Wohnung. Aus dieser Röhre ragt dann nur noch der Kopf und der mit Chitinplatten mehr oder weniger stark gepanzerte Brustabschnitt samt den sechs Beinen heraus.

Die wenigen teilweise freilebenden Arten, die aber einen beträchtlichen Anteil an der Biomasse eines Gewässers ausmachen können, sind in der Regel an ihrem Brustabschnitt stärker gepanzert. Außerdem ist die Haut des Hinterleibes um einiges derber und oft eng mit kurzen Härchen besetzt (Gattung Hydropsyche).

An ihrem letzten Hinterleibssegment tragen alle Köcherfliegenlarven als charakteristisches Kennzeichen ein Paar klauenbewehrter Fußstummel. Diese auch als

Nachschieber bezeichneten Gliedmaßen sind bei den köchertragenden Larven klein und haben lediglich die Aufgabe, die Larve im Köcher zu verankern. Bei allen freilebenden Arten sind die Nachschieber jedoch mächtig entwickelt, fast beinartig, und stehen im Dienste der Fortbewegung.

Ähnlich wie bei den Zuckmücken gibt es auch bei den Köcherfliegen kein Substrat, das die Larven nicht besiedeln können. Jede Art lebt in einer bestimmten Zone, auf einem bestimmten Substrat, in Anpassung an die jeweils herrschenden Bedingungen. Dabei benutzen sie die dort vorkommenden Stoffe als charakteristisches Baumaterial für ihre Köcher. Die Form der Köcher wird oft durch die Strömung und andere äußere Einflüsse bestimmt. Dadurch entstehen für jede Art recht charakteristische Köchertypen von bestimmter Form und aus bestimmtem Material. Macht man sich diesen Umstand zunutze, kann man mit einiger Übung zumindest die Familien oder

Auch im Niederungsbach findet man eine große Vielfalt an Köcherfliegenarten.

Als Baumaterial für die Köcher werden die unterschiedlichsten Stoffe ausgewählt.

Ein kunstvoll gefertigtes Netz einer Hydropsyche-Larve.

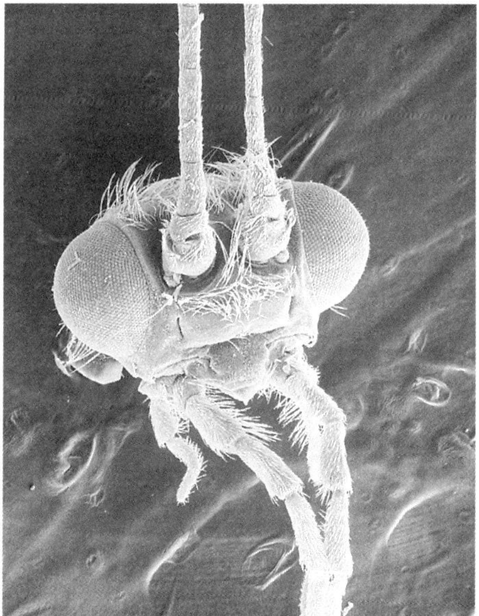

sogar die Gattungen ansprechen. Nur in seltenen Fällen ist es möglich, sicher auf die Art zu schließen, da die Lebensgewohnheiten der Arten einer Gattung meist so ähnlich sind, daß sich die Gehäuse nur unmerklich voneinander unterscheiden. Etwas hinderlich und verwirrend ist die Tatsache, daß einige Arten unter verschiedenen Umweltbedingungen oder sogar zu verschiedenen Entwicklungsphasen unterschiedliche Köcher bauen. Wir berichteten darüber bereits weiter vorn.

Ähnlich den Schmetterlingsraupen verfügen auch die Köcherfliegenlarven – sowohl die gehäusetragenden als auch die freilebenden – über Speicheldrüsen, die zu Spinndrüsen umfunktioniert sind. Das im Wasser sofort erstarrende Sekret ist die Substanz für den Bau der Larvenköcher, Puppengehäuse, Fangnetze und Wohngespinste.

Die Larven der Gattung Rhyacophila benutzen den elastischen Sekretfaden als Sicherungsseil, indem sie ihn in kurzen Abständen an dem Untergrund befestigen. Werden sie auf ihren Beutezügen einmal von der Unterlage losgerissen, können sie sich an diesem Faden bis zum Stein zurückhangeln und entgehen so ihrem wohl sicheren Tod als Beutetier der Forellen.

Die Rhyacophiliden sind die einzige freilebende Gruppe der Köcherfliegenlarven, die während ihres gesamten Larvenlebens keine Bautätigkeit zeigt. Schutzlos streifen diese räuberischen Tiere auf der Suche nach Insektenlarven auf den Steinen umher und bauen sich erst, wenn die Zeit zur Verpuppung gekommen ist, aus groben Sandteilchen und Steinchen ein Puppengehäuse, welches mittels Sekret an die Oberfläche eines Steines geklebt wird.

Etwas anders verhalten sich dagegen die ebenfalls freilebenden Hxdropsychiden und Polycentropiden. Beide verfügen zwar nicht über einen festen Köcher, leben jedoch in einem selbstgefertigten Wohngespinst, welches in Steinlücken oder zwischen Wasserpflanzen angelegt wird. Am Eingang zu diesem Gespinst bauen die Larven dieser Arten ein engmaschiges Fangnetz. Darin verfangen sich allerlei Partikel, die durch die Strömung herangebracht und von den Larven in kurzen Abständen abgeweidet werden. Das Wasser kann jedoch ohne Schwierigkeiten das Gespinst durchdringen und die Larven mit dem nötigen Sauerstoff versorgen. Aus dem gleichen Grund besitzen alle Köcher eine Art perforierte Ausströmöffnung am Hinterende, die gewährleistet, daß ständig frisches Wasser an den Kiemenfäden oder -büscheln vorbeiströmt. Die Puppengehäuse, die die freilebenden Hydropsychiden und Polycentropiden bauen, gleichen denen der Rhyacophiliden. Die köchertragenden Formen behalten ihren einmal gebauten Köcher bei und verpuppen sich in diesem, nachdem sie lediglich die Öffnung verschlossen haben.

Ein Meisterwerk der Baukunst stellen die steinernen Köcher der Glossomatiden dar, die äußerlich den Puppengehäusen der freilebenden Arten gleichen. Diese ungefähr 1 cm großen, wie ovale Steinhäufchen aussehenden Gehäuse findet man nicht selten in vielen Mittelgebirgsbächen. Die Gehäuse sind innen zweistöckig. Der obere Raum, der durch eine Sekretmembran vom unteren getrennt ist, dient der Larve gewissermaßen als „Ruheraum". Durch zwei Öffnungen im oberen Bereich des Gehäuses ist dieser Raum ständig von frischem Wasser durchflossen. Die Wände des unteren

Stockwerks sind hauptsächlich aus elastischem Sekret und einigen Sandkörnchen hergestellt, so daß sich der untere Rand gut dem Untergrund anpaßt, wodurch das ganze Gehäuse wie festgesaugt auf dem Stein sitzt. Durch zwei „Falltüren" in der Sekretmembran kann die Larve in den unteren Raum vordringen und dort gefahrlos den Algenbelag des Steines abschaben. Ist die Stelle kahlgefressen, schiebt die Larve ihr Haus einfach ein Stück weiter.

Neben den gebräuchlichsten Baumaterialien wie Steinchen oder Sandkörnern findet man häufig auch Köcher, die ganz aus Pflanzenteilen gebaut sind. Hierbei wird nahezu alles Pflanzenmaterial, egal ob Borke, Wurzeln, Stengel oder Blätter, zu kunstvollen Köchern verarbeitet. Köcher aus regelmäßig zugeschnittenen Pflanzenteilen, exakt viereckig oder drehrund gebaut, treten ebenso auf wie solche aus wahllos zusammengeklebten, oft sperrig abstehenden Pflanzenstengeln. Neben dem Zweck einer wirksamen Tarnung für die auf Pflanzen lebenden Larven, verhindern gerade die sperrig abstehenden Stengel oder Nadeln ein Verdriften durch die Strömung, da sich die Gehäuse leicht in den Wasserpflanzen verfangen. Außerdem verhindern solche langen oder abstehenden Anbauten das Gefressenwerden durch Raubfische. Gerade in den Forellenzonen der Bäche ist eine auffallende Häufung dieser gegen Fraß leidlich geschützten Arten zu beobachten. Einige wenige Arten bauen ihre Köcher ganz aus Sekret oder benutzen leere Schneckengehäuse oder Muschelschalen der Erbsenmuschel. In seltenen Fällen werden auch harte Chitinteilchen anderer Insektenlarven, oder die kleinen runden Überwinterungskeime der Moostierchen als Baumaterial benutzt.

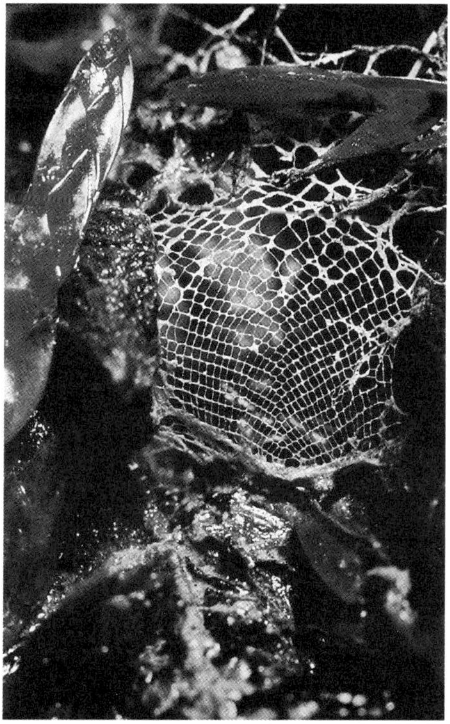

Rasterelektronen-mikroskopische Aufnahme eines Köcherfliegenkopfes (Hydropsyche sp.)

Eisvogel und Uferschwalbe

Es gibt nicht viele Vogel- und Säugetierarten, die speziell an das Leben an und in Bächen angepaßt wären; aber es gibt eine ganze Reihe von Arten, die gerne Gebrauch machen vom Nahrungsangebot des Baches und von den Versteckmöglichkeiten, die insbesondere der von dichter Vegetation gesäumte Bach bietet. Schließlich werden Bäche auch gerne als Wasserstellen aufgesucht, vor allem von Vögeln, die an flachen Stellen gern ihr Bad nehmen.

Von zwei besonders eng mit Bächen verbundenen Vogelarten hörten wir schon im Abschnitt „Bergbäche": Gebirgsstelze und Wasseramsel findet man in der Tat fast ausschließlich an Bächen und Flüssen – und zwar nicht nur an Bergbächen, sondern auch an Fließgewässern der Niederung, sofern sie sonst geeignete Lebensbedingungen bieten. Eine weitere heimische Vogelart, deren Leben in besonderem Maße auf Bach und Fluß angewiesen ist, gehört zum Schönsten und Farbenprächtigsten, was unsere heimische Tierwelt zu bieten hat: es ist der Eisvogel (Alcedo atthis).

Auf seinem Kopf und Rücken trägt er Farbe und Muster eines glasklaren Bächleins, auf dessen Grund die Sonne silberblaue Kringel malt. An Brust und Bauch kontrastiert ein warmes Orange zum Eisblau und Smaragdgrün der Oberseite. Der durch seinen kurzen Schwanz gedrungen wirkende Vogel ist nicht viel größer als ein Spatz, hat aber schon durch den kräftigen, geraden Dolchschnabel ein völlig anderes Aussehen.

Zwei Umweltansprüche erschweren dem Eisvogel heutzutage das Leben, haben dazu geführt, daß man ihn vielerorts vergeblich sucht: Er braucht klare, langsam fließende oder stehende Gewässer mit reichlich Fischbrut, und er braucht Abbruchkanten oder Steilwände aus Löß oder ähnlich grabfähigem Material, worin er seine Brutröhre anlegen kann. Wie es mit den klaren Gewässern in unserem Lande steht, weiß jeder selbst, und wer offenen Auges durch unsere Landschaften geht, der weiß auch, wie selten Uferabbrüche oder Lößwände geworden sind, seit man meint, jedes Bächlein verbauen und jedes ungenutzte Fleckchen Land einebnen und flurbereinigen zu müssen.

Eine gewisse Chance für das Überleben des Eisvogels liegt in seiner erstaunlich geringen Scheu vor Menschen und in der Tatsache, daß er bereit ist, bis zu 1 km zwischen Bruthöhle und nahrungsspendendem Gewässer hin- und herzufliegen. Es sind Fälle bekannt, da ein Eisvogelpaar in der Wand einer frisch gegrabenen Grube in einem viel frequentierten Privatgarten genistet und erfolgreich Junge aufgezogen hat.

Zu seinem Rückgang beigetragen haben auch die Verfolgungen durch Besitzer von Fischzuchten und Fischgewässern, die immer noch nicht begreifen können, daß ihnen die Natur nicht allein gehört. Auch unter kalten Wintern leiden die Populationen dieses relativ ortstreuen Stand- und Strichvogels.

Kleinfische machen den größten Teil der Nahrung aus, wenn auch nicht die ganze; auch Kaulquappen, Insekten und kleine Frösche werden genommen. Sehr charakteristisch ist das Stoßtauchen, von einer Warte über dem Wasser herab oder aus kurzem Rüttelflug. Wie ein Pfeil schießt dabei der Vogel mit angelegten Flügeln ins Wasser. Im Gegensatz zur Wasseramsel bleibt er aber meist nur 1 Sekunde unter Wasser.

Mit künstlich angelegten Uferabbrüchen oder sogar aufgeschütteten Erdhaufen mit eingebauten Brutröhrchen hat man an verschiedenen Orten den Rückgang dieses „Juwels unserer Bäche" aufhalten können. Ohne klare und nahrungsreiche Gewässer aber können auch solche Versuche nichts fruchten. Es wäre zu wünschen, daß in zunehmendem Maße Fischgewässer speziell für bedrohte Arten wie den Eisvogel angelegt und unterhalten werden. Auch Ausgleichszahlungen für Verluste in Fischzuchtanstalten entsprechen gewiß mehr dem wachsenden Verantwortungsbewußtsein für die Natur, als das Töten des kleinen, bunten Fischräubers.

Nicht unerwähnt kann in diesem Zusammenhang eine weitere Vogelart bleiben, die ebenfalls nicht zuletzt deswegen aus unserer Fauna fast verschwunden ist, weil es die gewässernahen Steilwände und Uferabbrüche kaum noch gibt, die sie zum Graben ihrer Brutröhren braucht. Gemeint ist die Uferschwalbe (Riparia riparia).

An sich ist diese schlanke, bräunliche Schwalbe nicht unbedingt an Gewässer gebunden. Dafür um so mehr an Lößwände, in denen sie kolonieweise ihre 30 – 70 cm tiefen Brutröhren graben kann. Da es natürlicherweise solche Abbruchkanten nur an Fluß- und Bachufern gab, und ein Gewässer zudem immer reichlich Fluginsekten bietet, war der Name Uferschwalbe durchaus gerechtfertigt. Heute müßte man sie eher Sand- oder Tongruben-Schwalbe nennen, denn die selten gewordenen Kolonien findet man fast nur noch in solchen künstlichen Steilwänden – nachdem natürliche Uferabbrüche größtenteils dem Eifer der Wasserbauer zum Opfer fielen.

Leider sind die Schwalben auch in Grubenwänden nicht sicher. Entweder werden sie durch den Abbau gestört, oder es wird gar die ganze Kolonie zerstört. Aufgelassene Gruben hingegen werden meist rekultiviert, ihre Wände abgeböscht und mit Einheitsgrün versehen. Alle, denen Naturschutz am Herzen liegt, sollten sich bei Behörden und Grundbesitzern dafür einsetzen, daß Brutwände der Uferschwalbe erhalten bleiben und womöglich vor Störungen geschützt werden. Da und dort kann man vielleicht sogar extra für die bedrohten Schwalben Steilwände (möglichst in Gewässernähe) schaffen. Durch Vorbohren einiger Löcher (Durchmesser etwa 5 cm) kann man die Schwalben eher anlocken, da sie auch normalerweise alte Röhren wieder beziehen.

Zu den Vögeln, die sich besonders gerne an den Ufern von Gewässern jeder Art aufhalten, gehört auch die Bachstelze (Motacilla alba). Vor allem außerhalb der Brutzeit findet man diese hübschen, schwarz-weißen, langschwänzigen und langbeinigen Vögel bei der Insektenjagd am Bach- oder Seeufer. Zur Brutzeit hingegen trifft man den Wippsteert (Wippschwanz) auch fernab vom Wasser, oft in menschlichen Siedlungen: Ihr Nest bauen die Bachstelzen gerne auf Mauervorsprünge unterm Dach. Dort, wo durch fehlende Ufergehölze reichlich Licht an die Bachufer gelangt, entwickeln sich oft Dickichte aus Hochstauden: Brennesseln, Mädesüß, Blutweiderich, dazwischen Schilf und verschiedene Doldenblütler verweben sich zu einem undurchdringlichen Gestrüpp. In solchen Wildnissen hört man im Mai und Juni oft einen ebenso lautstarken wie abwechslungsreichen, phantasievollen Gesang – manchmal sogar die halbe Nacht hin-

durch. Es ist der ganz unscheinbar graubraune Sumpfrohrsänger (Acrocephalus palustris), der sich an solchen Stellen regelrecht in Rage singen kann, wenn die Reviere der Nachbarn nah genug sind. Wer genau zuhört und sich ein bißchen in den Vogelstimmen auskennt, der wird im Lied des Sumpfrohrsängers immer wieder Gesangselemente oder Rufe anderer Arten entdecken.
Ebenfalls sehr lautstark, dafür aber wesentlich kürzer und viel stereotyper singt der Zaunkönig (Troglodytes troglodytes), der eine auffallende Vorliebe für plätschernde Bäche hat, wenn man ihn deswegen auch nicht unbedingt als Bachbewohner bezeichnen kann; immerhin trifft man ihn auch fernab von jeglichem Gewässer. Wer sein schmetterndes Lied zum ersten Mal hört, wird kaum glauben, daß soviel Stimmkraft aus einem so winzigen Körperchen stammt. Überhaupt ist der kleine Kerl mit dem keck aufwärts gerichteten Schwanz viel vitaler, als man meint. Viele harren auch in kalten Wintern hierzulande aus. Freilich sind sie auch sehr erfinderisch beim Aufsuchen warmer Schlafplätze. Da scheuen sie sich auch nicht, in Häuser zu gehen, oder mit ihresgleichen zu dichten Schlafgemeinschaften zusammenzurücken. Der Bach jedenfalls hilft dem Zaunkönig zweifellos, auch im Winter genügend Insektennahrung zu finden.
Auf eine eher zufällige Art und Weise wurde ein inzwischen recht selten gewordener Höhlenbrüter in manchen Gegenden zum Bachbewohner. Die alten Kopfweiden, die man früher an Bächen zur Gewinnung von Weidenruten förderte, entwickelten sich mit der Zeit zu bizzarren Gestalten, innen hohl und voller Löcher – so recht zum Fürchten bei Nebel und im Dunkeln. In solchen Kopfweiden nistet mit Vorliebe der Steinkauz (Athene noctua), dieser entzückende Wicht mit dem breiten Kopf und den gelben Augen. Leider werden heute Kopfweiden allenfalls noch von tierliebenden Naturschützern gestutzt und damit erhalten. Weithin verschwanden diese wilden Gestalten aus unseren Landschaften – wie so vieles, das keinem „Zweck" dient, keinen Nutzen bringt.

Spitzmaus und Otter

Auch einige Säugetierarten haben den Bach und seine Ufer als Lebensraum entdeckt. Relativ häufig findet man noch die Wasserspitzmaus (Neomys fodiens), die ihre Bauten in die Ufer von klaren, nicht verschmutzten Gewässern gräbt. Dabei nimmt dieser hervorragende Taucher und gewandte Schwimmer sowohl befestigte, als auch unbefestigte Bachufer an. Allen Bauen sind mehrere über dem Wasserspiegel liegende Gänge gemein. Über dieses Gangsystem kann die Wasserspitzmaus blitzschnell die Flucht ergreifen, bequem auf Beutefang gehen und ihre im Bach gefangene Beute, die hauptsächlich aus Insektenlarven und Wasserschnecken, aber auch aus kleinen Fischen besteht, auf dem Trockenen verzehren. Als Anpassungsmerkmale an die amphibische Lebensweise fallen vor allem die Schwimmborstensäume der Hinterfüße und der steife, kielförmige Haarsaum an der Schwanzunterseite auf. Dadurch wird neben einem erhöhten Vortrieb auch eine bessere Steuerung erreicht.

Durch Einschleppung aus dem nordamerikanischen Raum sind bei uns mittlerweile zwei weitere ans Wasser gebundene Tierarten heimisch geworden – der Bisam (Ondatra zibethica) und der Mink (Mustela vison). Beide Arten bevorzugen nicht unbedingt fließende Gewässer, kommen aber gebietsweise mit recht hohen Populationszahlen auch dort vor. Aufgrund ihres ausgeprägten Wandertriebes ist es den eingeschleppten Tieren schnell gelungen, größere Gebiete zu besiedeln und sich immer weiter auszubreiten. Hat sich der 1905 in Böhmen ausgesetzte Bisam in wenigen Jahrzehnten in fast ganz Mitteleuropa verbreiten können, so befindet sich der in Norddeutschland aus Pelztierfarmen geflohene Mink oder nordamerikanische Nerz erst seit wenigen Jahren auf dem Vormarsch. Obwohl beide Arten bejagt werden, konnte ihre Ausbreitung nicht verhindert, ja noch nicht einmal zum Stocken gebracht werden.

Der Bisam lebt in selbstgegrabenen Bauen und ist sowohl teilweise tagsüber als auch nachts aktiv. Durch die Ausrottung von Großräubern und die starke Dezimierung besonders der Fischotter hat der Bisam keine natürlichen Feinde. Lediglich der Mensch stellt den gewandten Nagern nach. Neben einem schönen Fell stellt ihr ausgeprägter Grabinstinkt einen wichtigen Grund für die Bejagung dar. Uferböschungen, Dämme und ähnliches werden oft so stark unterhöhlt, daß sie leicht unterspült werden können, und so die Gefahr der Abrutschung oder Auskolkung entsteht. Während der Vegetationsperiode finden die Bisam am Ufer und in den Buchten ausreichend pflanzliche Nahrung; im Winter dagegen wird die Nahrung oft knapp. Dann sind die Nager gezwungen, auf ungewohnte Kost auszuweichen. Oft können sie genug nährstoffreiche Wurzeln ertauchen, gelegentlich müssen sie aber auch mit tierischer Kost wie Muscheln und Krebsen zufrieden sein.

Das stattlichste Säugetier unserer Bäche ist leider längst – wie so viele andere stattliche Wildtiere, die dem jagenden Menschen Konkurrenz zu machen wagten – aus vielen Landschaften völlig verschwunden: der Fischotter (Lutra lutra). Er gehört zu den Mardern, wird auch Wassermarder genannt, ist aber erheblich größer als Baum- und Steinmarder, Iltis oder gar Wiesel. Als spezielle Anpassung an das Leben im Wasser trägt der Otter Schwimmhäute zwischen den krallenbe-

wehrten Zehen. Der Schwanz ist an der Wurzel ungemein kräftig und dient dem Schwimmen. Das kurze, braune Fell mit dem weißen Latz ist so dicht, daß kein Wasser bis zur Haut durchdringt.
Otter leben vor allem an fisch- und krebsreichen Bächen und Flüssen, gehen aber auch in entsprechenden Seen auf Jagd. Im Gebirge findet man sie noch in über 2000 m Höhe. Die geselligen und überaus spielfreudigen Tiere hat man verschiedentlich dabei beobachtet, wie sie auf selbst angelegten Rutschbahnen immer wieder und offenbar mit dem größten Vergnügen hinunterschlitterten.
Die rücksichtslose Verfolgung durch Fischer und Jäger hat auch da zur Ausrottung des Otters geführt, wo der Gewässerzustand sein Überleben noch ermöglicht hätte. Heute findet man die schönen Tiere nur noch vereinzelt in Schleswig-Holstein, in Niedersachsen und im Bayerischen Wald. Es wäre der Mühe und einiger finanzieller Opfer wert, die Art dort wieder anzusiedeln, wo Sportfischer bereit sind, ihr Vergnügen mit anderen Geschöpfen zu teilen.

Relativ häufig findet man noch die Wasserspitzmaus, die ihre Bauten in die Gewässerufer baut.

Bäche als Abfallgruben

Gewässer 3. Ordnung, wie Bäche im Amtsdeutsch heißen, sind bei den Behörden auch vielfach Gewässer dritter Klasse. Gewässergüte-Untersuchungen werden nämlich in der Regel nur von größeren Gewässern gemacht. Es ist verständlich, daß nicht sämtliche kleine Bäche untersucht und in Gewässergüte-Karten erfaßt und dokumentiert werden können. Daß es aber sehr lohnend wäre, wenigstens Stichproben zu machen, das zeigen Untersuchungen, wie sie in den letzten Jahren in der Umgebung Hannovers, in Nordbayern und einigen anderen Gegenden vorgenommen wurden: Viele Bäche erwiesen sich als schlimmer verunreinigt als so mancher Fluß.

Da Anlieger der Bäche nicht so sehr Städte und Fabriken sind, sondern landwirtschaftliche Anwesen, Einzelhäuser und allenfalls Dörfer, unterscheidet sich die Verschmutzung hier nach Art und Ursache oft erheblich von der größerer Fließgewässer. Dabei lassen sich mehr oder weniger deutlich drei Gruppen der Verunreinigung unterscheiden:

- organische Belastungen,
- anorganische Verunreinigungen,
- Müll und Gerümpel.

Die Gewässergüte kann nach verschiedenen Methoden ermittelt werden, nach Augenschein und Geruch sowie aufgrund chemisch-physikalischer und biologischer Analysen. Am zuverlässigsten ist es, die in einem Bachabschnitt lebenden Pflanzen und Tiere festzustellen. Solche Bestandsaufnahmen haben gegenüber chemisch-physikalischen Wasseranalysen den Vorteil, auch vorausgegangene Verschmutzungen zu erfassen, die man im Wasser nicht mehr nachweisen, am Fehlen bestimmter Organismen aber erkennen kann. Die Lebensgemeinschaft eines Baches ist ein getreuer Spiegel seines Gesamtzustandes.

In der Praxis wäre es undurchführbar, sämtliche Organismen eines Bachabschnittes erfassen und bestimmen zu wollen. Man begnügt sich daher damit, aufgrund des Vorkommens oder Fehlens einiger charakteristischer Tierarten die Gewässergüte (oder „Ungüte") zu bestimmen. Nachstehende Tafeln und Tabellen geben eine ungefähre Vorstellung davon, worum es dabei geht. Eine ausführlichere und doch leicht verständliche Darstellung des sogenannten Saprobien-Systems mit den entsprechenden Leitorganismen findet sich bei Dietle (1979) und bei Habeck-Tropfke (1980).

Bei der chemisch-physikalischen Untersuchung, die wie gesagt immer nur eine Art Momentaufnahme darstellt, werden vor allem folgende Parameter festgestellt:

- Geruch, Färbung, Verschmutzung durch Feststoffe,
- der Sauerstoffgehalt
- Ammonium, Nitrat und Nitrit als Formen der Stickstoffbelastung,
- der Säuregrad oder pH-Wert,
- die elektrische Leitfähigkeit als Maßstab für die Menge der im Wasser gelösten Stoffe,
- die Temperatur.

All diese Messungen kann auch der Laie mit relativ einfacher Ausrüstung vornehmen, während die Analyse weiterer Stoffe und Faktoren schon erheblicheren Aufwand erfordert.

Organismen in reinem Wasser (oligosaprob)

Steinfliegenlarve

Strudelwurm

Bachforelle

Organismen in mäßig verschmutztem Wasser (β-mesosaprob)

Barbe

Eintagsfliegenlarve

Bachflohkrebs

Organismen in stark verschmutztem Wasser (α-mesosaprob)

Chamäleonsfliegenlarve

Schlammegel

Organismen in Abwasser (polysaprob)

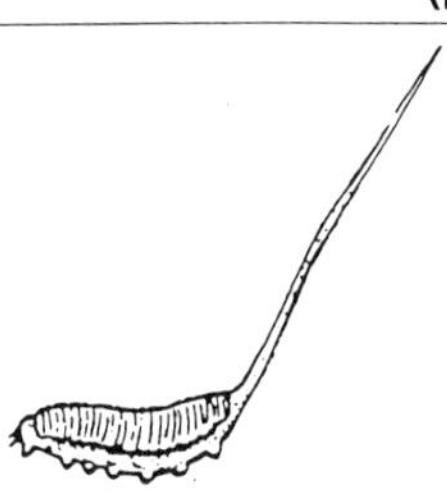

Schlammbienenlarve

Schlammröhrenwurm

DIE BIOLOGISCHE WASSERANALYSE				
Zone des Saprobien-systems	Wasser-güteklasse	Beispiele	Sauerstoff-gehalt	Lebewesen
oligo-saprobe Zone	I unbelastet, kaum ver-unreinigt	Quellen und Ober-läufe von Bächen in bewaldeten Gebieten	hoch, über 6 mg/l	Groppe, Bachforelle, Kleinkrebse, Larven von Steinfliegen und Ein-tagsfliegen, Strudelwurm (Planarie).
β-meso-saprobe Zone	II mäßig belastet, mäßig ver-schmutzt	Mittel- und Unterläufe nur wenig belasteter Bäche und Flüsse	über 5 mg/l	Kleinkrebse, Larven von Köcher-fliegen, Schlammschnecke.
α-meso-saprobe Zone	III stark belastet, stark ver-schmutzt	viele Bäche und Tümpel, weite Strecken größerer Flüsse	mitunter stark schwan-kend, meist mehr als 3 mg/l	Sehr selten Fische. Zahlreiche Bakterien. Starker Algenwuchs („Wasserblüte"). Larven der Chamä-leonsfliege, Wasserasseln. Viele Nematoden. Flockige Besätze des weißen Schwefelbakteriums (Thiothrix nivea) bzw. weiße Zotten oder fellartige Beläge des Abwas-serpilzes Leptomite lacteus an Holzstücken, Pflanzen oder Steinen.
Polysaprobe Zone	IV sehr stark belastet, übermäßig verschmutzt	Abwasser-kanäle, Faulwasser von Klär-anlagen	wenig oder gering, ca. 1 mg/l	Keine Fische. Die Lebewesen sind weitgehend resistent gegen Schwefelwasserstoff und Ammo-niak und brauchen wenig Sauer-stoff. Zahlreiche Bakterien. Roter Schlammwurm (Tubifex), Larven der roten Zuckmücke und der Schlammbiene. Häufig finden sich ein weißlichgrauer, fellähnlicher Überzug oder schleimige Zotten an Wasserpflanzen und Steinen. Dies sind Kolonien des Abwasser-bakteriums Sphaerotilus natans. Auf Blättern Kolonien von roten Schwefelbakterien.

Bei der heute vorherrschenden flächendeckenden Abfallentsorgung dürfte es eigentlich nicht mehr vorkommen, daß Fließgewässer als Abfallgruben mißbraucht werden. Schon garnicht gehören Schlachthofabfälle in ein Gewässer, wie dies hier zu sehen ist.

Obwohl Bäche gerade innerörtlich in naturnahem Zustand eine Bereicherung des Ortsbildes darstellen könnten, bieten sie jedoch nicht selten einen trostlosen Anblick oder sind gar total verrohrt.

Mit einfachen Methoden können auch ungeübte Bachpatinnen und Bachpaten Gewässeruntersuchungen durchführen.

Die Gewässergüte kann schon mit einfachen chemischen Untersuchungen beurteilt werden. Nach Zugabe einer Indikatorflüssigkeit zeigen Farbveränderungen die Schadstoffkonzentration an.

Bauern düngen die Bäche

Als eine der bedeutendsten Ursachen organischer Verunreinigung der Bäche haben sich Abschwemmungen oder Auswaschungen landwirtschaftlicher Dünger erwiesen. Dabei ist es im Grunde gleichgültig, ob der Dünger in Form von Gülle oder Jauche (also organisch), oder anorganisch als Kunstdünger in den Bach gelangt. Der Unterschied liegt nur darin, daß beim Eintrag organischer Stoffe sofort das auftreten kann, was im anderen Fall erst mit geraumer Verzögerung – und darum oft erst viel weiter bachabwärts – passiert: Sauerstoffmangel durch bakteriellen Abbau organischer Abfallstoffe.

Um zu verstehen, was im einzelnen geschieht und was es für Folgen hat, müssen wir etwas genauer hinschauen. Zunächst: Woher kommen die organischen Belastungen? Jauche und Gülle (Schwemmist) wurden schon erwähnt. Besonders gefährlich ist es, wenn die Bauern zu große Mengen dieser an sich wertvollen Düngestoffe ausbringen. Das ist vor allem dort der Fall, wo Rinder, Schweine, Hühner oder Puten fabrikmäßig in solchen Massen gehalten werden, daß sie nur noch durch zugekauftes Futter zu ernähren sind. Dann stimmt das Verhältnis von „pflanzenproduzierender" Fläche zur Menge der tierischen Ausscheidungen nicht mehr, Mist wird zu Abfall, zum Entsorgungsproblem. Solche Verhältnisse finden sich etwa im Oldenburger Land.

Aber auch dort, wo die Kühe noch überwiegend vom hofeigenen Futter leben, kann es Schwierigkeiten mit der Gülle geben. Dann nämlich, wenn die Größe der Güllegrube nicht dem Viehbestand entspricht, oder besser gesagt: der Menge an Schwemmist, die während des Winters anfällt. Dann muß der Bauer, ob es paßt oder nicht, Gülle ausfahren zu einer Zeit, wo er es besser bleiben ließe. Denn bei gefrorenem Boden kann die Gülle weder eindringen noch abgebaut werden. Beim nächsten Regen läuft das meiste oberflächlich ab – in den nächsten Bach.

Andere Quellen organischer Verschmutzung sind die im ländlichen Bereich noch vielfach anzutreffenden Versitzgruben, bei denen – auch wenn sie vorschriftsmäßig dreikammrig sind – nicht viel mehr als Augenwischerei betrieben wird: Sie halten nur gerade das Gröbste zurück, ein Abbau findet nur in geringen Maßen statt – selbst wenn die Grube ordnungsgemäß gewartet wird, was nicht immer der Fall ist. Schließlich kommt es immer wieder auch vor, daß zwischen Misthaufen und Bach ein bräunliches Rinnsal sich bildet, daß Silosickersäfte nicht ordentlich abgefangen werden, kurz: Pannen passieren. Wo es gar gemüseverarbeitende Betriebe, Schlachtereien, Brauereien und dergleichen gibt, können solche Pannen allerdings schon katastrophale Ausmaße annehmen.

Nährstoffreiche Einschwemmungen von landwirtschaftlichen Nutzflächen belasten Bäche. Breite, bachbegleitende Gehölzstreifen könnten als „Puffer" die Belastung verringern.

Oft fließt die Gülle direkt in den Bach.

Fischsterben

Wenn organische Abwässer plötzlich in größeren Mengen in einen Bach gelangen, so hat dies auf die Tiere des Baches ungefähr die gleiche Wirkung wie massiver Smog auf die Bewohner einer Stadt: Allen höheren Tieren geht die Luft aus. Der Grund dafür ist freilich nicht so einfach wie beim Smog. In der Regel läuft die Katastrophe etwa folgendermaßen ab:

Die sehr nahrhaften organischen Stoffe bieten plötzlich riesigen Mengen von Bakterien beste Entwicklungsmöglichkeiten. Je wärmer das Wasser, desto gefährlicher ist die Situation aus doppeltem Grund: Die Bakterien vermehren sich besonders explosionsartig, und der Sauerstoffgehalt des Wassers ist – aufgrund physikalischer Gesetze – ohnehin schon vermindert. Sauerstoff aber brauchen nicht nur Fische, sondern auch Bakterien. Und wenn sie in solchen Massen auftreten, dann brauchen sie auch massenhaft Sauerstoff. Das kann auch der sprudelndste Bach nicht nachliefern. Es kommt also zu einem dramatischen Sauerstoffschwund im Wasser, an dem schlagartig sämtliche Fische eines Baches zugrundegehen können. Sehr viele Fischsterben sind nicht durch Gifte, sondern durch Sauerstoffmangel nach organischer Belastung zustandegekommen.

Die anorganische Düngung eines Gewässers mit Stickstoffsalzen (aus der Landwirtschaft) und Phosphaten – die zum größten Teil aus den Waschmitteln stammen – kann ähnliche Folgen haben wie die organische Belastung, nur eben mit erheblicher zeitlicher Verzögerung und dadurch an anderem Ort: Hier entwickeln sich zunächst nicht gleich Bakterien, sondern mikroskopische Algen. Oft in solchen Massen, daß das Wasser einer grünlichen oder bräunlichen Brühe gleicht. Wenn diese Algenmassen absterben, wirken sie auf die Lebensgemeinschaft des Baches genau wie Gülle: Mengen von Bakterien machen sich über ihren Abbau her, und es kommt zu Sauerstoffschwund und Fischsterben.

Wenn zentnerweise Fische mit weißem Bauch nach oben im Bach schwimmen, so sorgt das meist für einiges Aufsehen. Um die unzähligen Kleinorganismen, die ebenfalls ein Opfer des Sauerstoffmangels wurden, kümmert sich meistens niemand. Dabei spielen etwa Flohkrebse und Wasserasseln eine ökologisch viel bedeutendere Rolle im Bach als alle Fische zusammen. Ihnen und vielen anderen Organismen verdankt der Bach nämlich das, was man seine Selbstreinigungskraft nennt, die Fähigkeit also, organische Abfälle so in den Stoffkreislauf zurückzuführen, daß sie nicht zu Katastrophen, sondern zum Gedeihen einer artenreichen Lebensgemeinschaft führen.

Leider hat man die Bedingungen für die Aufrechterhaltung der Selbstreinigungskraft – an der uns doch so viel liegen müßte – schon im Vorfeld nach allen Regeln der Wasserbaukunst verschlechtert. Durch Beseitigung der Ufergehölze hat man für die sauerstoffzehrende Aufheizung des Wassers gesorgt, und durch die oft kanalartige Verbauung hat man Vorsorge getroffen, daß auch möglichst wenig Sauerstoff wieder ins Wasser gewirbelt wird – von der Dezimierung der Artenvielfalt abgesehen.

„Brunnenvergiftung" – Chemikalien im Bach

In früheren Zeiten konnten Brunnenvergifter froh sein, wenn sie kurzerhand gehängt oder geköpft und nicht zuvor geteert, gefedert, gefoltert und gevierteilt wurden. Mit solch drakonischen Maßnahmen haben alle Gesellschaften und Kulturen ihr höchstes Gut – reines Trinkwasser – geschützt. Seit der Mensch meint, technisch alles machen zu können und materiell alles haben zu müssen, gilt die Wasservergiftung allenfalls als Kavaliersdelikt, viele Jahre gehörten sie gar zum guten Ton freien Unternehmertums, als scheinbar billiger Preis für Vollbeschäftigung und Wirtschaftswachstum. Manche Bäche und Flüsse gleichen noch heute kaum verdünnten Fabrikabwässern. Aus ihnen zu trinken oder in ihnen zu baden, ist mit Lebensgefahr verbunden.

Da Fabriken, als die Hauptlieferanten anorganischer Abwässer, zumeist an „leistungsfähigen Vorflutern", sprich: an Flüssen liegen, sind Bäche mit Laugen, Säuren, Salzen, Schwermetallen usw. nur in Ausnahmefällen belastet – dann freilich meist in einer Weise, daß wirklich alles im ehemaligen Bach tot und kaputt ist.

Wir wollen uns daher diesem unerfreulichen Thema hier nur insofern widmen, als andere Ursachen für die Belastung der Bäche mit anorganischen Stoffen in Frage kommen. Und daran fehlt es leider nicht, seit die gasförmigen Abfälle unseres Wohlstands zur Vergiftung auch noch der entlegensten Landschaften geführt haben.

Säureregen läßt Bäche sterben

An einem deutschen Mittelgebirgsbach 1988: Kristallklares Wasser sprudelt aus einer Quelle, strömt im Bachbett talwärts; begleitet von dichten Uferwäldern sucht es sich noch selbst seinen Weg. Keine Abwassereinleitung trübt das Wasser, keine Uferbefestigung oder Staustufe behindert den Lauf des Baches. Eine Idylle, eine heile Welt. Jeder Naturfreund, der in einem solchen Tal wandert, wird es zunächst so wahrnehmen und begeistert sein. Solche noch naturnahen Bachläufe sind ja auch äußerst selten geworden in unserer immer mehr vom wirtschaftenden Menschen geprägten Kultur- und Industrielandschaft.

Doch der Schein trügt: Im klaren Wasser tummeln sich keine Fische mehr, finden wir weder Flohkrebse noch Muscheln. Auch nach Wasseramsel oder Eisvogel werden wir vergeblich Ausschau halten. Der Bach ist tot. Eine Wasseranalyse, bei der auch der Säuregrad (pH-Wert) untersucht wird, bringt uns auf die Spur der Verursacher: Das Wasser ist stark versauert, der pH-Wert ist auf unter 5 abgesunken, und es lassen sich merkliche Konzentrationen giftiger Metalle nachweisen.

Daß der Saure Regen auch Flüsse und Seen belastet, ist eine seit langem bekannte Tatsache. Schon Jahre bevor in unserem Land das Waldsterben Tagesthema wurde, waren in Skandinavien und Kanada zehntausende Seen so stark übersäuert, daß ihre Tier- und Pflanzenwelt schwer geschädigt wurde. Die durch hohe Schornsteine in die Luft geblasenen Luftschafstoffe waren über mehr als 1000 km transportiert worden und als saure Niederschläge wieder heruntergekommen. Doch damals, vor über 10 Jahren, blieben Gegenmaßnahmen in den Verursacherländern aus – auch in der BRD. Jetzt sind diese Länder zunehmend selbst betroffen, jetzt wird endlich auch bei uns über Gegenmaßnahmen geredet, und ein deutscher Bundeskanzler warnt: „Gelingt es nicht, die Wälder zu retten, wäre die Welt, in der wir leben, nicht wiederzuerkennen." Doch ist es dafür nicht schon zu spät – ist es nicht, aufgrund der eklatanten Fehler der Vergangenheit, schon „5 Minuten nach 12 Uhr"?

Alarmierend ist nicht nur das erschrekkende Ausmaß des Waldsterbens. Von der Öffentlichkeit bisher kaum beachtet, sterben auch die letzten noch intakten Gewässer unserer Mittelgebirge am „Säurekollaps" – das eingangs beschriebene Beispiel ist keine Ausnahme mehr. 1983 wurden unter Leitung des Geowissenschaftlers Manfred Krieter (Mainz) und des Pflanzenökologen Raymund Schoen (Stuttgart) in der Bundesrepublik Deutschland an insgesamt 69 Stellen erstmals großräumig Waldbäche untersucht. „Das Resultat ist eine Trauerbotschaft" meldete nach Veröffentlichung der Ergebnisse DER SPIEGEL (Nr. 16/84). Nach dem Urteil von Krieter und Schoen müssen die von ihnen gemessenen Versauerungswerte von Oberflächengewässern „zu den höchsten in der Welt" gezählt werden. Bei den betroffenen Bächen handelte es sich vor allem um Gewässer, „die noch als unbelastet und als von hoher Güte angesehen wurden. Oft waren die untersuchten Waldbäche letzte naturnahe Biotope" (Schoen, Wright & Krieter 1984). In den Waldlandschaften im Nordteil der deutschen Mittelgebirgsschwelle, die „im Windschatten des Rhein-Ruhr-Gebietes, dem größten SO_2-Emissionsgebiet der Bundesrepublik, liegen" ist das Ausmaß der Versauerung besonders groß. So lagen z. B. im Bereich der belasteten Westhänge des Kaufunger Waldes (bei Kassel) die Gewässer-pH-Werte zwischen 3,75 und 4,4 bei gleichzeitiger hoher Metall-Belastung (2,6 – 7,9 mg/l Aluminium). Die Bachläufe am geschützten Osthang hingegen waren weder versauert (pH 6,75 – 7,8) noch verseucht mit Metallen.

Ein intakter naturnaher Mittelgebirgsbach – doch der Schein kann trügen!

Tödliche Säurestöße nach der Schneeschmelze

Die Untersuchungen wurden jeweils kurz nach der Schneeschmelze durchgeführt – durchaus bewußt: Denn die kritischen Überlebensgrenzen z. B. für Fische hängen nicht vom durchschnittlichen pH-Wert im Verlauf des ganzen Jahres ab, sondern vom jeweils niedrigsten Wert. Während der Schneeschmelze kommt es direkt zu „Säurestößen", da die tauenden Niederschläge überwiegend oberflächlich abfließen, die Pufferungsmöglichkeiten über den „Filter" Boden also nicht genutzt werden können. Mit zunehmendem Säuregrad steigen dann die Konzentrationen gelöster Metalle (wie Aluminium) – eine tödliche Kombination von Säuren und Metallen zerstört das Leben im Bach.

Skandinavische Forscher haben eine „Todesskala" aufgestellt, die uns einen erschreckenden Überblick über das Sterben in versauerten Gewässern geben kann. Danach widerstehen nur einige unempfindliche Insektenarten der Säurebelastung und einzig das Torfmoos wird – bis zur übermäßigen Vermehrung – begünstigt. Schnecken und Muscheln hingegen werden schon durch leichte Versauerung (unter pH 6) beeinträchtigt, da es ihnen dann insbesondere an dem zum Gehäusebau benötigten Calcium mangelt.

Fische reagieren je nach Art unterschiedlich stark, wobei gerade die typischen Bach-Fische (z. B. die Bachforelle) eine geringe Toleranz zeigen. Für das Fischsterben ist besonders die hohe Aluminium-Konzentration, im Zusammenwirken mit Säuren, verantwortlich zu machen: Ausfällungen von Aluminiumhydroxid in den Kiemen behindern die Sauerstoffaufnahme und führen zum Erstickungstod. Schon Konzentrationen von über 0,2 mg Al/l sind für junge Bachforellen tödlich, und nach den vorliegenden Untersuchungen werden solche Werte schon in zahllosen Bächen überschritten. (Vgl. die genannten Werte aus dem Kaufunger Wald: 2,6 – 7,9 mg Al/l!) Auch unterhalb solcher Grenzwerte treten Schäden auf, da Fischbrut und Laich viel empfindlicher reagieren. Das Aussterben von Fischpopulationen durch fehlenden Nachwuchs ist deshalb auch in vielen skandinavischen Gewässern an der Tagesordnung. Hinzu kommt der Rückgang vieler Fischnährtiere: Die für Bachforellen wichtigen Flohkrebse sterben schon bei einer leichten Versauerung unter pH 6 ab!

Selbst die Fauna der Uferbereiche und Auen ist betroffen. Am Wasser lebende Vogelarten, wie z. B. Wasseramsel und Eisvogel, werden durch den extrem hohen Metallgehalt der Beutetiere geschädigt oder ziehen sich aufgrund von Nahrungsmangel zurück. Auch Amphibien können geschädigt werden: an vielen schwedischen Gewässern sind Erdkröte und Grasfrosch aufgrund der Versauerung ausgestorben.

Die Anzahl der Tier- und Pflanzenarten nimmt mit sinkendem ph-Wert ab. Besonders empfindlich reagieren die typischen Bachtiere.

Reihenfolge des Fischsterbens

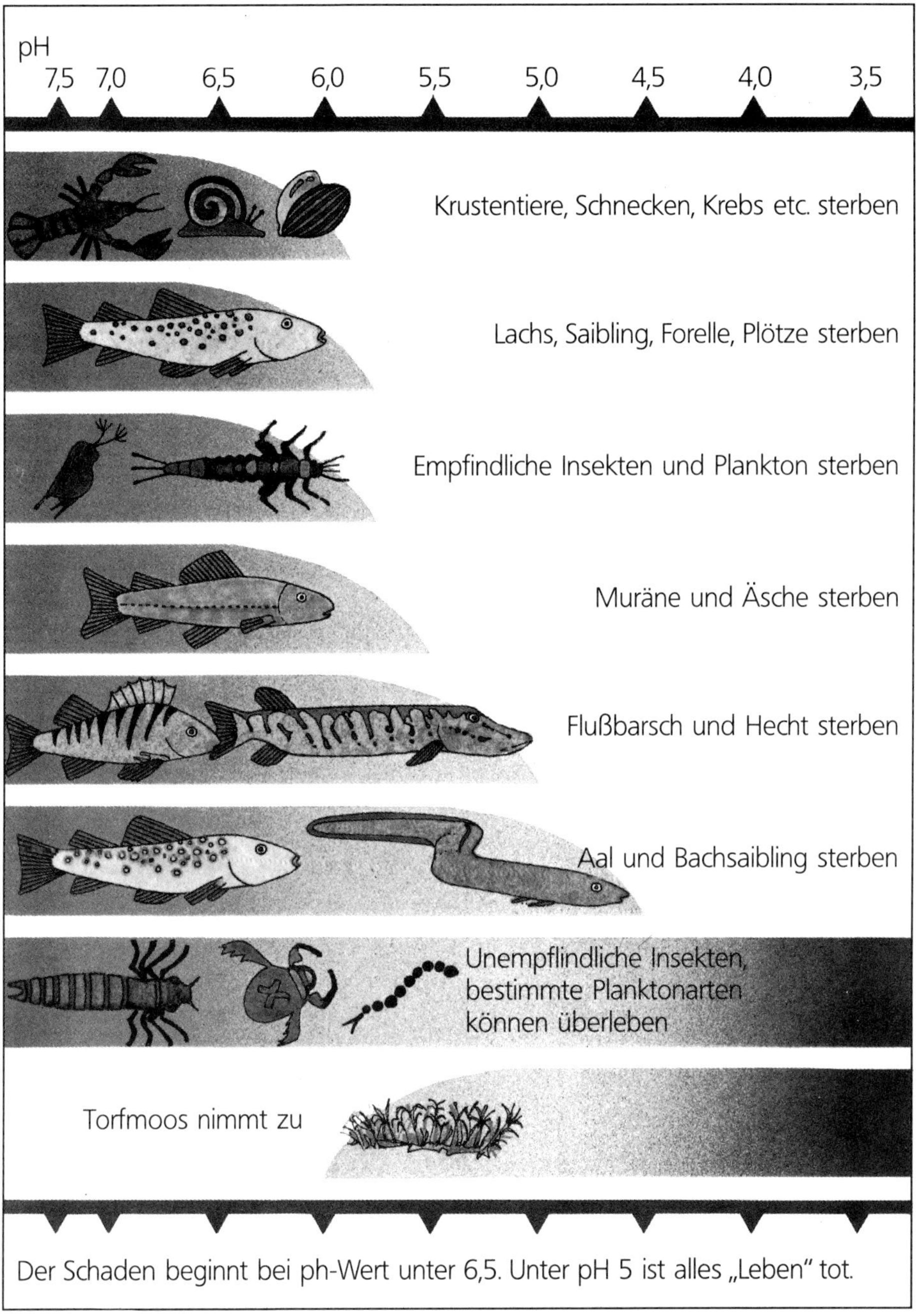

Quelle: Nach der schwedischen Studie „Acidification" für die Stockholmer Konferenz über Umweltversauerung 1982

Die Ursachen der Versauerung

Etwa 7 Mio Tonnen säurebildende Gase werden alljährlich über der BRD in die Luft geblasen. Nach Verdoppelung dieser Emissionsmenge zwischen 1950 und 1960 hat sich besonders die „Hochschornsteinpolitik" der 60er Jahre verheerend ausgewirkt: Schadgase aus dem Ruhrgebiet z. B. gelangen jetzt in solch hohe Luftschichten, daß sie je nach Windverhältnissen bis in den Harz oder nach Skandinavien transportiert werden und hier als „Saure Niederschläge" Böden, Wälder und Gewässer schädigen.

Innerhalb weniger Jahrzehnte ist der pH-Wert von Regenwasser in der BRD von ursprünglich 5,6 (was dem natürlichen Wert entspricht) auf 4,1 abgesunken. Bei der Bewertung dieser Versauerung müssen wir berücksichtigen, daß sich der Säuregehalt einer Flüssigkeit nach der pH-Wert-Skala bei Absenkung um einen Wert, also z. B. von pH 6 auf pH 5, jeweils um das Zehnfache erhöht. Die Säurekonzentration im heutigen Regenwasser entspricht danach dem 32fachen der natürlichen Konzentration!

Ursache für die Versauerung in den „Reinluftgebieten" unserer Mittelgebirge: Die aus den Industriezonen stammenden säurebildenden Schadstoffe.

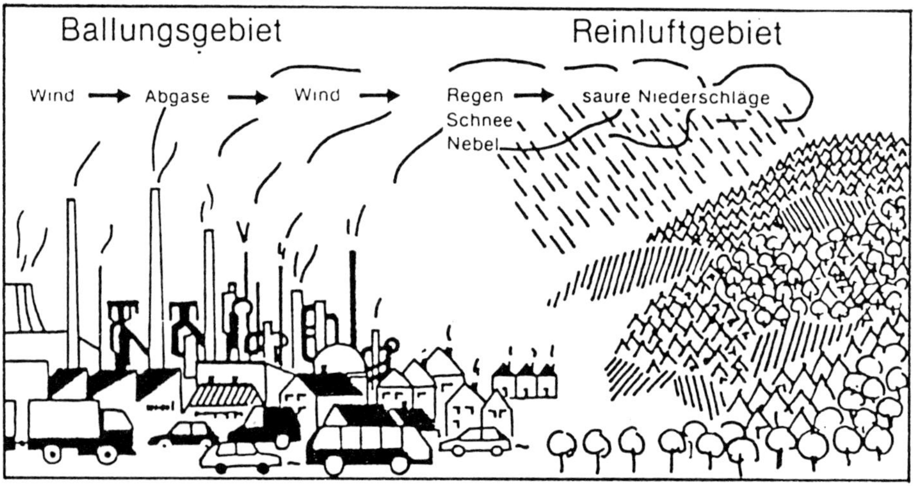

Wann ist die „Pufferkapazität“ unserer Böden erschöpft?

Die Möglichkeiten eines Bodens, diese zugeführten Säuremengen „abzupuffern“, also durch Einbau in andere Verbindungen unschädlich zu machen, sind begrenzt. Ausschlaggebend für die „Pufferkapazität“ ist der Gehalt an basisch reagierenden Stoffen in Böden und Untergrundgesteinen. Besonders betroffen von der Gewässerversauerung sind deshalb Regionen mit kalkarmen Gesteinen. In Skandinavien z. B. wird die Versauerung durch die weit verbreiteten kalkarmen, flachgründigen und durchlässigen Böden begünstigt, während in Mitteleuropa noch ältere, tiefgründigere Böden mit guter Basenversorgung weit verbreitet sind. So läßt sich auch erklären, warum die Versauerungsschäden bei uns noch nicht skandinavische Ausmaße erreicht haben. Versauerte Bachläufe treffen wir hier noch ausschließlich in Gebieten mit kalkarmen Böden und Gesteinen an (z. B. Sandsteinen, Gneisen oder Granit). Die Tendenz zur Bodenversauerung ist aber auch in Gebieten mit offenbar noch ausreichenden „Pufferkapazitäten“ nachzuweisen.

Zweifellos können also zugeführte Säuren nicht unbegrenzt „abgepuffert“ werden: Die Säurekonzentration nimmt zu und der Boden versauert.

Zur Verdeutlichung der Gefahren, die von der Bodenversauerung auch für die Gewässer ausgehen, müssen wir uns kurz in die Mikrowelt eines Bodens begeben und – zum besseren Verständnis – auch ein wenig Bodenchemie ansprechen.

Eine Schlüsselrolle bei den Vorgängen im Boden spielen die Tonminerale, deren riesige Oberfläche als Speicher für Pflanzennährstoffe dienen. Zu ihren Hauptbestandteilen gehören Silizium und Aluminium. Bei normalen pH-Werten (über pH 5 im Boden) tritt das an sich giftige Aluminium in unschädlichen Verbindungen auf. Im Verlauf der Versauerung werden zunächst die an den Tonmineralen angelagerten basisch reagierenden Nährelemente (wie z. B. Magnesium) gegen Säure-Ionen ausgetauscht und dann als freie Ionen mit dem Sickerwasser zum Grundwasser ausgewaschen (1. Phase). Sinken die pH-Werte im Boden unter pH 5 ab, kommt es zur 2. Phase der Versauerung: Die Säure-Ionen greifen nun die Tonminerale selbst an und zerlegen sie (übrigens ein nicht umkehrbarer Vorgang!). Dabei werden nun die schon mehrmals erwähnten giftigen Aluminium-Ionen frei, können über die Bodenlösung Bodenlebewesen und Waldbäume schädigen, aber auch über das Sickerwasser und Grundwasser in den nächsten Bachlauf geraten, wo sie dann, wie beschrieben, den biologischen Tod des Gewässers herbeiführen können.

Stoppt den Sauren Regen!

Inzwischen ist die Bodenversauerung in besonders stark geschädigten Waldgebieten schon weit fortgeschritten: Boden-pH-Werte von 3–4 sind keine Seltenheit mehr. Mit dazu beigetragen hat sicherlich vielfach der Anbau von Nadelholzmonokulturen; aufgrund der schwer zersetzbaren Nadelstreu kommt es hier zusätzlich zu einer organischen Versauerung des Bodens. Auch dort, wo von Natur aus jahrhundertelang Nadelwälder wuchsen, ist jetzt ein großflächiges Absterben zu beobachten.

Es gibt keinen Zweifel mehr: Primärursache für dieses Waldsterben und für die Versauerung der Böden sind die säurebildenden Luftschadstoffe. Mit jeder Zufuhr saurer Niederschläge, auch in reduzierten Mengen, wird sich die bedrohliche Entwicklung fortsetzen. Helfen kann in dieser Lage also nur eine drastische und schnelle Senkung der verursachenden Emissionen! Dabei muß es besonders darum gehen, bei den Verursachern der großräumigen Belastung, den Kraftwerken und Industriefeuerungen, anzusetzen: Über 90% der sauren Niederschläge in den „Reinluftgebieten" geht auf ihr Konto.

Die hier beschlossenen Maßnahmen sind jedoch noch völlig unzureichend: Bei den Schwefeldioxid-Emissionen ist in der BRD nach Berechnungen des Umweltbundesamtes in den nächsten 10 Jahren allenfalls eine Reduzierung um 20–30% zu erwarten. Demgegenüber ist es z. B. den Japanern schon in den vergangenen 10 Jahren gelungen, die SO_2-Emissionen um über 70% (!) zu senken – hier sorgten scharfe Gesetze schon seit 1970 für den Einbau von Entschwefelungsanlagen, während in der Bundesrepublik 15 Jahre später noch Kohlekraftwerke ohne eine solche Anlage ans Netz gehen (wie z. B. die „Dreckschleuder" Buschhaus bei Helmstedt).

Anstatt endlich konsequente Luftreinhaltung zu betreiben, stecken nun viele Bundesländer Millionenbeträge in Kalkungsprogramme. Zweifellos kann Kalk kurzfristig giftige Metalle und Säuren im Boden binden – der Kalk muß dabei aber auch in tiefere Bodenschichten eingearbeitet werden, was in dichten Forsten unmöglich ist. Die großflächigen Kalkungen sind aber ökologisch nicht ungefährlich: Im Oberboden wird die Humusumsetzung beschleunigt, wodurch größere Mengen Nährsalze plötzlich „mobilisiert" und ins Grundwasser ausgewaschen werden können – insbesondere Nitrat. Kalkung kann also bedeuten: Weitere Verschärfung der Nitrat-Verseuchung im Grundwasser.

Noch liefern gerade die Brunnen unter großen Waldgebieten qualitativ hochwertiges Trinkwasser – unsere Wälder sind als Wasserspeicher und Wasserfilter nicht zu ersetzen! Das Ausmaß von Waldsterben und Gewässerversauerung wirft aber die Frage auf: Wie lange noch? In der Tat wird dieses Land nicht wiederzuerkennen sein, wenn nicht schnellstens alle technischen Möglichkeiten zur Luftreinhaltung ausgeschöpft werden!

Sterbender Wald auf dem Kamm des Teutoburger Waldes. Die Boden-pH-Werte sind hier auf unter 4 abgesunken!

Waldgebiete sind wichtige Wassergewinnungsgebiete. Doch auch die Ausweisung als „Trinkwasserschutzgebiet" schützt sie nicht vor Saurem Regen! Die Vergiftung unserer Grundwasservorräte durch Aluminium und Schwermetalle ist nur noch eine Frage der Zeit.

Wasser-

Pestizide im Bach

Der Kasseler Ökochemiker Reinhold Kickuth machte eine Entdeckung, die an den Fundamenten ökotoxikologischer Praxis rüttelt: Ein Stoff, der sich bisher in allen Versuchen als nicht tödlich für Kleinorganismen erwiesen hatte, vernichtete in Professor Kickuths Untersuchungen bereits in geringsten Konzentrationen ganze Populationen von Bachflohkrebsen. Wie ist das möglich?

Die Substanz, ein in der Landwirtschaft viel verwendetes Unkrautvernichtungsmittel (Herbizid), beeinträchtigt in der Tat die Beweglichkeit und offensichtlich auch das normale Verhalten der kleinen Krebse in keiner Weise. Erst nach längerer und sorgfältigerer Beobachtung tritt etwas Merkwürdiges zutage: Die Tiere schwimmen zwar munter herum, finden aber offensichtlich weder ihre Nahrung, noch – zur Zeit der Paarung – ihren Geschlechtspartner. Sie sind zum Tode verurteilt.

Das läßt sich nur verstehen, wenn man bedenkt, daß das Orientierungssystem der Flohkrebse – wie das vieler Tiere – nicht wie bei uns Menschen ein optisches, sondern ein geruchliches ist. Gerüche aber spielen sich auf der allerfeinsten chemischen Ebene ab; hier geht es schon um wenige Moleküle. Verständlich, daß dieses überaus empfindliche System bereits durch Spuren bestimmter chemischer Stoffe (etwa Pestizide) gestört werden kann.

Wenn man nun bedenkt, daß heute fast überall in unseren Landschaften Pestizide tonnenweise versprüht werden und daß es leider immer noch vorkommt, daß Bauern ihre Spritzfässer und -geräte im nächsten Bach auswaschen oder gar unverbrauchte Reste in den Bach ablassen, dann wundert man sich wirklich, daß es überhaupt noch einige Bäche gibt, in denen nicht nur Algen und Bakterien gedeihen. Hier ist jeder Bürger aufgerufen, die von der Industrie offenbar vernachlässigte Aufklärung der Bauern nachzuholen. Wer sich aber solchen Mahnungen gegenüber taub stelllt, sollte auch damit rechnen müssen, daß man ihn anzeigt. Denn Wasservergiftung und Naturzerstörung sind heute keine Kavaliersdelikte mehr. Der Gesetzgeber hat hohe Geldstrafen dafür vorgesehen.

Der Bach als Müllplatz

Verrostete Fahrräder, alte Kanister, Plastikeimer, Bettgestelle und Matratzen, Autowracks, Düngersäcke.. wer solchen Sperrmüll am Bach abládt, demonstriert eine Naturverachtung, die kaum noch zu überbieten ist. Gottlob sind solche Anblicke seltener geworden, seit es auch auf dem flachen Land eine regelmäßige Sperrmüllabfuhr gibt. Um so erstaunlicher, daß es trotzdem immer wieder vorkommt. Umweltrowdies? Wohl eher schon pathologische Fälle.

Vom biologischen Standpunkt aus müssen derart schändliche Anblicke nicht einmal das Schlimmste sein. Verglichen mit vielen weniger sichtbaren (weil flüssigen) Abfällen, die unter Umständen alles Leben schlagartig auslöschen können, sind Altreifen, Blechbüchsen und dergleichen für die Lebensgemeinschaft des Baches relativ harmlos. Im Einzelfall mögen sie sogar zur „Biotopvielfalt" beitragen – etwa wenn ein Rotkehlchen in einem alten Topf brütet, oder wenn ein Altreifen Fischen als Unterstand dient. Das ist freilich nicht als Legitimation zur Bachverschandelung zu verstehen, sondern eher als Anklage gegen strukturarme, kahle, ausgeräumte, begradigte Bäche.

Im Abschnitt über die Bachpatenschaften werden praktische Ratschläge gegeben, wie man einen Bach öffentlichkeitswirksam und ohne große Kosten entrümpelt.

Gerade bei Hochwasserereignissen wird sehr viel Wohlstandsmüll aus dem Bachrandbereich mitgeschwemmt und verfängt sich im Geäst von Uferbäumen. Diesen wenig ästhetischen Anblick beseitigen häufig Bachpatenschaften mit ihren engagierten Mitgliedern.

Bäche im Korsett
Von der Naturkatastrophe zum hausgemachten Hochwasser

„Ein schweres Geschick hat das Dorf Wrexen betroffen. Durch heftige Regengüsse geschwellt, überschritt in der Nacht des 23. November der Diemelfluß seine Ufer, und verheerende Wassermassen brachen über das unglückliche Dorf herein. Meterhoch und darüber stand das Wasser in den Wohnhäusern, von einzelnen derselben ragten nur die Dächer aus der reißenden Strömung hervor... Nach zweitägiger Dauer ist die Überflutung geschwunden, aber ihre Folgen – Not und Elend – sind geblieben. Das Vieh ist zum Teil in den Ställen ertrunken... Die meisten Häuser sind beschädigt, fast alle zu ebener Erde gelegene Wohnungen durch Wasser und Schlamm auf lange Zeit unbewohnbar geworden" (aus einem Aufruf der Diemelgemeinde Wrexen in Nordhessen aus dem Jahre 1890).

Solchen Katastrophen vorzubeugen war und ist das erklärte Ziel wasserbaulicher Eingriffe an Bächen und Flüssen, so wie es der Ingenieur F. Sievers (1969) in seinem „Leitfaden des Wasserbauers" darlegt: „Um den Nutzen, den wir aus den Wasserläufen ziehen, zu vergrößern, um die Gefahren, die uns von ihnen drohen, zu mindern, und um die nachteiligen Folgen der durch menschliche Unzulänglichkeiten entstandenen Verwilderung zu mildern, bauen wir die Flüsse aus."

Im Sinne des größtmöglichen Nutzens wurde die Mehrzahl der Wasserläufe inzwischen hochwasserfrei ausgebaut. Dieser Ausbau eröffnete vielerorts die Möglichkeit, Siedlungen, Gewerbeflächen und Verkehrswege in die Auen vorzuschieben sowie die landwirtschaftliche Nutzung dort zu intensivieren. Konnten damit aber auch die Gefahren, von denen der zitierte Bericht spricht, gemindert werden? Wurde mit Hilfe der für den Bachausbau eingesetzten Milliardenbeträge tatsächlich der gesellschaftliche Nutzen an den Bachläufen vergrößert, wenn dabei auch die Folgewirkungen auf den Wasserhaushalt berücksichtigt werden?

Verdächtig häufig haben sie sich in den letzten Jahren nun schon wiederholt, die sogenannten „Jahrhunderthochwasser". Noch frisch in Erinnerung dürften die kurz hintereinander aufgetretenen Katastrophenhochwasser des Jahres 1983 an Rhein und Mosel sein (April und Mai, jeweils u. a. Überflutung der Kölner Altstadt). Schon 8 Monate später, im Februar 1984, wiederholte sich das ganze: Diesmal waren insbesondere weite Teile Hessens schwer betroffen; allein in Herborn entstand durch die Überflutung der Altstadt ein Sachschaden von 30 Millionen Mark. Und 1988 verursachte ein relativ gering zu bemessenes Hochwasserereignis Schäden wie die großen sog. „Jahrhunderthochwasser" an der Donau unterhalb Regensburg.

„Naturkatastrophen" waren das nur aus der Sicht der Wasserwirtschaft, für die die „außergewöhnlich hohen Niederschläge" als einzige Ursache in Betracht kamen. Natur- und Umweltschutzgruppen sprachen demgegenüber von „hausgemachten" Katastrophen, wobei sie nun denjenigen, die jahrzehntelang mit dem Ausbau der Bäche und Flüsse „Hochwasserschutz" betrieben, eine Teilschuld zuschoben!

„Die Natur schlägt zurück" – mit dieser Schlagzeile überschrieb eine große bundesdeutsche Illustrierte einen „Hintergrundbericht" über die Hochwasserkatastrophen. In der Tat wird niemand bezweifeln können, daß durch menschliche Eingriffe schon seit Jahrhunderten der Wasserhaushalt tiefgreifend beeinträchtigt wurde. Zwar sind Überflutungen der Bach- und Flußauen grundsätzlich ein Naturereignis, andererseits ist durch die Vielzahl der Eingriffe das Wasserrückhaltevermögen der Landschaft beträchtlich vermindert worden. Dazu trugen insbesondere bei:

- Waldzerstörungen in den Einzugsgebieten.
- Flächenversiegelungen im Zuge der Bebauung.
- Fluß- und Bachausbau mit der Entwässerung der Auen und dem Verlust von Überflutungsräumen.

„Bäche im Korsett"

Schwere Hochwasserschäden an falsch verbautem Mittelgebirgsbach...

...der gleiche Bach einige hundert Meter oberhalb: Erlen haben das Ufer gehalten!

Schlagzeilen über Hochwasserkatastrophen. Eine kleine Auswahl aus zahllosen Berichten der letzten Jahre (1981–1988).

Wenn der Wasserspeicher Wald ausfällt...

Mit Beginn der menschlichen Siedlungstätigkeit war Mitteleuropa nahezu vollständig mit Wald bedeckt; heute ist er in der Bundesrepublik auf einen Flächenanteil von 29% zurückgegangen. Diese Entwaldung blieb nicht ohne Auswirkung auf das Abflußverhalten unserer Bäche und Flüsse.

Intakte Wälder wirken geradezu als schwammartige Wasserspeicher. Die tief und intensiv durchwurzelten Waldböden können selbst größere Niederschlagsmengen schnell aufnehmen, speichern, und langsam wieder abgeben. Zudem wird von der Waldvegetation – im Vergleich zu Acker oder Wiese – eine vielfach größere Wassermenge verdunstet. Insgesamt wirken Waldgebiete auf diese Weise abflußausgleichend, während in waldfreien Gebieten nach starken Niederschlägen größere Wassermengen erheblich schneller über die Oberflächengewässer abfließen. Die Auwaldrodungen in den Tälern tragen zu diesen Abflußbeschleunigungen in besonderer Weise bei: Überflutete Auwälder verlangsamen zum einen den Hochwasserabfluß (im Vergleich zur waldfreien Aue auf bis zu ⅕ der Abflußgeschwindigkeit!) und sorgen so für eine natürliche Wasserrückhaltung. Dazu werden die Wassermassen auch noch durch Versickern und Verdunsten beträchtlich gemindert.

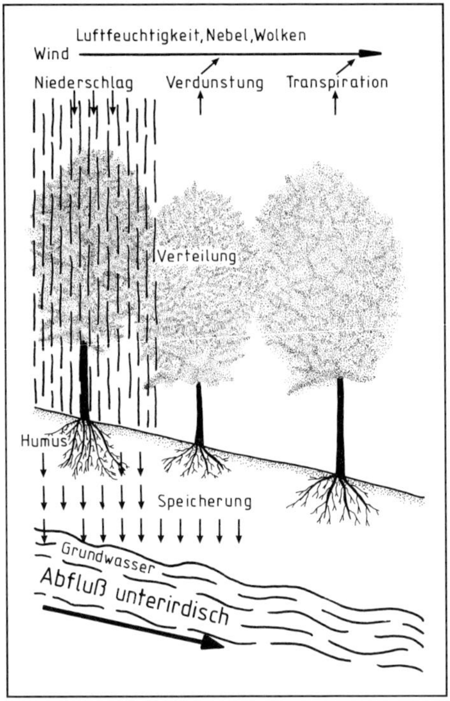

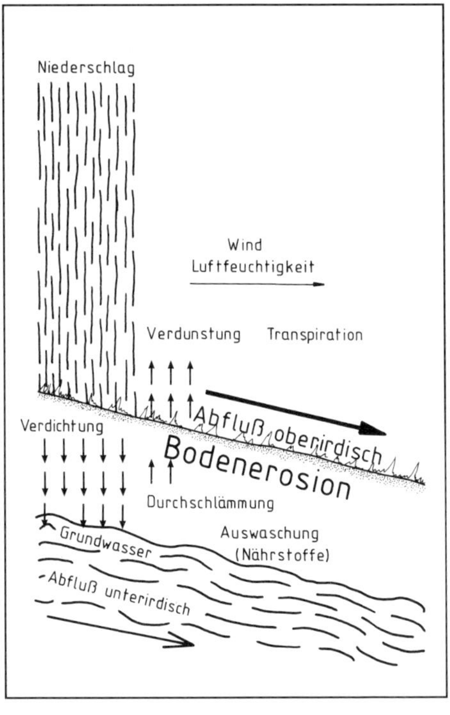

Wasserhaushalt vor und nach einer Entwaldung. Wenn der Wasserspeicher Wald ausfällt, fließen große Wassermengen oberflächlich ab. Bodenerosion und Grundwasserabsenkung sind die Folge.

Wenn Asphalt und Beton den Boden versiegeln...

Vielfach folgte auf die Waldbeseitigung eine Bebauung der Landschaft mit Siedlungen, Industrieanlagen und Verkehrswegen. Durch solche „Flächenversiegelungen" werden die betroffenen Böden undurchlässig für das Niederschlagswasser, welches jetzt über Kanalisation meist auf dem schnellsten Weg in den nächsten Bach oder Fluß abfließt. Die Abflüsse sind zudem ausgebaut, teilweise sogar – vor allem im Siedlungsbereich – verrohrt, wodurch das Rückhaltevermögen weiter vermindert wird. Besonders durch den Bauboom der vergangenen 30 Jahre wurde in der Bundesrepublik der Anteil bebauter Flächen beträchtlich ausgedehnt: In Hessen etwa wuchs allein von 1960 bis heute die bebaute Fläche von 7,6% auf 11,2% an – ein Wert, der im übrigen etwa dem Bundesdurchschnitt entspricht!

Wenn auf derart großen Flächen der „Schwamm" Boden als Wasserspeicher ausfällt und die Versickerung zum Grundwasser unterbunden ist, sind die Folgen für den Wasserhaushalt absehbar: Im Einzugsgebiet des Neckar-Zuflusses Körsch, das einen Flächenzuwachs versiegelter Gebiete von 7 auf 20% in nur 20 Jahren (1952 – 1972) zu verzeichnen hatte, kam es zu einer Vervierfachung der Spitzenabflüsse: Nach einem etwa gleichstarken Niederschlag lag der maximale Abfluß 1952 bei 2,2 m^3/sec., 1972 hingegen schon bei 10,2 m^3/sec.! Wenn also nach solchen Entwicklungen katastrophale Hochwässer die Tallagen heimsuchen, ist die Bezeichnung „Naturkatastrophe" für ein solches Ereignis offensichtlich nur zum Teil berechtigt.

Zunehmende Versiegelung unserer Städte und der freien Landschaft führen zu einem erhöhten Oberflächenwasserabfluß. Mit 11% Verkehrs- und Siedlungsfläche hat die Bundesrepublik bereits einen bedenklichen Durchschnittswert erreicht. Dies ist einer der wesentlichen Gründe für die immer häufiger auftretenden Hochwasserereignisse.

Wenn Wasserbauer den Abfluß beschleunigen

Sicherlich war der Wasserhaushalt schon gestört, als Wasserbauingenieure im großen Stil die Regelung der Abflußverhältnisse in Angriff nahmen. Anstatt nun aber in dieser Situation das Rückhaltevermögen der Landschaft zu verbessern, wurde – immer im Sinne der möglichst effektiven ökonomischen Nutzung der Auen – durch wasserbauliche Maßnahmen die „Wasser-Raus-Politik" erst auf die Spitze getrieben:

1. Der typische Ausbau zum „Hochwasserschlauch" trennt Fließgewässer von ihren natürlichen Ausuferungsflächen. Vor dem Ausbau konnten sich die Wassermassen eines Hochwassers noch in der ackerfreien Aue ausbreiten, ohne Schaden anzurichten. Jetzt entfällt die rückhaltende und abbremsende Wirkung der Aue; selbst höchste Hochwasser werden meist vollständig im Profil abgeführt.

2. Bei landwirtschaftlicher Nutzung ist die ehemalige Aue von einem dichten Netz von Dränagen und Entwässerungsgräben überzogen. Durch Grundwasserabsenkungen und ausbleibende Überflutungen wird die Grundwasserneubildung in der Aue erheblich reduziert. Viele Millionen m^3 Wasser werden auf dem schnellsten Wege aus dem Lande bzw. in die zu „Vorflutern" ausgebauten Bäche und Flüsse geführt. Werden Teile der Aue auch noch „versiegelt", ist die eintretende Abflußbeschleunigung besonders groß.

3. Wohl jeder Bachausbau, ob als typische „Begradigung" oder „naturnah" ausgeführt, hat eine Verkürzung der Lauflänge zur Folge. Ausgeprägte Mäander werden auch bei naturnahem Ausbau abgeschnitten. Schon bei normaler Wasserführung kommt es danach zu erhöhten Strömungsgeschwindigkeiten und damit zu einer natürlichen Eintiefung der Sohle (Sohlenerosion). Kann die Sohleneroision nicht mit Hilfe zusätzlicher Sohlgleiten, Sohlabstürze oder Sohlschwellen gestoppt werden, kommt es zu weiteren, nicht beabsichtigten Grundwasserabsenkungen in der Aue, ein Vorgang, der in vielen Flußauen schon zur „Versteppung" ganzer Landstriche geführt hat. Beispiele: Wertach-, Rhein- und Iller-Aue.

Querschnitt durch ein Bachtal in Nordwestdeutschland. Die für viele Bachtäler typische Entwicklung von der Naturlandschaft bis hin zur Agrarsteppe. Bis Mitte des 20. Jahrhunderts sind die ursprünglichen Auen- und Bruchwälder überwiegend gerodet. Erst in den letzten 30 Jahren verwandelten sich die vielfältigen, nur extensiv genutzten Bachauen in die heute typischen „flurbereinigten" Agrarsteppen. Bäche wurden zu wasserabführenden „Vorflutern". Die Aue kann nun nach Grundwasserabsenkung ackerbaulich genutzt werden.

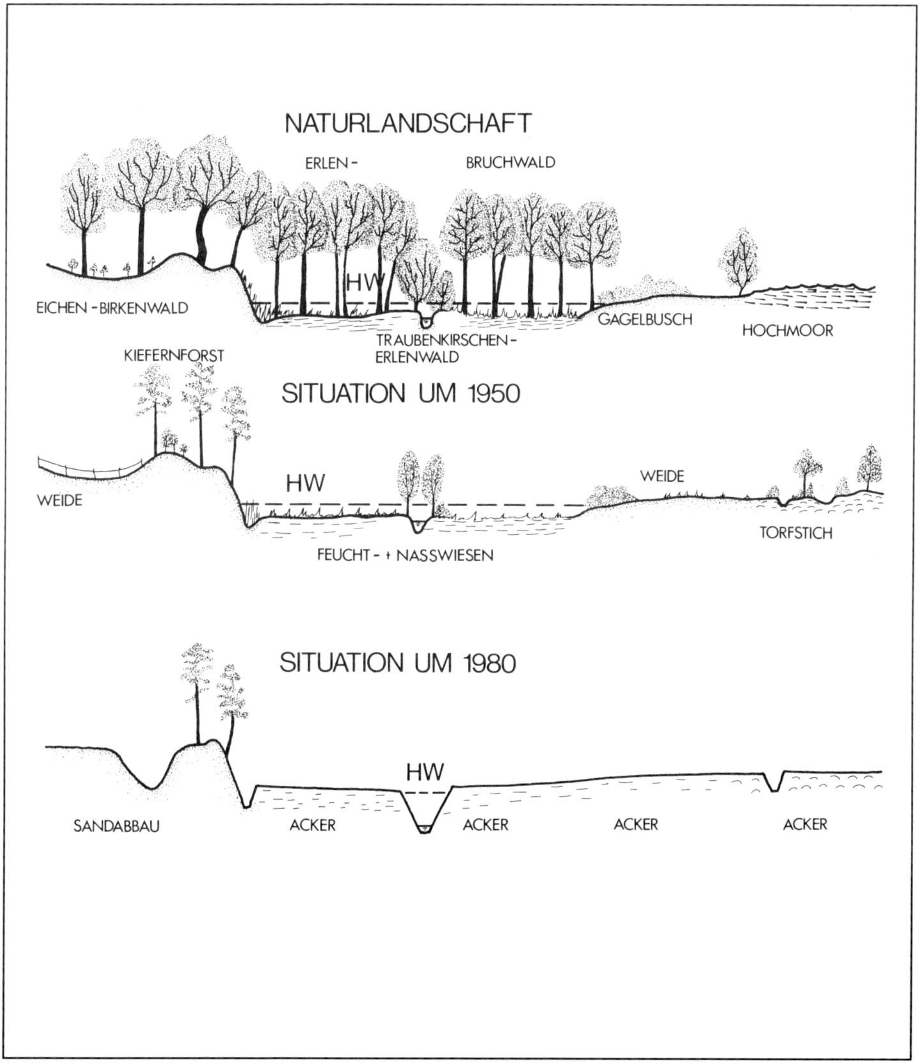

NATURLANDSCHAFT
ERLEN -
BRUCHWALD
HW
EICHEN - BIRKENWALD
TRAUBENKIRSCHEN-
ERLENWALD
GAGELBUSCH
HOCHMOOR
KIEFERNFORST
SITUATION UM 1950
HW
WEIDE
WEIDE
FEUCHT - + NASSWIESEN
TORFSTICH
SITUATION UM 1980
HW
SANDABBAU
ACKER
ACKER
ACKER
ACKER

... dann sind Hochwasser vorprogrammiert

Nach den üblichen Entwässerungs- und Ausbaumaßnahmen verwandeln sich die begradigten und eingedämmten Bachläufe nach starken Niederschlägen plötzlich in reißende Ströme. Es laufen im „Hochwasserschlauch" wesentlich höhere Hochwasserwellen auf, die zudem in beträchtlich kürzerer Zeit zum nächsten Fluß abfließen. Und hier können dann die Zusammenflüsse mehrerer Bäche sehr schnell eine Katastrophenlage herbeiführen. Genau auf diese Weise kam es z. B. zur katastrophalen Überflutung der hessischen Stadt Herborn durch ein Dill-Hochwasser im Februar 1984.

Ein Mittelgebirgsbach vor...

...und nach der Verbauung.

Einfluß wasserbaulicher Maßnahmen auf den Wasserabfluß: Der Niedrigwasserabfluß wird verringert, während Hochwasserwellen wesentlich höher auflaufen.

In der Aue werden große Wassermengen bei Hochwasser natürlich zurückgehalten...

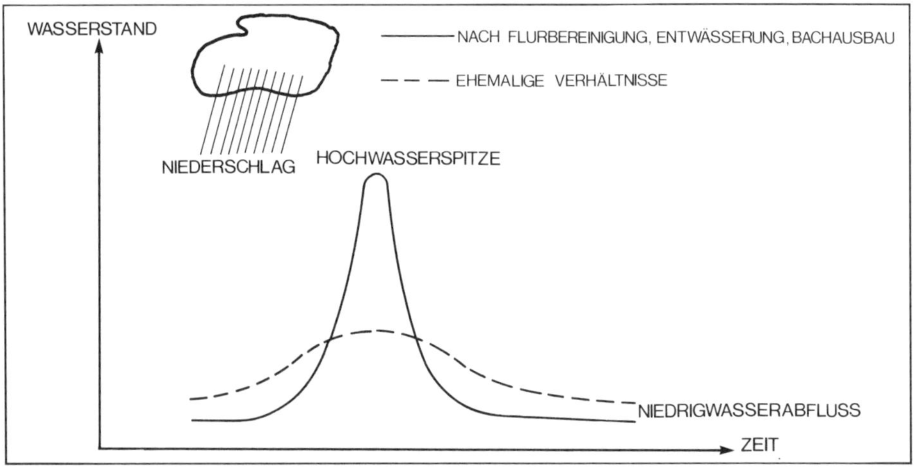

Wie mit dem „Regulieren von oben nach unten" Politik gemacht wird...

Für Wasserbehörden wird die Verlagerung der Wasser-Probleme manchmal sogar zu einem Mittel ihrer Politik, insbesondere dann, wenn mit Widerstand gegen Ausbaumaßnahmen gerechnet werden muß. Für solche Fälle gibt es nämlich eine durchaus wirksame Taktik: Man baue das Gewässer abschnittweise aus und beginne mit dem Ausbau im Bereich des Oberlaufes! Ein solches Vorgehen, das anhand zahlreicher Beispiele bekannt wurde, soll im folgenden am Beispiel der Marka dargelegt werden. Bei der Marka handelt es sich um einen Hümmling-Bach, der im westlichen Niedersachsen zur Leda hin abfließt. Hier wurde 1965 zunächst ein Abschnitt des quellnahen Oberlaufes, in Zusammenhang mit der dortigen Flurbereinigung, ausgebaut. Der beschleunigte Wasserabfluß hatte nun die Ausbildung ausgedehnter Feuchtgebiete im Mittellauf-Bereich zur Folge. Die von der teilweise dauerhaften Vernässung ihrer Ländereien betroffenen Landwirte drängten nun auch hier auf den Ausbau. Trotz massivstem Widerstand von seiten des Naturschutzes wurde 1977 mit der Regulierung der noch naturnahen Marka-Abschnitte begonnen. Inzwischen ist der noch vor 20 Jahren frei mäandrierende, von einer artenreichen Flora und Fauna besiedelte Bachlauf bis auf einen 2 km langen Restabschnitt vollständig ausgebaut.

...während das „Regelprofil" ausgebauter Bäche dafür sorgt, daß Hochwasserwellen beschleunigt abfließen.

Wasserbau contra Wasserversorgung

Eine gesicherte Wasserversorgung ist Grundvoraussetzung für das menschliche Überleben im allgemeinen und die Funktionsfähigkeit unserer Industriegesellschaft im besonderen. In diesem Bereich wirkt sich die wasserbauliche „Wasser-Raus-Politik“ zunehmend als ökologischer und ökonomischer Bumerang aus, und das in einer Zeit, in der sich ohnehin eine schwere Krise unserer Wasserversorgung abzeichnet. Werfen wir dazu einen kurzen Blick auf die aktuelle Situation:

1. Der Wasserbedarf der Haushalte, der Landwirtschaft und insbesondere der Industrie (die allein ca. 86% des Bedarfs abdeckt) steigt weiter. Eine 1976 vom Batelle-Institut prognostizierte Zunahme bis zum Jahre 2000 um 100% wird aber nach den neuesten Zahlen wohl kaum noch eintreten. Auch sind viele Möglichkeiten eines haushälterischen Umgangs mit Wasser noch bei weitem nicht ausgeschöpft.
2. Oberflächenwasser (Flußwasser) scheidet aufgrund gefährlicher Verschmutzung als Trink- und Brauchwasser vielfach aus, so daß die Wasserwerke heute überwiegend Grundwasser nützen müssen (ergänzt durch Talsperrenwasser aus den noch gering belasteten Oberläufen sowie Uferfilteratwasser von Flüssen).
3. Grundwasservorräte sind begrenzt. Vielfach entnehmen Wasserwerke schon so große Mengen, daß es zu ausgedehnten Grundwasserabsenkungen kommt (z. B. im Hessischen Ried zwischen Rhein und Odenwald, im Vogelsberg-Gebiet oder dem Furlberger Ried bei Hannover). Die Folge sind schwere Waldschäden, Gebäudeschäden und Beeinträchtigungen der landwirtschaftlichen Produktion.
4. Die Möglichkeiten der Grundwasser-Neubildung sind in unserem Land durch eine Vielzahl schon genannter Eingriffe (wie z. B. Waldbeseitigung, Flächenversiegelung, Wasserbau) bereits eingeschränkt.
5. Die Vergiftung der Grundwasservorräte, z. B. durch Nitrat oder Chlor-Kohlenwasserstoffe (CKW), geht weiter.
6. Wird das Waldsterben nicht gestoppt, dürfte die Wasserversorgung mit Sicherheit zusammenbrechen. Zum einen fehlt dann der Wasserspeicher Wald, zum anderen fällt der Filter Waldboden aus, der z. Z. noch zahlosen Wasserwerken sauberes Grundwasser liefert.
7. Das Ausweichen auf Talsperrenwasser ist nur noch begrenzt möglich und zudem auch ökologisch äußerst bedenklich, da von weiteren Talsperrenbauten die letzten noch intakten Mittelgebirgstäler betroffen wären (wie z. B. vom Bau der geplanten Talsperren im Harz, Sauerland oder Spessart).

Fazit: In einer so kritischen Situation weiterhin Niederschlagswasser durch Bachbegradigungen beschleunigt abzuführen, ist unverantwortlich. Der Wasserhaushalt wird empfindlich gestört, menschliche Nutzungen werden teilweise sogar in Frage gestellt und zahlreichen Ökosystemen wird damit das Wasser entzogen.

Wasserwirtschaft im Gebirge

Die Wildbäche des Hochgebirges – teilweise aber auch der Steillagen höherer Mittelgebirge – machen ganz andere Sicherungs- und Pflegemaßnahmen erforderlich als Bäche im Tiefland oder in den mittleren Berglagen. Die Erosionskraft des Wassers findet bei sehr stark abschüssigen Gewässerstrecken naturgemäß mehr Angriffspunkte, die zu einer für die Bewohner der Gebirgsregionen lebensbedrohenden Dynamik führen können. Der Vegetation als erosionsmindernder Kraft kommt gerade in diesem Bereich eine besondere Bedeutung zu. Nur die ursprünglich vorkommenden Bergwälder sind dort in der Lage, dem gefährlichen Bodenabtrag wirksam Widerstand entgegenzusetzen.

Im Unterschied zu den Mittelgebirgslagen und dem Tiefland kommt im Gebirge nicht nur der Ufervegetation am Bachrand, sondern darüber hinaus der gesamten Vegetation im Einzugsbereich große Bedeutung zu. Bei den größeren Niederschlagsmengen höherer Berglagen haben die natürlichen Pflanzengesellschaften vor allem die Aufgabe, oberflächlich abfließendes Niederschlagswasser in den Boden aufzunehmen, d. h. zurückzuhalten. Diese Funktion können in der Regel nur die naturnahen Berg-Mischwälder erfüllen. Werden sie im Zusammenhang mit Erschließungen – Straßenbau, Ski-Abfahrtstrassen, Lifte – gerodet, so vergrößert sich die Lawinengefahr im Winter, und in der Vegetationsperiode fließt ein erheblicher Teil des Regenwassers oberflächlich ab, so daß die Wildbäche stark anschwellen. Diese Wirkung wird noch verstärkt, wenn die vorhandenen Waldbestände durch Vieheintrieb, überhöhte Rot- und Rehwildbestände, immisionsbedingte Waldschäden oder unsachgemäße Forstwirtschaft ihre natürliche Arten- und Altersklassenmischung verloren haben, wie dies auch im Alpenraum heute fast überall zu beklagen ist.

Unter solchen Bedingungen – die insbesondere zu Lasten der Verjüngungs- und Krautschicht der Wälder geht – ist die ursprüngliche Hangsicherung nicht mehr gegeben. Es ist daher nicht verwunderlich, daß nicht nur unbewaldete, sondern zunehmend auch die immer instabiler gewordenen Waldhänge Erosionsstellen aufweisen und abrutschen. In der Folge kommt es an den Wundhängen zu umfangreichen Boden- und Geröllabschwemmungen, die talwärts wandern und dadurch früher oder später in die Wildbäche geraten. Das von den Wildbächen transportierte Geröll, katastrophenartige Vermurungen ganzer Talzüge und die teilweise bedrohlich anwachsenden Schuttkegel im Talboden sind die dann unausbleibliche Folge einer solchen Entwicklung.

Die Auswirkungen des sauren Regens beschleunigen diese Entwicklung gerade in den alpinen Lagen noch erheblich. Die Verarmung der Bergwälder durch die bereits genannten Faktoren überlagert diese zusätzlichen Schadeinwirkungen aber bis jetzt noch.

Gemauerte Sperrentreppe, die gefährliche Erosionen des Bachbettes verhindern soll.

Eine Wildbachstrecke im Gebirge. Sehr gut ist oben die eingeschnittene Erosionsrinne zu sehen, während sich im Talgrund aus der Geröllzufuhr ein Schuttkegel gebildet hat.

Gemauerte Sperre für Geschiebertückhalt mit überlaufendem Wasser.

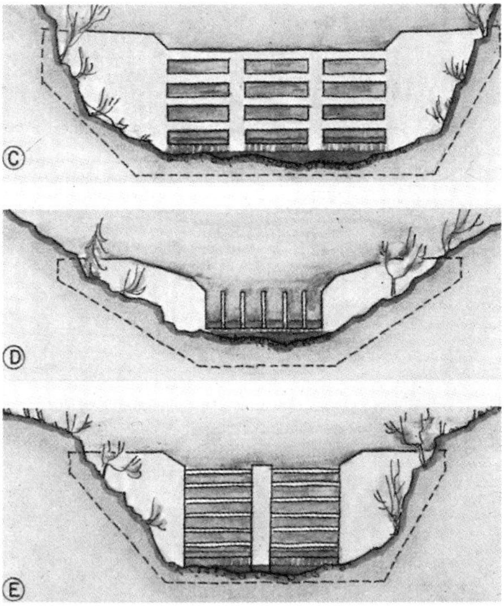

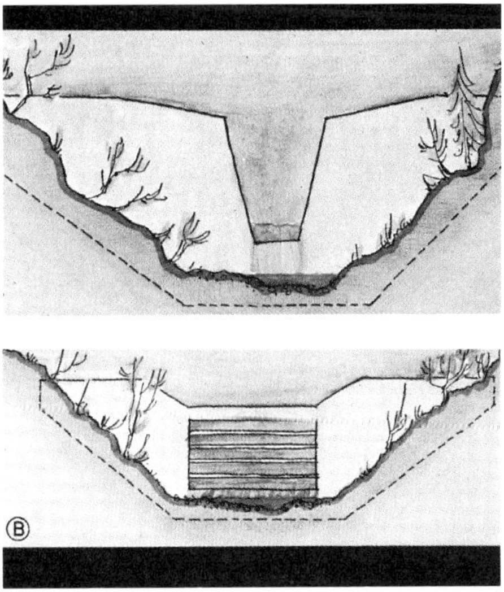

Modell eines Geschiebesammlers: Sperren zur Stabilisierung des Bachlaufes oberhalb des Geschiebesammlers
Kolkschutz
Geschiebesammler
Zufahrtsstraße zur Leerung des Geschiebesammlers
offene Sperre mit Balkenverschluß im oberen Teil
Vorsperre
oberste Schwelle zur Fixierung der Bachsohle unterhalb des Sammlers (Bild links oben).

Geschiebeablagerungen oberhalb der Mauer. (Bild links unten).

C. Sperrung mit fester Gitterkonstruktion aus Beton oder Stahl
D. Rechensperre
E. Sperre mit Zwischenpfeilern und abnehmbaren horizontalen Balken

Für die Stabilisierung von rutschigen Hängen eignet sich der Lebendverbau in besonderer Weise:
A) Faschinenbau,
B) Buschlagenbau,
C) Heckenlagenbau,
D) Riefenbau,
E) Drahtschotterkörper mit Weideneinlagen,
F) Kordonbau,
G) Holzkasten mit Weideneinlagen,
H) Flechtwerke mit Ruten ausschlagfähiger Holzarten.

Verschiedene Möglichkeiten für offene Sperren bei Geschiebesammlern:
A. Sperren mit schlitzartiger Öffnung
B. Geradlinige oder gebogene Sperre mit abnehmbaren horizontalen oder vertikalen Balken in der Öffnung

Ingenieurbiologische Bauweisen zur Sicherung abrutschender Hänge im Hochgebirge.
Legende: b) Fixierungshölzer, f) Rauhbeine, g) Äste

Da es aufgrund dieser Entwicklung fast keine ökologisch intakten Bergwälder mehr gibt, helfen auch natürliche Sicherungsmaßnahmen alleine nicht mehr, um der fortschreitenden Erosion Halt zu gebieten. Technische Wildbachverbauungen müssen als Notbehelf bis zur Stabilisierung des Ökosystems Bergwald den nötigen Schutz gewähren. Eine teure Reparatur von Schäden, die überwiegend auf menschliche Kurzsichtigkeit zurückzuführen sind.

Die charakteristischen Abschnitte des Wildbaches sind:

- Entstehungsregion am Steilhang,
- Transportregion in den Schuttkegeln,
- Ablagerungsregion im Talboden.

Die Maßnahmen zur Eingrenzung der Schäden durch Wildbäche müssen in diesen drei Regionen mit ausgewählten Mitteln ansetzen.

Dabei werden aktive und passive Hochwasserschutzmanßnahmen unterschieden.

Zu den aktiven Maßnahmen zählen

- Aufforstung bzw. Erhaltung des Einzungsgebietes mit natürlicher Mischung der Baumarten,
- Verbot der Waldbeweidung durch Vieheintrieb,
- starke Reduzierung der Schalenwildbestände (Rot-, Reh- u. Gamswild),
- vorsichtige Wegeerschließung unter Berücksichtigung hangstabilisierender naturnaher Baumaßnahmen (Ingenieurbiologie),
- Stabilisierung des Bachlaufs und der Seitenhänge durch naturnahe Maßnahmen (Ingenieurbiologie) und
- sinnvolle Einplanung von Geschiebesammlern (künstliche Staubecken-Rückhaltung von Geröllmassen).

Als passive Hochwasserschutzmaßnahmen kommen in Frage

- Bauverbote an besonders gefährdeten Stellen,
- Einzelschutz für vorhandene Bauwerke und
- Beschränkung der landwirtschaftlichen Nutzung auf hochwasserunempfindliche Kulturen.

Remseder Bach 1983...

...und 1985: Ufergehölze wurden beseitigt – der Bach zwecks Grundwasserabsenkung eingetieft.

Bei der Stabilisierung des Bachlaufs sollte die natürliche Linienführung grundsätzlich beibehalten werden. Allenfalls auf dem Schuttkegel sind korrigierende Eingriffe zulässig, sofern für unterliegende Dörfer oder Häuser eine unmittelbare Gefahr droht.

Im Bereich der Schuttkegel oder beim Übergang zum Talboden kann es sinnvoll sein, Geschiebesammler einzuplanen, die Aufstiegsmöglichkeiten für Fische aufweisen müssen, um deren Wanderbewegungen nicht zu unterbinden. Zur Sicherung des Abflußprofils kommen offene Einzelsperren oder Sperrentreppen in Frage. Wegen zu großer Gefälle können hier meist keine Fischtreppen vorgesehen werden. Daher muß im Einzelfall geprüft werden, ob durch den Bau mehrerer kleiner solcher Bauwerke künstliche Aufstiegshilften für Fische geschaffen werden können.

Sohle und Ufer von Wildbächen sollen in ihrem natürlichen Zustand belassen werden. Der Hangfuß ist jedoch zusätzlich zu sichern, um ein weiteres Abrutschen oder übermäßige Geschiebezufuhr zu unterbinden. Diese Sicherung sollte mit naturnahen Materialien, wie Steinblöcke, Drahtwalzen oder Holzbauweisen (ingenieurbiologische Maßnahmen) erfolgen. Zur langfristigen Hangsicherung sind als lebende Elemente insbesondere Grauerle und – vor allem in der Transportregion oder auf dem Schuttkegel – Grauweiden einzubringen. Ihre Sicherung gegen Abschwemmung in den ersten Jahren muß durch ingenieurbiologische Bauweisen garantiert sein, wie überhaupt diese Hangsicherungen auch dort Anwendung finden müssen, wo weit oberhalb der Bäche Rutschungen und damit Geröllzufuhren zu erwarten sind.

Die ehemals bachbegleitenden Schwarzerlen nach den „naturnahen" Ausbaumaßnahmen…

Restlos zerstörte Bachaue.

Entwässerungsmaßnahmen bedrohen wertvolle Lebensräume: Noch blüht in einer Feuchtwiese am Remseder Bach das Breitblättrige Knabenkraut – wie lange noch?

Rückständige Gesetzgebung

„Dieser Bachausbau beleidigt nicht nur das Auge. Er hat auch Lebensräume von Pflanzen und Tieren zerstört. Dank der Naturschutzgesetzgebung soll so etwas bald Vergangenheit sein". Diesen bemerkenswerten Satz finden wir in einer Broschüre des Bundeslandwirtschafts- und Naturschutzministers unter einem Foto, auf dem ein begradigter Bachlauf in einer ausgeräumten Agrarlandschft abgebildet ist.

Schon fast 10 Jahre ist das Bundesnaturschutzgesetz in seiner Neufassung jetzt in Kraft. Die oben genannte Broschüre ist schon in vielen Auflagen erschienen und immer noch auf dem Markt. Ob im Jahre 2000 in der 100. Auflage wohl immer noch der gleiche Satz mit dem gleichen Bild zu finden sein wird? Auch die Naturschutzgesetzgebung hat bislang die wasserbaulichen Bachzerstörungen nicht stoppen können, obwohl es doch z. B. im § 1 des Gesetzes heißt: „Die Leistungsfähigkeit des Naturhaushalts ist zu erhalten und zu verbessern; Beeinträchtigungen sind zu unterlassen oder auszugleichen". Eine klare Aussage, sollte man meinen: Bachausbau als „Beeinträchtigung" des Naturhaushalts ist „zu unterlassen" oder zumindest „auszugleichen"! Aber leider gibt es im Gesetz andere Formulierungen, die dazu im Widerspruch stehen. So z. B. der Abs. 3 des § 1, nach dem die „ordnungsgemäße Land- und Forstwirtschaft" „in der Regel den Zielen dieses Gesetzes" dient. Danach kann man dann leicht folgende Gleichung aufmachen: Ordnungsgemäße Landwirtschaft = ordnungsgemäßer Wasserabfluß = ordnungsgemäß ausgebauter Bach, und das Ganze ist dann, nach § 8, ausdrücklich

Bauern auf Seiten des Naturschutzes: Bei Gütersloh scheiterte eine Flurzerstörung am Widerstand der Landwirte!

Eine Landschaft im Griff der Agrartechnik – im Sinne der Naturschutzgesetzgebung?

nicht als Eingriff in Natur und Landschaft zu bewerten! Dabei definiert das Gesetz selbst „Eingriffe“ als „Veränderungen der Gestalt oder Nutzung von Grundflächen, die die Leistungsfähigkeit des Naturhaushalts oder das Landschaftsbild erheblich oder nachhaltig beeinträchtigen können“ (§ 8, Abs. 1). Aber es gibt offenbar eben Eingriffe, wie z. B. die Bachbegradigung oder die Entwässerung einer Feuchtwiese, die keine Eingriffe sind – jedenfalls „im Sinne des Gesetzes“. Daraus folgt die Frage, welchen Sinn das Gesetz überhaupt hat.

Bei den Wassergesetzen, die alle wichtigen wasserrechtlichen Fragen und damit auch Eingriffe in Fließgewässer gesetzlich regeln, ist der Sinn eindeutig: Das Wasserhaushaltsgesetz (WHG) des Bundes und die darauf abgestimmten Landeswassergesetze fordern mit ihren Bestimmungen zum Gewässerausbau den Erhalt bzw. die Herstellung eines „ordnungsgemäßen Zustandes“ für den Wasserabfluß – zum „Wohle der Allgemeinheit“ wie zum „Nutzen Einzelner“. Äußerst schwammig und unverbindlich formuliert sind die dürftigen Hinweise zur Berücksichtigung der ökologischen Verhältnisse: „Beim Ausbau sind in Linienführung und Bauweise nach Möglichkeit Bild und Erholungseignung der Gewässerlandschaft sowie die Erhaltung und Verbesserung des Selbstreinigungsvermögens des Gewässers zu beachten“ (§ 31, Abs. 1 a WHG). Typisch die Verbindung zu möglicherweise tangierten ökonomischen Interessen (Fremdenverkehr, Gewässer als Abwasserentsorger). Im Niedersächsischen Wassergesetz finden sich hier auch die Interessen der Fischerei, die der Wasserbau „zu berücksichtigen“ habe (§ 98 a, NWG). Konkrete Hinweise bzw. Vorschriften, die zur Sicherung der „Leistungsfähigkeit des Naturhaushalts“ (Bundesnaturschutzgesetz) auffordern, finden wir hingegen nicht.

Jede Wasserbaubehörde kann sich also bei ihrer Zerstörungsarbeit auf die Wassergesetze stützen. Allenfalls eine zeitraubende Hürde steht dem im Wege: Für Ausbaumaßnahmen ist ein Planfeststellungsverfahren durchzuführen (§ 31 WHG), gegen dessen Abschluß betroffene Bürger auf dem Rechtsweg (Klage) vorgehen können. Aber auch diese Möglichkeit des Naturschutzes, gegen Bachzerstörungen vorzugehen, wird durch Ausnahmeregelungen ausgehöhlt: Zum einen kann auf das Planfeststellungsverfahren verzichtet werden, „wenn mit Einwendungen nicht zu rechnen ist“ (WGH), und als Einwender anerkannt werden in der Regel nur die unmittelbar betroffenen Anlieger, also die, die meist den Ausbau betreiben. Zum anderen können Unterhaltungsmaßnahmen grundsätzlich ohne ein solches Verfahren durchgeführt werden. Nur zu gerne machen nun Unterhaltungsverbände von dem Umstand Gebrauch, daß Ausbau und Unterhaltung per Gesetz nicht präzise voneinander abgegrenzt wurden: Eine dem Ausbau gleichkommende Maßnahme deklarieren sie als „Unterhaltung“ und führen diese dann legal ohne Anhörung der Betroffenen durch.

„Ordnungsgemäße" Biotopzerstörung – ein Fallbeispiel.

Kaunitz, Kreis Paderborn, im Juni 1983: Wieder einmal ist Günter Potthoff von der „Gemeinschaft für Naturschutz Senne und Ostwestfalen (GNS)" unterwegs, um die am Furlbach nistenden Eisvögel zu beobachten. Als er jedoch zu der bisher von einem Brutpaar bewohnten Uferböschung kommt, steht er vor einem Werk der Zerstörung: Die Böschung wurde abgeschrägt und befestigt, die Brutröhre dabei zerstört. Potthoff findet in der Nähe einen toten, fast flüggen Jungvogel sowie völlig verstörte Altvögel. Auch eine im Uferbereich vorhandene Hecke, in der nach Potthoffs Beobachtungen allein 8 Nachtigallenpärchen gebrütet hatten, ist dem Zerstörungswerk zum Opfer gefallen.

Wer glaubt, hier habe es sich um einen strafwürdigen Verstoß gegen das Naturschutzrecht gehandelt, täuscht sich: Eine ganz normale und völlig legale „Unterhaltungsmaßnahme", veranlaßt von der zuständigen Wasserbehörde des Kreises Paderborn, zerstörte in diesem Fall den Lebensraum bedrohter und geschützter Vogelarten. Dementsprechend verteidigte der verantwortliche Oberkreisdirektor die Baumaßnahme auch in der Presse: Der Eingriff sei notwendig gewesen, „um weitere Uferabrüche zu verhindern und damit dauernde Überflutungen der angrenzenden landwirtschaftlich genutzten Flächen und Vernässungsschäden zu vermeiden". Und: „Den mit den Baumaßnahmen befaßten Mitarbeitern der Kreisverwaltung waren die besonderen Belange des Vogelschutzes in diesem Gebiet nicht bekannt..."!

Soweit das Beispiel Furlbach. Es ist leider keine Ausnahme: Wir haben es aus einer Vielzahl uns vorliegender ähnlicher Berichte herausgegriffen. Im alltäglichen Kleinkrieg zwischen dem Naturschutz auf der einen, Landwirtschaft und Wasserbau auf der anderen Seite, spielen gerade die „Unterhaltungsmaßnahmen" an Gewässern eine besonders große Rolle. Doch was heißt überhaupt „Unterhaltung", was geschieht dabei mit einem Bachlauf und warum lassen sich solche Maßnahmen so schwer von Ausbauarbeiten abgrenzen?

Bachlauf vor und nach einer Unterhaltungsmaßnahme: Der natürliche Uferschutz wurde durch Steinschüttungen ergänzt.

Gewässerunterhaltung: Ordnung muß sein

„Die Unterhaltung eines Gewässers umfaßt die Erhaltung eines ordnungsgemäßen Zustandes für den Wasserabfluß ...", so formuliert der Gesetzgeber im Wasserhaushaltsgesetz die Aufgabe von Unterhaltungsmaßnahmen. Die Zielsetzung ist also, wie bei den Ausbaumaßnahmen, auf die Sicherstellung des Wasserabflusses ausgerichtet – zu diesem Zweck soll der Bach „ordnungsgemäß" abfließen. „Ordnungsgemäß" meint hier nicht einen ökologisch ausgeglichenen, intakten Zustand, wie er sich bei einem naturnahen Bachlauf einstellt – gemeint ist die Konservierung eines gestörten Zustandes, z. B. durch Beseitigung von eingetretenen „Schäden" (wie Uferabbrüchen) oder von Abflußstörungen (wie z. B. umgestürzten Bäumen). Einmal ausgebaute Gewässer sind auf diese Weise „im dem Zustand zu erhalten, in den sie durch den Ausbau versetzt worden sind". Gelingt es also z. B. einem begradigten Bach, durch die Ausbildung von Mäandern einen ausgeglichenen Zustand zwischen den Kräften der Erosion und Sedimentation herzustellen, so schreibt der Gesetzgeber die Wiederherstellung des naturwidrigen Ausbauzustandes vor. „Schadensbeseitigung" nennen das die Wasserbauer, obwohl doch der Bach, sich völlig natürlich verhaltend, einem schadhaften Eingriff in seiner Abflußtätigkeit entgegen wirkt. Insbesondere jedes Hochwasser ist ein Beitrag zur Wiederherstellung der Gewässervielfalt, jedesmal aber auch Anlaß für die zuständigen Stellen, diese Vielfalt durch Ausbessern von Kolken oder Reparieren von Uferabbrüchen, z. B. mit Hilfe von Steinschüttungen, wieder zu beseitigen.

Verantwortlich dafür sind in Bachläufen Kommunen oder die sogenannten „Unterhaltungsverbände" (auch „Wasser- und Bodenverbände" genannt), denen die Gemeinden und Grundstückseigentümer des Verbandsgebietes als Mitglieder angehören. Im ländlichen Raum sind es also vorwiegend Landwirte, die die Mehrzahl der Mitglieder stellen. Es ist demnach kaum verwunderlich, wenn Unterhaltungsverbände die gesetzlichen Vorgaben meist voll im Sinne der landwirtschaftlichen Nutzung ausschöpfen.

Zur Schadensbeseitigung oder Schadensverhütung kommt noch die wohl wichtigste und folgenschwerste Unterhaltungsmaßnahme hinzu: die mindestens einmal im Jahr durchzuführende „Räumung" von Gewässerbett und Uferbereich zur Sicherstellung des reibungslosen Abflusses. Alljährlich trifft sich dazu meist im Herbst eine Kommission, bestehend aus Vertretern der Verbände und der Anlieger, und führt eine „Gewässerschau" durch. Dabei handelt es sich um eine Art „Bachexkursion", bei der es allerdings weniger darum geht, die natürlichen Strukturen und Lebensräume zu studieren. Im Gegenteil werden alle bei der folgenden Räumung durchzuführenden Maßnahmen genau festgehalten. Und diese sollen gerade einer naturnahen Entwicklung des Baches entgegenwirken, so wie man es z. B. in den Unterhaltungsordnungen nachlesen kann:

„Bei der Räumung müssen alle den normalen Querschnitt beengenden Hindernisse (Verkrautung, Verschlammungen, Verlandungen, widerrechtliche Dammbauten) und soweit es im Interesse des Wasserabflusses notwendig ist, auch Bäume, Sträucher und Wurzelwerk beseitigt werden. Die Ufer sind durch Abmähen von Gras und sonstigem Aufwuchs zu reinigen..." Oder noch krasser: „Das Gewässerbett ist von Gras, Uferbewuchs und sonstigem Unrat zu reinigen" (Zitate aus Niedersächsischen Unterhaltungsordnungen).

In der Praxis bedeutet das u. a.: Im Gewässerbett wird eine möglicherweise durch Hindernisse (Steine, Baumstämme) und natürliche Ablagerungen (Geschiebe, Schwebestoffe) wiederhergestellte Strukturvielfalt regelmäßig wieder zerstört. Auch die Entkrautungsaktion, d. h. die Beseitigung der Unterwasservegetation, tragen dazu bei. Im Uferbereich haben aufkommende Gehölze aufgrund wiederholter „Reinigungs-" bzw. Mähaktionen keine Überlebenschancen und selbst ältere Bäume oder Sträucher können als potentielle „Abflußhindernisse" entfernt werden! Die Gewässerschauen sind also wichtige Gremien, aber bisher durften sich bei ihnen nur in Hessen auch die Naturschutzverbände beteiligen.

Einmal begradigte Bäche renaturieren sich selbst – wenn man sie läßt! Meist werden im Rahmen der Gewässerunterhaltung solche „Schäden" jedoch wieder „repariert".

„Reinigung“ mit Giften

Immer noch machen Unterhaltungsverbände bei der Räumung der Gewässer von der chemischen Sense bzw. dem Herbizid-Einsatz Gebrauch. Dafür ist die Bezeichnung Skandal sicher nicht zu hoch gegriffen, zumal wenn man weiß, daß in manchen Bundesländern selbst an Straßenrändern inzwischen solche Gifteinsätze untersagt wurden.

Grundsätzlich läßt das Pflanzenschutzgesetz einen Herbizideinsatz am und im Gewässer jetzt nicht mehr zu. Nach Aussage seines Geschäftsführers hat z. B. der Unterhaltungsverband „Obere Hase“ (Osnabrück) in seinen „besten Jahren“ bis zu 20 000 DM für solche Spritzmittel aufgewendet!

Man könne auf den Herbizideinsatz grundsätzlich nicht verzichten, insbesondere für den Einsatz gegen Hochstaudenfluren (Brennesseln). Zeitweise war in den vergangenen Jahren sogar ein Trend zur chemischen Gewässerunterhaltung zu beobachten, womit insbesondere die Reduzierung der Unterhaltungskosten angestrebt wurde:

- Statt arbeitsaufwendige Entkrautungen z. B. mit Sensen durchzuführen, kann hier großflächig mit Sprühgeräten gearbeitet werden.
- Auch schlecht entwässerte Feuchtgebiete, die für Maschineneinsätze unzugänglich sind, können erreicht werden.
- Aufgrund der Langzeitwirkung der Pflanzengifte kann „eine fast ganzjährige kontinuierliche hydraulische Leistungsfähigkeit der Gewässernetze gewährleistet werden“ (Baitsch 1975).

Der ökologische Schaden solcher Gifteinsätze dürfte unbestritten sein. Aber auch der angebliche ökonomische Nutzen muß hier in Frage gestellt werden: Herbizide zersetzen die Pflanzen in und am Wasser, während bei einer Mähaktion die Pflanzenmasse abtransportiert werden kann. Die eutrophierende Wirkung der abgestorbenen Pflanzen belastet das Gewässer und begünstigt neuerliches Pflanzenwachstum; d. h. letztlich sind häufigere Eingriffe nötig.

Verkrauteter Bach nach Einsatz von Herbiziden: Die abgestorbenen Pflanzen belasten das Wasser. Ufergehölze würden hier für Schatten sorgen und damit Verkrautungen verhindern.

Auswirkungen der Verbauung auf die Lebensgemeinschaften

Fließgewässer und ihre Auen machen in Mitteleuropa nur einen geringen Flächenanteil aus. Dennoch sind sie – in naturnahem Zustand – von allergrößter Bedeutung: Bedingt durch regelmäßige Überflutungen mit Nährstoff- und Sedimentablagerungen sowie hohe Grundwasserstände finden sich in der Aue produktions- und artenreiche Pflanzengesellschaften, die Heimat für zahlreiche Tierarten bieten. So werden die Feuchtgebiete dieser vielfältig strukturierten, mosaikartigen Flächen von 13% der Säugetiere, 46% der Vögel, 23% der Reptilien und nahezu allen Lurcharten der Bundesrepublik besiedelt (Lötsch 1981). 73% der europäischen Süßwasserfische sind an Fließgewässer mit ihren Altarmen und Überschwemmungsflächen gebunden (Lelek, 1980). Die Lebensgemeinschaft des Fließwasserkörpers besteht aus hochspezialisierten, einzigartigen Organismen, die nirgendwo sonst existieren können.

Nun haben Menschen von Anbeginn ihrer Seßhaftigkeit in die Landschaft eingegriffen und damit Lebensräume und Lebensgemeinschaften verändert. Aber die so entstandene traditionelle Kulturlandschaft zeichnete sich nicht etwa durch Verödung an Strukturen sowie Verarmung an Tier- und Pflanzenarten aus, im Gegenteil! Neue Lebensstätten entstanden durch die auf vielfältige Weise wirtschaftenden Menschen, und damit konnten neue Organismenarten in Mitteleuropa heimisch werden, die hier vorher nicht seßhaft waren oder aber in kleinen Beständen ein Schattendasein fristeten. Dies geschah freilich nicht absichtlich. So führten auch Eingriffe in Fließgewässer und deren Auen bis gegen Ende des 18. Jahrhunderts kaum zur Beeinträchtigung ihrer reichhaltigen Organismenwelt. An die Stelle gerodeter Auenwälder traten vielfach Ersatzgesellschaften der Naß- und Feuchtwiesen, die eine Bereicherung der Tier- und Pflanzenwelt darstellten. An kleinen Fließgewässern wurden solche Grünländereien oft so weit ausgedehnt, daß nur schmale, bachbegleitende Gehölzstreifen und Auwaldfragmente übrigblieben. Aber in das Abflußregime der Bäche wurde nicht grundlegend eingegriffen, und die Nutzung der Wiesen als Streuwiesen beschränkte sich auf eine einmalige, spät im Jahr liegende Mahd zur Gewinnung von Einstreu, so daß sie als artenreiche Flächen ein Gewinn für die Landschaft waren. Lohmeyer & Krause (1975) schreiben dazu: „Solange sich Urbarmachung und landwirtschaftliche Nutzung in Grenzen hielten und der Bauer Mahd und Beweidung extensiv handhabte, war das Problem der Verödung noch nicht akut. Sehr wahrscheinlich haben Flora und Vegetation (und damit auch die Tierwelt, Anm. d. Verf.) der Bachauen durch Vieheintrieb und -verbiß und damit verbundener Waldlichtung sowie durch örtliche Rodungen an Vielfalt und Eigenart gar nicht verloren, sondern eher gewonnen."
Erst die wasserbaulichen Eingriffe des 19. und vor allem der entwickelte, technisierte Wasserbau des 20. Jahrhunderts (besonders nach 1950) hatten katastrophale Folgen. An die Stelle struktureller Vielfalt trat nun die Uniformität überall gleichgestalteter, gesichtsloser Wasserläufe, die – ihrer Auen beraubt und bis zur Unkenntlichkeit deformiert – den Namen Bach oder Fluß kaum noch verdienen. So nimmt es nicht Wunder, daß zahlreiche

der in den „Roten Listen" stehenden Arten durch wasserbauliche Maßnahmen an den Rand ihrer Existenzfähigkeit gedrängt wurden. Ausgebaute Bachläufe sind, bezogen auf ihr Organismeninventar, im wesentlichen durch folgende Merkmale charakterisiert:

1. Verringerung der Artenzahl
2. Verringerung der Individuenzahl spezialisierter Arten
3. Veränderung des Artenspektrums in Richtung auf unspezialiserte „Allerweltsarten"
4. Massenentwicklung von Allerweltsarten.

Hatten Eingriffe früherer Zeiten überwiegend bereichernden Charakter, so lassen sich die Eingriffe der letzten Jahrzehnte nur noch als ersatzlose Streichung von Lebensräumen beschreiben.

„Solange sich Urbarmachung und landwirtschaftliche Nutzung in Grenzen hielten... war das Problem der Verödung noch nicht akut"...

...doch in den letzten Jahrzehnten mußte die naturnahe Kulturlandschaft vielerorts einer eintönigen Agrarwüste weichen!

Nach Rodung der Auewälder bilden sich Naß- und Feuchtwiesen – ein Gewinn für die Landschaftsvielfalt.

Vernichtung standortgemäßer Vegetation

Der Ausbau von kleineren Fließgewässern führt in den allermeisten Fällen zu einem Totalverlust der noch vorhandenen natürlichen oder naturnahen Vegetation. Einerseits sind die direkten Eingriffe zu betrachten: Durch und für die Bauarbeiten werden verbliebene Gehölzstreifen oder Auenwaldreste geschlagen und gerodet und dabei auch die Strauch-, Kraut- und Bodenvegetation vernichtet. Andererseits wirken sich indirekte Maßnahmen katastrophal auf die Ufer- und Auenvegetation aus: Düngende und das Grundwasser aufstauende Überschwemmungen entfallen oft nach dem Ausbau bzw. verlagern sich in unterhalb liegende Bereiche. Dazu kommt die gezielte Entwässerung bachangrenzender Flächen durch Grundwasserabsenkung infolge von Tieferlegung der Gewässersohle, beschleunigten Abfluß infolge der erhöhten Fließgeschwindigkeit des begradigten Laufes und in die umliegenden Bereiche eingebrachte Drainagerohre. In derart trockengelegten Gebieten kann das Wurzelwerk der Bäume dem Grundwasserspiegel nicht folgen, es kommt zu Trockenheitsschäden der Gehölze vor allem in den Hochsommermonaten, die uns in Gestalt der Wipfeldürre vor Augen treten.

Vielen Pflanzenarten der Kraut- und manchen der Strauchschicht fehlen jegliche Anpassungsmöglichkeiten an trockene Böden und trockene Luft. Sie besitzen sehr zart strukturierte Gewebe und Organe, nur schwach ausgebildete Wasserleitelemente und Einrichtungen mit sehr hoher Wasserverdunstungsrate. Bei ständiger oder überwiegender Trockenheit zeigen sie Kümmerwuchs und werden durch andere, unter diesen Bedingungen konkurrenzstärkere Arten verdrängt. So verschwinden die Weichholzauen oder deren anthropogene Ersatzgesellschaften, da sie auf periodische Überschwemmungen angewiesen sind. Allenfalls halten sich noch Reste der trokkenheitsresistenteren Hartholzauen in der ursprünglichen Form. Altläufe mit ihren Wasserpflanzengesellschaften und Röhrichten werden oft direkt vernichtet oder unterliegen, da ihen kein Hochwasser mehr zugeführt wird, einer schnellen Verlandung. Eingriffe in oder komplette Zerstörung von Auenwäldern und Altarmen sind aber durch noch so gut gemeinte "ökologische Ausgleichsmaßnahmen" nicht kompensierbar, da hier Ökosysteme betroffen sind, die einen langen Prozeß organischen Wachstums hinter sich haben und heute ohnehin auf spärliche Restflächen zusammengedrängt wurden.

Nach Sukopp (1972) sind heute natürliche bzw. naturnahe Pflanzengesellschaften der Fließgewässer und ihrer Auen in ihrem Bestand stark gefährdet. Dazu zählen:

- Untergetauchte Pflanzengesellschaften
- Quellfluren und Quellsümpfe
- Röhrichte und Großseegenrieder
- Streuwiesen (Naß- und Feuchtwiesen)
- Weidengebüsche und Weidenwälder
- Erlenbruchwälder.

Fast alle noch vorkommenden Hartholzauen haben sich in ihrer Struktur und Artenzusammensetzung stark verändert. Meisel & Hübschmann (1976) untersuchten im Emstal die Veränderungen der Pflanzengesellschaften zwischen 1956/57 und 1974. In diesem Zeitraum wurden Naß- und Feuchtwiesen sowie artenreiche Verlandungsgesellschaften vielfach entwässert und in Ackerland umgewandelt: von ehemals 12 vorkommenden Grünlandgesellschaften sind heute noch ganze 3 zu finden. Ihre Artenzahl sank von 100 auf 40 ab. 57 Pflanzen nasser und feuchter Standorte haben heute dort keine Lebensbasis mehr. Nach Schätzungen der gleichen Autoren, ist der Flächenanteil der Sumpfdotterblumenwiesen in Nordwestdeutschland von 1950 bis 1975 von 26 auf 14% und der der Streuwiesen von 11 auf 2% gesunken. Nach vorliegenden Ergebnissen von Biotopkartierungen muß angenommen werden, daß der Flächenschwund nach 1975 bis heute weitere 30% ausmacht (vgl. Zucchi, Höppner & Lammert 1984).

Untersuchungen in anderen Gegenden ergaben gleiche oder ähnliche Ergebnisse, so am Weißwasenbach im Gebiet der Jagst bei Crailsheim (Baden-Württemberg). Hier verglichen KONOLD et al. (1980) nicht ausgebaute und ausgebaute Abschnitte. An den naturnah belassenen Teilen ließ sich eine große Vielfalt typischer bachbegleitender Pflanzenarten feststellen. Zeigerpflanzen für feuchte und wechselfeuchte Bereiche nahmen erst mit großer Entfernung vom Gewässer allmählich ab. Die ausgebauten Strecken dagegen sind durch ein geringes Artenspektrum, starke Verkrautung sowie scharfe Vegetationsgrenzen zwischen Gewässerbett einerseits und Böschungen sowie Böschungsoberkanten andererseits charakterisiert.

Buchwald (1954) beschreibt die Folgen einer Grundwasserabsenkung von 2–3 Metern im Illertal. Eschen und Grauerlen starben dort den Dürretod oder zeigten zumindest starke Wipfeldürre. Naß- und Feuchtwiesen wurden durch trockene Grünländereien ersetzt, und an die Stelle des grundwasserabhängigen Auwaldes traten grundwasserunabhängige Ersatzgesellschaften.

Im Landkreis Osnabrück durchgeführte Untersuchungen brachten ebenfalls erschreckende Ergebnisse ans Tageslicht (Weber 1979). Insgesamt wurden dort 993 Farn- und Blütenpflanzen nachgewiesen, von denen heute 145 als verschollen bzw. ausgerottet und 263 als gefährdet zu gelten haben (zusammen 40,1%). In 52% der Fälle ist die Landwirtschaft Alleinverursacher, in 85,1% aller Fälle ist sie zumindest beteiligt. Entwässerungen und Flächenumwandlungen, also Maßnahmen, die oft direkt oder indirekt mit wasserbaulichen Eingriffen zusammenhängen, nehmen dabei als Bestandsgefährdungsfaktoren eine traurige Spitzenstellung ein.

Die Liste der Beispiele ließe sich weiter fortsetzen. Tatsache ist, daß heute Feuchtbiotope aller Art und extensiv genutzte Grünländereien (Feuchtwiesen) die Spitze unter den gefährdeten Lebensräumen einnehmen. Dieser schmerzliche Verlust findet seinen Niederschlag in den Roten Listen der Tiere und Pflanzen. Von den 350 Pflanzensippen, die der Formation der Feuchtwiesen zugerechnet werden, sind 102 Arten vom Aussterben bedroht oder bereits verschollen (Trautmann & Korneck 1978). Mehr als 25% der in Niedersachsen bestandsbedrohten Farn- und Blütenpflanzen sind Kennarten von Feuchtgebieten aller Art (Haeupler et al. 1983). 134 davon (von insgesamt 168) sind Charakterarten typischer Gesellschaften der Fließgewässer und ihrer Auen (nach Meisel & Hübschmann 1975). Demgegenüber sind die wenigen naturnah erhaltenen Fließgewässer mit ihren umliegenden Flächen Refugien zahlreicher bestandsbedrohter Pflanzenarten. An ihnen darf nicht mehr gerührt werden!

Durch Wasserbaumaßnahmen werden die letzten feuchten Wälder der Aue gefährdet (Hartholzaue im Frühjahr).

Ein typischer Bachausbau: Für die Gewässer- und Auenvegetation eine Katastrophe!

Feuchtwiesen: Noch vor zwanzig Jahren weit verbreitet – heute auf der Roten Liste.

Kuckucks-Lichtnelke und Hahnenfuß – typische Pflanzen der Feuchtwiesen.

Gemeiner Schneeball …

… und Bittersüßer Nachtschatten – Kandidaten für die Rote Liste?

Nach dem Ausbau: eine „biologische Trümmerstätte“- Und zusätzliche Barrieren (hier eine Sohlschwelle) erschweren eine Wiederbesiedlung ...

... insbesondere solche Absturzbauwerke sind für viele Bachtiere nicht zu überwinden.

Die Larven der Fließgewässer-Libellen, zum Beispiel der Gebänderten Prachtlibelle, ...

... verlieren bei Entfernung der Ufergehölze Halt- und Versteckmöglichkeiten.

Der Gewässergrund naturnaher Bäche ist abwechslungsreich gestaltet – die verschiedenen Entwicklungsstadien der Fische hängen von dieser Strukturvielfalt ab.

Die gefährdete Groppe ist von der Strukturvielfalt der Gewässersohle abhängig.

Erhalt und Pflege von Kopfweiden – Hilfe für höhlenbrütende Vogelarten, z. B. Steinkauz.

Die heute immer seltener gewordenen Weißstörche sind bezüglich ihres Nahrungsbedarfs an feuchte Wiesen gebunden. Diese fanden sie früher in den ausgedehnten Auenniederungen. Die Zerstörung der Bäche und ihre Auen hat daher auch maßgeblichen Anteil am Rückgang des Weißstorchs.

Alte Mühle am Bach – Nistplatz für die Wasseramsel.

Wasserfälle mit ihrem reichhaltigen Sauerstoffeintrag und ihrem Spritzwasserbereich stellen wichtige Lebensräume für verschiedene Tierarten dar.

Verkrautung der Bäche

Nicht nur Flora und Vegetation der Uferzone und Auen sind vom Ausbau betroffen, sondern in besonderem Maße auch die Pflanzenwelt des Gewässerbettes selbst.

Zwei Faktoren sind es, die ihre Entwicklung auf unnatürliche Weise begünstigen: vermehrter Lichtgenuß und erhöhte Nährstoffzufuhr. Sind natürliche oder naturnahe Bachläufe unserer Regionen dadurch charakterisiert, daß ihre Ufer baumbestanden sind und sich dementsprechend über dem Bach die Baumkronen der beiden Ufer berühren, so sind ausgebaute Fließgewässer ihrer Ufergehölze beraubt. Allenfalls auf einem Ufer läßt man die Bäume teilweise stehen oder pflanzt nach den Eingriffen neue an. Die Folge ist ein verstärkter Lichteinfall. Zusammen mit dem Eintrag von Nitraten und Phosphaten über Oberflächenabfluß und Drainagen führt dies zu einem üppigen Wachstum der Wasserpflanzen, was sich in Gestalt einer oft völligen Verkrautung des gesamten Bachbettes niederschlägt.

In dem dann nur noch langsam fließenden Bach finden die für unsere Gebiete typischen Fließgewässergemeinschaften keine ausreichenden Lebensbedingungen mehr, so daß sich eher Gesellschaften einstellen, die für kleinere stehende Gewässer charakteristisch sind. Aber auch sie sind nicht von Dauer. Da die üppige Vegetation im Bachbett sich negativ auf den Wasserabfluß auswirkt, vor allem bei höheren Wasserständen, sind Mäh-, Räum- und mancherorts auch noch Herbizideinsätze die unausweichliche Folge; sie bereiten den neuen Lebensgemeinschaften ein jähes Ende.

Der ganze Kreislauf beginnt von vorn: den Charakterarten der Bäche fehlen die Lebensbedingungen, Gesellschaften stehender Gewässer stellen sich ein, behindern den Abfluß und werden vernichtet. Nur durch eine beidseitige Bepflanzung mit Bäumen, vor allem Erlen, ist dieser jährlich sehr hohe Kosten verursachende Teufelskreis zu durchbrechen, da durch die Beschattung (vor allem nach erfolgtem Kronenschuß) das starke Verkrauten des Gewässerbetts verhindert wird. Auch Mäheinsätze von der Gewässerböschung können dann unterbleiben, und die Ufersicherung durch die Wurzelstöcke der Erlen helfen ebenfalls "Reparaturkosten" zu sparen (LOHMEYER & KRAUSE 1975).

Nun wird man gerade von Wasserbauern, aber auch von manchen Naturschützern, das Argument hören, durch die Bepflanzung der Ufer und die nachfolgende Beschattung nehme die Vielfalt an Organismen an unseren Bachläufen ab. Gegen diesen Einwand sprechen drei Argumente: 1. Natürliche Bachläufe sind stets von Gehölzen gesäumt, und gerade ihre Lebensgemeinschaften sind es, die bedroht und damit schützenswert sind. 2. Die neu entstandene „Verkrautungs-Vielfalt" wird sowieso in regelmäßigen Abständen durch Unterhaltungsmaßnahmen vernichtet, so daß dieses Ökosystem nach Ausbau nie „zur Ruhe kommt". 3. Warum bringen gerade jene, die die natürliche Vielfalt unserer Fließgewässer vernichten, nämlich viele Wasserbauer, das Argument der Vielfalt? Ließen sie der natürlichen Dynamik unserer Bäche mehr Raum, so würden sich selbstverständlich hie und da in lichtdurchfluteten Stillwasserbereichen untergetauchte Pflanzengesellschaften einstellen, dann nämlich, wenn es einmal passiert, daß Uferbereiche angerissen und so der Gehölzbestand dort gelichtet wird. Dieses

Bachbegleitende Schwarzerlen sichern erosionsgefährdete Ufer, bieten im Wurzelbereich zahllosen Fließgewässertieren einen Lebensraum und stabilisieren durch die Beschattung der Wasseroberfläche das gesamte Ökosystem!

Phänomen ist durchaus keine Katastrophe, sondern ein natürliches Ereignis an einem natürlichen oder naturnahen Bach. Wie lange wird es noch dauern, bis sich solche Überlegungen im Wasserbau durchsetzen?

Zerstörung der Tierwelt

So, wie die Vegetationsvielfalt und vor allem die fließgewässertypische Pflanzenwelt durch Wasserbaumaßnahmen beeinträchtigt oder gar vernichtet wird, ist auch die Tierwelt der Bäche und Auen von derartigen Eingriffen tiefgreifend betroffen. Unmittelbar nach Ausbaumaßnahmen stellen diese Lebensräume eine biologische Trümmerstätte für die Fauna dar, wie verschiedene Untersuchungen belegen. Grundsätzlich ist zwar eine Wiederbesiedlung durch Drift, aktive Aufwärtswanderungen und zusätzlich durch flugfähige Insekten möglich, dem stehen aber oft Staustufen und Sohlabstürze als Barrieren entgegen.

Aber selbst wenn grundsätzlich eine Wiederbesiedlung möglich ist, wird sie in der überwiegenden Zahl der Fälle ausbleiben, da durch die Veränderung und Vernichtung zahlreicher Strukturen den Tieren die Lebensbasis entzogen ist. Vor allem solche Arten, die an bestimmte Substratformen, Strömungsverhältnisse, Uferstrukturen usw. hochspezialisiert angepaßt sind, finden im nivellierten Bachlauf keine Heimstatt mehr; eine große Arten- und Individuenverarmung, ein tiefgreifend verändertes Artenspektrum kennzeichnet solche Fließgewässer. Diese Erkenntnis ist nicht neu.

Vergleichende Untersuchungen an Abschnitten der naturnah verbliebenen Alten Ammer (Oberbayern) und an der 1947/48 ausgebauten Neuen Ammer ergaben folgendes Bild: an der Alten Ammer ließen sich 148 Wasserinsektenarten nachweisen, an der Neuen dagegen nur 55. Lediglich 2 Arten kamen in beiden Gewässern gemeinsam vor (Engelhardt 1978). Forschungen an Bächen des Sauerlandes, deren Ergebnisse Dittmar (1955) veröffentlichte, ergaben für naturnahe Bäche 486 Tierarten und Individuendichten von 3180 Tieren pro m^2, wohingegen an ausgebauten Fließgewässern nur noch 241 Arten und 450 Tiere pro m^2 feststellbar waren. Das entspricht einer Artenabnahme auf 50% und einer Individuenabnahme auf ganze 15%.

Gleiche Tendenzen ließen sich auch in zahlreichen anderen Untersuchungen nachweisen, so an Bächen Rheinhessens (Gerhardt 1981) und Schleswig-Holsteins (König 1969).

Die Erhöhung der Fließgeschwindigkeit durch Begradigungsmaßnahmen setzt den strömungsempfindlichen Arten (z. B. einigen Köcherfliegen) stark zu. Durch verstärkte Geröllbewegungen können Organismen verschüttet oder mechanisch verletzt werden. Pflasterung des Bachgrundes und der Ufer entzieht vielen Tieren das Substrat, das sie zum Leben benötigen.

Bei einigen Tiergruppen schlagen Wasserbaumaßnahmen ganz besonders stark zu Buche. Als Beispiel mögen die Libellen dienen. Etwa 50% von ihnen stehen auf der „Roten Liste", darunter ⅓ fließgewässerbewohnende Arten. Damit sind ca. ⅔ der Fließgewässer-Libellen ausgerottet oder bestandsbedroht (Clausnitzer 1980). Die Larven der Gebänderten Prachtlibelle (Calopteryx splendens) und die der Blauflügel-Prachtlibelle (Calopteryx virgo) benötigen unterhöhlte Uferbereiche mit stabilem Wurzelwerk (z. B. Erlenwurzelstöcke), wo sie an frei in die Strömung ragenden Teilen leben. Mit der Entfernung der Gehölzstreifens am Ufer der Gewässer gehen ihnen folglich Halt- und Versteckmöglichkeiten verloren (Zahner 1959).

Bei den auf der Roten Liste stehenden einheimischen Schnecken und Muscheln sind Eingriffe in Quell- und Bachbereiche erheblich an ihrem Rückgang beteiligt. Die verschiedenen Muschelarten brauchen sehr unterschiedliches Substrat an der Sohle, der Gewässer. Bevorzugen die kleinen mehr feinen, weichen Grund, so findet man die größeren eher auf gröberem Substrat. Die Flußnapfschnecke wiederum siedelt auf Steinen. Folglich kann bei einer Vereinheitlichung der Verhältnisse im Bachbett die ganze Palette der Arten nicht mehr vorkommen. Für die Flußperlmuschel, die hohe Ansprüche an die Wasserqualität stellt, konnte der Zusammenhang zwischen Ausbau und Rückgang eindeutig belegt werden (Jungbluth 1978, 1980).

Die Beseitigung von mit Moosrasen besetzten Steinen entzieht Hakenkäfern, Kleinkrebsen und Wassermilben die Existenzbasis. Das Fehlen von Lücken und geschützten Stellen unter und zwischen Steinen beeinträchtigt Köcherfliegen-, Eintagsfliegen- und Steinfliegenlarven, Flußkrebse und Bachflohkrebse, Strudelwürmer und Egel. Einige Arten sind fest mit Steinen und Pflanzenteilen verbunden, entweder mit Saugnäpfen, wie die Egel und Larven der Lidmücken und Kriebelmücke, mit Spinnsubstanz, wie die Larven der Zuckmücken und Köcherfliegen (bei ihnen auch die Puppen) oder mit schleimigem Sekret, wie die Strudelwürmer. Fehlen im Wasser liegende Steine oder anderes Hartsubstrat, so fehlen auch diese Arten. Für Köcherfliegen muß genügend Baumaterial vorhanden sein, aus dem sie ihre Wohnköcher fertigen; bei ihnen leben verschiedene Arten auf ganz unterschiedlichem Substrat.

Die Uferbereiche der Übergangszone Wasser-Land müssen grabenden Arten, wie z.B. vielen Eintagsfliegenlarven, geeigneten Grund aus Sand oder Lehm bieten; Uferverbau mit Feststoffen bringt sie zum Verschwinden. Fehlen Stillwasserbereiche, so finden Wasseroberflächenbesiedler, wie Wasserläufer, Bachläufer, Taumelkäfer und Springschwänze keine Lebensmöglichkeit mehr. Solche strömungsarmen bis -freien Zonen sind auch für Tiere nötig, die zum Atmen an die Wasseroberfläche kommen müssen; hier sind Schwimmkäfer und verschiedene Wanzen zu nennen. Für den Bachläufer oder Stoßwasserläufer (Velia caprai) läßt sich eindeutig eine Gefährdung durch verschiedene Wasserbaumaßnahmen nachweisen. Er ist vor allem auch auf Beschattung durch Ufergehölze angewiesen (Bernhardt 1983).

Diese Beispiele mögen genügen. Sie zeigen, daß für die ganze Vielfalt der wasserlebenden Organismen auch eine Vielfalt an Strukturen nötig sind. Je reicher Ufer und Bachbett gegliedert sind, je größer der Wechsel der Strömungsverhältnisse ist, desto reichhaltiger in Art- und Individuenzahl ist auch die Fauna im Gewässer.

Was für Kleintiere unserer Bachläufe gilt, gilt auch für die Fische. 70% der im Süßwasser lebenden Arten stehen heute auf der Roten Liste! Daran sind neben der Gewässerverschmutzung Wasserbaumaßnahmen entscheidend beteiligt. Da die einzelnen Arten vielfältige Ansprüche an das Strukturangebot ihrer Lebensräume stellen und sich diese Ansprüche im Laufe ihrer Jahres- und Lebenszyklen ändern, ist ihr Rückgang nach der Veränderung und Beseitigung von Strukturen durch gewässerbauliche Eingriffe einleuchtend (Bless 1978).

Dies soll am Beispiel der Bachforellen etwas näher aufgezeigt werden. Der Lebenszyklus der Tiere beginnt damit, daß sie als Jungfische im Spaltensystem von Kies leben. Je älter sie werden, desto größer muß das Gefüge an Spalten und Lücken werden, und folglich muß auch der Kies dann gröber sein. Bereits im Jugendstadium nehmen die Bachforellen Nahrungsreviere ein, deren Zentren Unterstände in Form von ins Wasser hängenden Ästen, großen Steinen, ausgespülten Kolken und unterspülten Ufern mit ins Wasser reichenden Pflanzenteilen darstellen. Werden sie durch den Ausbau der Sohle und der Ufer beseitigt, so entsteht ein starker Konkurrenzdruck unter den Fischen, und die Individuendichte verringert sich durch Abwandern oder Absterben erheblich.

Wenn sich gleichzeitig die Strömungsgeschwindigkeit durch den Ausbau erhöht, so ermüden die Fische bei fehlenden Ruheplätzen rasch, treiben ab und gehen ein. Dauereinwirkungen einer Wasserströmung von ca. 3 m/sec. reichen dazu aus. Die ständige starke Lichteinwirkung nach der Beseitigung von Ufergehölzen und Unterständen für die Fische wirkt sich ebenfalls schädlich aus, da die Tiere bestrebt sind, sich dem Licht zu entziehen. Auch dieser Faktor wirkt am Niedergang der Bestände mit.

Die Erhöhung der Strömungsgeschwindigkeit bringt die Abschwemmung von feinem Kies mit sich, wenn nicht beim Ausbau dieses Substrat des Gewässergrundes schon beseitigt wurde. Als Kieslaicher sind Bachforellen auf sein Vorhandensein angewiesen: Das Weibchen schlägt mit dem Schwanz eine Laichgrube in den Kiesgrund, laicht in die Grube ab und verschließt sie anschließend wieder.

Zu hohe und falsch angelegte künstliche Sohlabstürze erschweren die Verbreitung der Fischnährtiere und verhindern den Wechsel der Fische von einem Gewässerabschnitt in den anderen. Gerade Forellen müssen aber ungehindert wandern können, da sie zum Ablaichen bachaufwärts steigen. Damit Sohlabstürze von laichreifen Tieren passiert werden können, darf ihre Höhe nicht mehr als 50 cm betragen (Reichenbach-Klinke 1970). Auffällig ist es, daß auf der Roten Liste vor allem fischereilich nicht nutzbare Kleinfischarten stehen. Zu ihnen gehört die Groppe (Cottus gobio), die im Jugendstadium auf Feinsediment und geringe Fließgeschwindigkeit angewiesen ist, als Altfisch dagegen grobes Sediment mit hoher Fließgeschwindigkeit benötigt (Bless 1981). Nur wenn auf engem Raum alle diese Anforderungen erfüllt sind, ist das Vorkommen eines altersmäßig gesund strukturierten und damit gesicherten Bestandes garantiert. Vergleichende Untersuchungen an naturnahen und ausgebauten Abschnitten der Oberen Hase im Landkreis Osnabrück haben den Zusammenhang zwischen Ausbau und Rückgang deutlich gemacht: Vom naturnahen zum am stärksten ausgebauten Teilstück bachabwärts war eine stetige Abnahme von Bachforellen und Groppen nachweisbar (Zucchi & Groll 1981).

Wenn auch an kleineren Fließgewässern, sofern sie naturnah erhalten sind, durch die Beschattung der Bäume nur wenige Wasserpflanzen aufkommen, so sind doch Abschnitte mit einer derartigen Vegetation vorhanden: dort nämlich, wo infolge der Dynamik der Bäche Gehölze zu Fall gebracht oder wo bei Pflegemaßnahmen Bäume auf den Stock gesetzt werden. Die an diesen Stellen anzutreffende Unterwasservegetation, die vor allem an Altarmen oft sehr ausgeprägt ist, hat als Schutzzone für Jungfische, als Aufenthaltsraum und als Laichplatz für Fischarten, die ihre Eier an Pflanzen

ablegen, eine nicht zu unterschätzende Bedeutung.
Durch Wasserbaumaßnahmen wird sie in der Regel vernichtet. Das am ausgebauten, gehölzfreien Bach sich einstellende Pflanzemassenwachstums – eine Folge von hohem Lichtgenuß und Eintrag von Nährstoffen – ist dagegen für die Fische negativ zu beurteilen, da es erstens mit Raumnot und zweitens mit einer Störung des Sauerstoffhaushaltes (Sauerstoffübersättigung am Tage, starke Sauerstoffzehrung nachts) verbunden ist. Für die Fische gilt also wie für die Kleintiere: Ausbau schafft für viele Arten unlösbare Probleme!
Einige Tiere sind besonders an spezielle Strukturen der Ufer gebunden – oft Arten, die sowohl die Aue als auch das Fließgewässer selbst nutzen. Daß sie z.T. bereits ausgestorben sind, geht in erheblichem Maße auf das Konto wasserbaulicher Eingriffe. Steilabbrüche, vor allem in der „Außenkurve" von Mäandern, boten dem paarweise in Revieren lebenden Eisvogel und der in Kolonien siedelnden Uferschwalbe über Jahrtausende gesicherte Plätze zum Anlegen ihrer Brutröhren, die sie in die Steilwände graben. Der Eisvogel, wahrlich zu recht fliegender Edelstein genannt, benötigt zusätzlich über das Wasser reichende Ansitzwarten, von denen aus er nach kleinen Fischen tauchen kann. Auf Schwemmbänken brütete der Flußuferläufer und der Flußregenpfeifer, Bach- und Gebirgsstelzen suchten hier einen Teil ihrer Nahrung. Alte Wehre, Brücken und Mühlen sowie natürliche Ufernischen boten den beiden letztgenannten Arten sowie der Wasseramsel Nistplätze. Die Wasseramsel benötigt zusätzlich nahrungsreiche, klare Gewässer mit grobem Kiesgrund, in denen sie tauchend und auf dem Grund laufend Köcherfliegenlarven und Bachflohkrebse erbeutet (Niemeyer-Lüllwitz & Zucchi 1985).
Biber (Castor fiber) waren dort heimisch, wo Altarme und Fließstrecken die mit Weichhölzern bestandenen Auen durchzogen. Inwieweit die Wiedereinbürgerungsversuche dieser in der BRD ausgerotteten Art erfolgreich sind, kann noch nicht abschließend beurteilt werden. Der Fischotter (Lutra lutra), von dem nach Schätzung nur noch 200 – 500 Exemplare in unserem Land existieren (Reuther & Festetics 1980), ist, wie auch der bereits bei uns ausgerottete Nerz (Lutreola lutreola) und die bestandsbedrohte Wasserspitzmaus (Schröpfer 1984), auf reich strukturierte Ufer angewiesen; ihnen allen dient der Bach als Nahrungsquelle.
Der auffällig schwarz-gelb gezeichnete Feuersalamander (Salamandra salamandra) setzt in klaren, sauerstoffreichen Bächen seine Larven ab. Die Bachumgebung – Lebensraum der Alttiere – muß üppige Vegetation tragen, in der eine hohe Luft – und Bodenfeuchtigkeit existiert, damit die dort lebenden erwachsenen Tiere nicht austrocknen. All diese Ansprüche der verschiedenen Arten erfüllt der ausgebaute, von Regelprofilen gesäumte „Vorfluter" in keiner Weise.
Laubsängerarten, Rotkehlchen, Heckenbraunelle, Zaunkönig und Schwanzmeise Brutplätze in Hülle und Fülle. In alten Baumbeständen aus Erlen, Eschen und Eichen lagen die gezimmerten Höhlen vieler Spechte, von denen Meisen, Trauerschnäpper und Kleiber profitierten. Hoch in den Wipfeln lag verborgen das Nest des Pirols, dieses scheuen Vogels mit dem eigentümlichen Gesang. In Kopfweide verborgen zogen Steinkauz, Gartenrotschwanz und andere Gefiederte ihre Brut auf. In alte morsche Weiden-

stümpfe zimmerte die Weidenmeise ihre Höhlen – eine Besonderheit in der Vogelfamilie der Meisen. Wo Feuchtwiesen an die Stelle der Auwälder getreten waren, lagen die Lebensräume von Brachvogel, Bekassine, Uferschnepfe, Feldschwirl und Wiesenralle. Hier fand der Weißstorch stets einen gedeckten Tisch. Wo die Aue größere Bestände von Schilf oder Rohrglanzgras trug, waren Wasserrallen, Rohrsänger und Rohrammer zu finden. Über den insektenreichen Flächen fanden Schwalben und Mauersegler stets genug Beute. Im Herbst und im Frühjahr dienten die Fließgewässerbänder als Zugstraßen für das Heer der Vögel, die hier Ruhe und Nahrung fanden. Zahllose Insektenarten fanden in der Auenvegetation die für sie nötigen Futterpflanzen. Da sie z.T. hochspezialisiert an ganz bestimmte Pflanzenarten angepaßt sind, ist ihr Aussterben nach der Vernichtung der Vegetation unausweichlich. Pro Pflanzenart, die verlorengeht, gehen 5 – 15 Kleintierarten mit verloren! In den von Überschwemmungen und durch hohe Grundwasserstände gespeisten Tümpeln der Aue fanden sich neben zahlreichen Kleintieren Frösche, Kröten, Unken und Molche, die hier ihre Jugendentwicklung „absolvierten". An den meisten Fließgewässern unserer Heimat ist von alledem nichts geblieben: trittfestes, artenarmes Grünland oder maschinenbearbeitbare Äcker, oft mit Mais bestanden, haben sich bis an die Böschungsoberkanten vorgeschoben. Das große Sterben war der Preis!

Auch wenn viele der genannten Arten heute noch nicht auf den „Roten Listen" stehen, so sind ihnen doch große Teile ihrer ursprünglichen Lebensräume verlorengegangen. Nur ein Umdenken, das sich möglichst schnell in Handeln umsetzen muß, kann sie dauerhaft vor dem endgültigen Untergang bewahren.

Noch ein anderes Problem muß hier angesprochen werden: das Konzept der Hochwasserrückhaltung. An vielen Stellen unseres Landes entstehen Rückhaltebecken, die uns oft als „Fortschritt für den Naturschutz" verkauft werden. Nur allzu oft werden sie auf den Flächen der letzten intakten Feuchtgebiete der Auen gebaut. Ihre z.T. rein technische Gestaltung hat mit Naturschutz nichts oder nicht viel zu tun. Dort, wo sie bereits vorhanden sind, ist eine nach ökologischen Gesichtspunkten ausgerichtete Umgestaltung dringend geboten, da sie nur dann für Feuchtgebietsbesiedler eine Bedeutung haben und durchziehenden Wat- und Wasservögeln als Trittsteine dienen können.

Bei Schutzkonzepten für all die gebeutelten und bedrohten Geschöpfe der Fließgewässer und ihre Auen ist zu beachten, daß die sicherzustellenden Gebiete erstens eine genügend große Fläche haben und zweitens durch Vernetzungselemente verbunden sein müssen. Nur dann sind Tierbestände dauerhaft zu sichern. Isolierte Kleinbestände von Tieren brechen z. B. durch Inzuchteffekte schnell zusammen oder sterben in Jahren mit ungünstigen Bedingungen endgültig aus (Mader 1981, Renmert 1982). Vieles mehr ist zu beachten, was an anderen Stellen dieses Buches ausgeführt ist. Vor allem aber: um das große Sterben aufzuhalten, ist Eile geboten!

Fischteiche – keine Bereicherung

Was sich für viele Menschen als Bereicherung der heimischen Natur darstellt und oft, zumindest von weitem, als malerischer und geradezu idyllischer Landschaftsausschnitt präsentiert, erweist sich bei näherer Betrachtung und Untersuchung in den allermeisten Fällen geradezu als verhängnisvoll für Tiere und Pflanzen unserer Heimat: Fischteiche in Bachauen. Wie die Pest sind sie überall aus den Talböden geschossen, begleiten unsere Bäche in großen und kleinen Ausprägungen, hintereinandergereiht oder einzelnliegend, in vielen Fällen ungenehmigt oder gesetzliche Bestimmungen mißachtend.

Welcher Naturschützer kennt sie nicht, die mit hohen Drahtzäunen umgebenen Teichanlagen, begleitet von Holzhütten, die häufig nach und nach zu „schmukken" Wochenendhäusern ausgebaut werden, mit Grillplatz vor der Tür und von Blaufichtenreihen gesäumt?

An den Stellen, wo uns Fischteiche entgegentreten, befanden sich vor deren Bau in aller Regel wertvollste Feuchtgebiete mit Pflanzengesellschaften, deren Mitglieder heute zum erheblichen Teil nur noch Platz auf den Roten Listen finden und die allesamt bundesweit auf dem Rückzug sind. In der Vielfalt der oft mosaikartig verzahnten, verschiedensten Kleinlebensräume fand auch eine Fülle von tierischer Feuchtgebietsbewohnern oder -nutzern ein gutes Auskommen. Für Amphibien gab es Tümpel zum Ablaichen und zur Larvenentwicklung, die verschiedensten Groß- und Kleinlibellen-Arten jagten dort im Sonnenschein ihre Beute, zahlreiche Vogelarten ließen ihr Lied erschallen. Fischteichanlagen räumen in der Regel gründlich auf mit dieser Vielfalt, sie sind charakterisiert durch rechteckige, monotone Wasserflächen, sterile, einförmige, meist vegetationslose Ufer und gemähte

Grünflächen zwischen den Teichen. Der dort fischende Graureiher oder Eisvogel darf über ihre Lebensfeindlichkeit nicht hinwegtäuschen, was am Beispiel der Amphibien etwas näher beleuchtet werden soll.

Die natürlichen Laichgewässer unserer einheimischen Lurche – Tümpel oder andere stehende Kleingewässer – sind heute weitgehend vernichtet oder stark anthropogen beeinflußt. Dafür gibt es um so mehr Fischteiche, die aber keinen Ersatz darstellen. Nach verschiedenen Untersuchungen haben nur Erdkrötenlarven eine Chance, sich dort zu vollentwikkelten Tieren, die ans Land gehen, heranzubilden (z. B. Clausnitzer 1983, Filoda 1981). Dies ist aber nur dann möglich, wenn sich Strukturelemente in Form von Vegetation in den Gewässern befinden. Nach einer Untersuchung von Hehmann & Zucchi (1985) an einem mit Regenbogenforellen besetzten Teich konnten dort 20 Kaulquappen pro Erdkröten-

Fischteiche in einem Bachtal: Eine trügerische Idylle!

Mit Netzen gegen vermeintliche Fischfeinde.

Erdkröten können sich in Fischteichen vermehren . . .

Weibchen die Entwicklung zum landlebenden Amphibium abschließen und aus dem Gewässer abwandern. Dieses Ergebnis deckt sich mit anderen Untersuchungen (Viertel 1980), so daß diese Tierart durch Fischteiche anscheinend keine Nachteile hat.

Warum diese Kaulquappen von den Fischen nicht gefressen werden, hat nach heutigen Erkenntnissen drei Ursachen. Erstens werden sie als Nahrungstiere gemieden, weil sie bitter schmecken, also ungenießbar sind (Heusser 1971). Zweitens scheidet eine Erdkröten-Kaulquappe, an die sich doch einmal ein Fisch wagt und sie verletzt, einen Schreckstoff ab, der ihre Artgenossen dazu veranlaßt, blitzschnell zu flüchten und sich zu Boden sinken zu lassen (Eibl-Eibesfeldt 1949). Und drittens ist wohl auch ein unter den heimischen Amphibien einzigartiges Verhalten dafür verantwortlich zu machen: Die Tiere schließen sich zu Schwärmen zusammen und führen ihre Bewegungen überindividuell koordiniert aus. Diese Schwärme genießen, wie auch die der Vögel und Fische, im Gegensatz zum einzelnen Individuum besseren Schutz (Eibl-Eibesfeldt 1980). Im Gegensatz zu Erdkröten haben die Larven aller anderen einheimischen Amphibien kaum eine Chance, einen Fischteich als fertiger Lurch zu verlassen. Für die verschiedenen Molcharten konnte dies bisher wegen methodischer Schwierigkeiten noch nicht endgültig nachgewiesen, wohl aber sehr wahrscheinlich gemacht werden. Für die Froschlurche dagegen liegen verschiedene Belege vor. Wasserfrosch-Kaulquappen haben lediglich in Vorstreck- und Jungfischteichen von Karpfenzuchtanlagen eine höhere Überlebensrate. Da Wasserfrösche von Fischzüchtern aber nach wie vor als Fischfeinde angesehen werden, wird ihr Laich in der Regel aus dem Wasser entfernt oder mit Branntkalk vernichtet.

Untersuchungen an Grasfröschen (Hehmann & Zucchi, 1985) im Kreis Osnabrück haben verheerende Ergebnisse zu tage gefördert. Die Laichgesellschaft dieser Tierart an einer mit Regenbogenforellen besetzten Anlage bestand aus ca. 3200 Individuen, von denen etwa 34% Weibchen waren. Nach Ergebnissen von Heusser (1970) wäre zu erwarten gewesen, daß 16 000 junge Grasfrösche das Gewässer verlassen hätten. Im untersuchten Fall waren es aber nur 160 Junge, die das Land erreichten, also ganze 1%. Bei diesen geringen Individuenzahlen ist ein Aussterben der Art im Gebiet vorprogrammiert. Dazu kommt noch, daß auch von dieser Tierart die Laichballen häufig aus den Teichen entfernt und einfach ans Ufer geworfen werden.

Ein letztes Problem für die Amphibien sei erwähnt. Fischteiche besitzen oft steil abfallende, mit Betonplatten, Plastikfolien oder Gummimatten verbaute, vegetationslose Ufer. In diese Gewässer gelangen Amphibien zwar hinein, in den wenigsten Fäller aber auch wieder heraus, so daß sie irgendwann verenden, wenn ihnen keine Hilfe zuteil wird.

Ebenso wie den Froschlurchen, als vermeintliche „Fischfeinde", durch Vernichtung des Laichs der Garaus gemacht wird, werden auch andere Tierarten, die an Fischzuchtanlagen auftauchen, oft massiv verfolgt. Der Graureiher ist den Nachstellungen ebenso ausgesetzt wie der fliegende Edelstein unserer Bachauen, der Eisvogel. Selbst Fischadler sind betroffen, wenn sie sich, bei uns längst ausgerottet, auf ihrem Zug nach Norden oder Süden an Fischteichen einfinden. Unter den Säugern ist der Fischotter zu nennen und die Wasserspitzmaus. Der kleinen Wasserspitzmaus wird immer noch nachgesagt, sie brächte selbst kapitale Karpfen zur Strecke. Vorurteilsbedingte Phantasievorstellungen sind leider im Gegensatz zu Tier- und Pflanzenarten nur schwer auszurotten!

... aber alle anderen Amphibien, hier der Wasserfrosch, haben keine Chance.

Fischteiche schaden den Bächen

Bemerkenswert ist auch, wie sich Fischteiche in Talauen auf die sie speisende Bäche und ihre Lebensgemeinschaften auswirken. In der Regel handelt es sich bei uns ja um Nebenfluß- oder Durchlaufteiche, d. h. von Bächen wird ein Teil des Wassers abgezweigt, in die Teiche geleitet und anschließend über einen Ausfluß dem Fließgewässer wieder zugeführt. Vielfältige Schädigungen der Bäche sind die Folge.

Das in die Teiche abgeführte Wasser wird an Sommertagen, vor allem bei unbeschatteten Anlagen, durch die Sonneneinstrahlung erwärmt und damit in seinem Sauerstoffbindungsvermögen beeinträchtigt.

Je höher die Temperatur in einem Gewässer steigt, um so weniger Sauerstoff steht einem wasserlebenden Organismus also zur Verfügung. Gleichzeitig nimmt aber seine Aktivität bei steigenden Temperaturen zu, so daß er eigentlich mehr Sauerstoff benötigen würde. Schädigungen seines Stoffwechsels, sichtbar durch die sogenannte Wärmestarre, sind die Folge, oder es tritt sogar der Tod ein. Untersuchungen an unbeschatteten Fischteichen im Kreis Osnabrück, die an einem Bach der Forellenregion liegen, haben ergeben, daß in sommerlichen Hitzeperioden Wasser mit Temperaturen bis 26° C aus den Teichen in den Bach fließt. Vor dem Einfluß in die Teiche wurden stets Werte von unter 20° C gemessen.

Jede Fischart hat eine Vorzugstemperatur, d. h. eine Temperaturspanne, in der sie sich normalerweise aufhält, und eine Letaltemperatur, bei der sie irreversible Schäden erleidet. Dabei müssen sich die Richtwerte für die Vorzugstemperatur in einem Gewässer an der Fischbrut orientieren, da sie wesentlich empfindlicher ist als ein Altfisch. Die Grenzwerte der Gewässeraufheizung müssen also an den Jungfisch der empfindlichsten natürlicherweise vorkommenden Arten ausgerichtet werden, nur dann lassen sich Schäden am Fischbestand vermeiden. So darf in einem Forellenbach sommertags die Temperatur 18-20° C nicht übersteigen, in einem Bach mit gemischten Beständen nicht mehr als 22° C betragen. Fischteiche greifen hier schädigend ein.

Weitere Folgen der Erwärmung seien hier erwähnt. So steigt die Toxizität (= Giftigkeit) in den Bach eingeleiteter oder sich dort bildender Schadstoffe mit zunehmender Temperatur an. In Teichen, in denen das abgezweigte Bachwasser sehr lange verweilt und die zusätzlich einen üppigen Pflanzenwuchs aufweisen, kommt es zu einer kritischen Erhöhung des pH-Wertes, der auch in der nachfolgenden Bachstrecke spürbar wird. Bei Fischen sind dann alle Symptome der Lungenkrankheit sichtbar: die Körperoberfläche ist bläulichweiß und samtartig getrübt.

Zwischen Ammonium und Ammoniak existiert in jedem Gewässer ein Gleichgewicht, das sog. Dissoziationsgleichgewicht. Erhöht sich die Temperatur und der pH-Wert, so wird dieses Gleichgewicht in Richtung des Ammoniaks verschoben, d. h. seine Menge steigt an. Ammoniak ist aber ein schweres Gift, das schon in geringen Mengen tödlich sein kann (Wuhrmann & Woker 1953).

Ebenso kann der unsachgemäße Umgang mit Kalk bei der Teichbewirtschaftung pH-Erhöhungen und damit Ammoniak-Freisetzung nach sich ziehen. Mangel an Sauerstoff steigert die

Zwischen den Teichen verschwindet der Bach in einem Rohr.

Empfindlichkeit der Tiere für Ammoniak noch zusätzlich. Gründlich durcheinandergebracht wird der Sauerstoffhaushalt. Neben der bereits angesprochenen Erwärmung des Teichwassers durch starke sommerliche Sonneneinstrahlung können noch eine Reihe anderer Ursachen für die Abnahme des Sauerstoffgehaltes verantwortlich sein. Unbeschattete Fischteiche mit hohem Eintrag an anorganischen Nährsalzen (= Grundlast) zeigen sommertags eine üppige Vegetation. Tagsüber geben die Pflanzen große Mengen Sauerstoff ab, so daß das in den Bach zurückgelangende Wasser mit diesem Atemgas übersättigt ist; nachts dagegen verbrauchen sie so viel Sauerstoff, daß im Wasser ein Dezifit besteht. Durch die oft plötzlich einsetzende Verringerung des Gasdrucks im Wasser werden die im Blut befindlichen Atemgase der Fische in Richtung des Gefälles abgegeben und perlen als Gasblasen durch das Gewebe aus. Die auf diese Weise zugrundegehenden Fische – man nennt das Phänomen Gasblasen-Krankheit – zeigen im Kopfbereich blasige Strukturen unter der Haut (Amlacher 1976). Jungtiere, vor allem Salmoniden (= Forellenartige), reagieren darüber hinaus auch empfindlich gegenüber Sauerstoffübersättigung.

Fischteiche mit geringer Sonneneinstrahlung aufgrund von sie umgebenden Gehölzen zeigen, vor allem bei hoher Verweildauer des durchströmenden Wassers, regelmäßig Sauerstoffdefizite. Der starke herbstliche Laubfall führt in diesen quasi stehenden Gewässern zu intensiver Sauerstoffzehrung beim mikrobiellen Abbau der Blätter und zur Anreicherung einer Schlammschicht. Auswirkungen auf den sie speisenden Bachlauf sind unumgänglich.

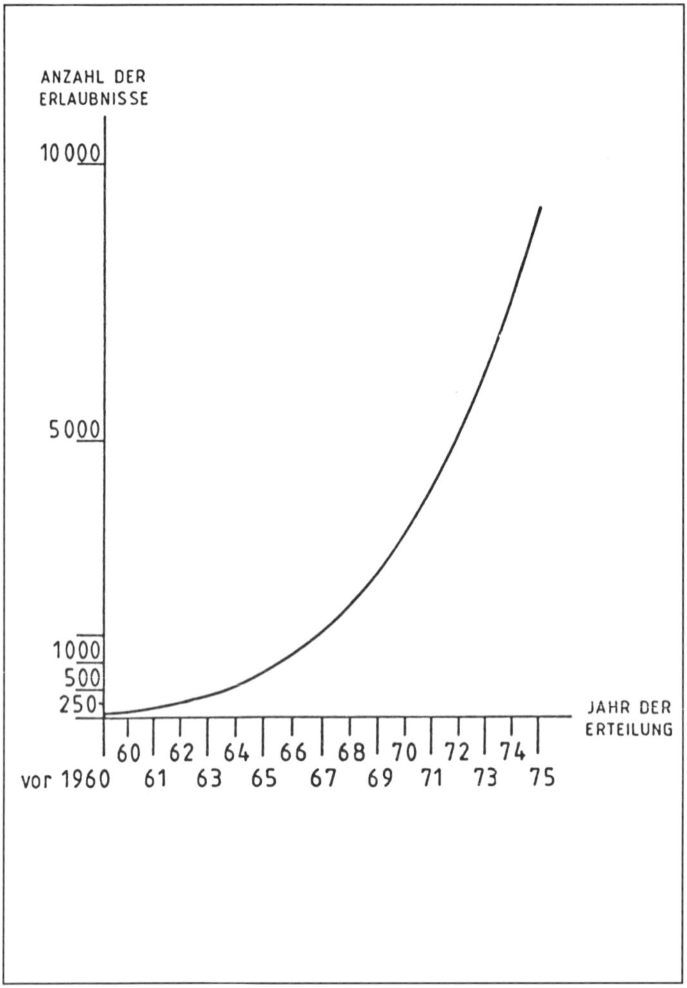

„Wie die Pest sind sie überall aus den Talböden geschossen“: Zunahme der Erlaubnisbescheide für Teichanlagen in 160 von 338 Kreisen und Städten der BRD – dargestellt als Summenkurve nach Steinberg.

Teichanlage in einem norddeutschen Bachtal: Das von Teich zu Teich fließende Bachwasser wird erwärmt, verliert an Sauerstoff und wird mit Schadstoffen belastet.

Fischteiche kontra Bachfische: Im Breenbach (Landkreis Osnabrück) wurde durch Elektrobefischung der Bestand an Bachforellen untersucht – vom Quellbereich (Abschnitt 29) bis zur Mündung (Abschnitt 1). Nach dem Bachabschnitt 12 fließt ein großer Teil des Bachwassers in Fischteiche, aus denen es nach Abschnitt 8 dem Bach wieder zufließt.

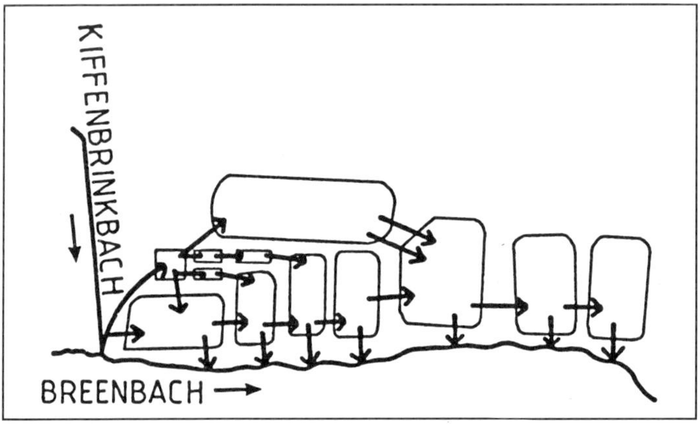

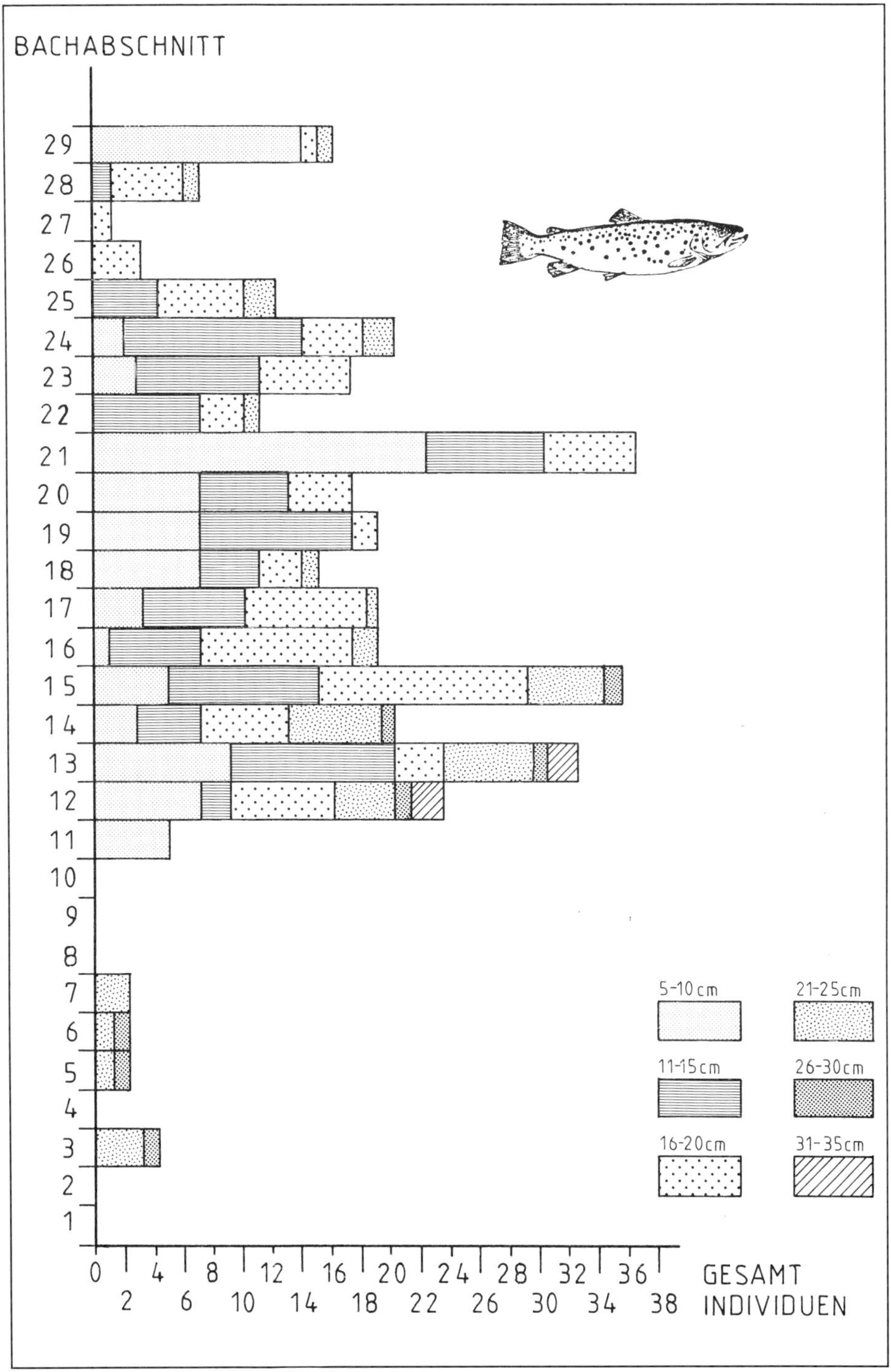
BACHABSCHNITT
29
28
27
26
25
24
23
22
21
20
19
18
17
16
15
14
13
12
11
10
9
8
7
6
5
4
3
2
1
0 4 8 12 16 20 24 28 32 36
2 6 10 14 18 22 26 30 34 38
GESAMT INDIVIDUEN
5-10 cm
21-25 cm
11-15 cm
26-30 cm
16-20 cm
31-35 cm

Die Intensivmast von Fischen, besonders von Regenbogenforellen, ist mit katastrophalen Folgen verbunden (Wilke 1973, Meyer 1978). Nach Untersuchungen von Scherb (1972) bringt die Intensivmast von 500 Zentnern Fischen gleichhohe Abgänge in Form von Fischexkrementen und faulenden Futtermittelresten mit sich wie die von 1390 Einwohnern. So nimmt es nicht Wunder, daß in Folge dieser Eutrophierung im nachfolgenden Bachabschnitt typische Reinwasserwirbellose, wie gewisse Köcherfliegen-Larven (Agapetus, Silo) und Steinfliegen-Larven fehlen, der Abwasser„pilz" Sphaerotilus (ein fädenbildendes Bakterium) dagegen gute Entwicklungsmöglichkeiten hat. Die Abwässer solcher Teiche können einem Fließgewässer nur dann zugemutet werden, wenn sie stark verdünnt oder durch Reinigungsteiche mit künstlicher Belüftung geleitet werden.

Hohe Fischbesatzdichten und dadurch geförderte schlechte Wasserqualität bringen Fischseuchen und Parasitenbefall mit sich, unter denen dann auch oder vor allem die natürlich vorhandenen Bachfische leiden. Die Furunculose, eine schlimme Forellenseuche, beeinträchtigt z. B. sehr stark die Groppe (Bauch 1966). Von der Drehkrankheit, hervorgerufen durch Myxosoma cerabralis, wird die Brut der Bachforellen erfaßt. Die Sporen dieses todbringenden Mikroorganismus halten sich bis zu 10 Jahren im Wasser! Oft zeigen die Teichfische selbst überhaupt keine Anzeichen der Krankheiten, obwohl sie die Erreger in sich tragen. Werden aber die Bachfische davon betroffen, so erkranken sie sehr schnell, fehlen ihnen doch oft jegliche Abwehrmechanismen. Besonders durch das Ablassen der Teiche gelangen Parasiten und Krankheitserreger in die Bäche, die zusammen mit dann wirksam werdenden Belastungen des Sauerstoffhaushaltes die Fauna eines Fließgewässers schädigen.

Erwähnt werden muß noch die in Fischteichen heute verbreitete Verwendung von Herbiziden, Algiziden, Fungiziden, Molluscizіden, Mittel gegen Ektoparasiten und Desinfektionsmittel. Sie alle gelangen mit dem Ausstrom in den Bach und gefährden die dort beheimatete Flora und Fauna.

Schließlich gelangen durch Fischteiche, besonders beim Ablassen, Fremdfische in die Bäche, die nicht zur gebietstypischen Lebensgemeinschaft gehören. So konnten z. B. bei Untersuchungen eines Baches der Forellenregion im Osnabrücker Raum Gründling, Flußbarsch, Karpfen, Schleie, Karausche, Aal und Regenbogenforelle gefunden werden. Es gibt allerdings noch eine zweite Quelle, aus der solche Fremdarten stammen können: es sind die Angelsportvereine! Sie sind es, die häufig gebietsuntypische Fische in unsere Fließgewässer einbringen und mit diesem Fremdbesatz zu deren „Bereicherung" beitragen. Der heimischen Fischfauna wird damit ein Bärendienst erwiesen.

Teiche, die aus der Sicht des Naturschutzes positiv zu bewerten sind, gibt es heute fast kaum noch. Sie müssen mindestens in einem Teilbereich flache Uferzonen aufweisen, die als Rückzugsgebiete für Amphibien gelten können, und sie sollten insgesamt eine naturnahe Ausformung und Bepflanzung durch vielfältige Strukturelemente enthalten.

Mehr Natur für bestehende Teiche

Die Genehmigung und Anlage neuer Fischteiche geht fast immer auf Kosten ökologisch wertvoller Feuchtgebiete und schlägt damit dem Naturschutz ins Gesicht. Neuen Teichen sollte daher die Genehmigung versagt werden, wenn durch sie bestehende Laichgewässer vernichtet oder negativ beeinflußt werden, ebenso, wenn negative Auswirkungen auf angeschlossene Fließgewässer zu erwarten sind.

Eine Möglichkeit wäre es, den Betreibern zur Auflage zu machen, neben den fischereilich genutzten Gewässern Amphibienteiche und -tümpel mit Flachwasserzonen anzulegen. Sie, die von der Bewirtschaftung auszunehmen wären, sollten mindestens 25% der Gesamtwasserfläche einer Anlage ausmachen und an günstigen Stellen im Randbereich der Anlagen liegen. Während der Wander- und Laichzeit der Amphibien müssen die fischereilich genutzten Teiche dann mit Plastikzäunen abgesperrt werden. Nur mit solchen Auflagen, wenn überhaupt, ist die Neuanlage von Fischteichen heute noch zu vertreten. Und noch etwas: Auflagen haben nur dann einen Sinn, wenn ihre Ausführung überwacht und ihr Unterlassen streng geahndet wird.

Vorhandene Teiche lassen sich durch einige Maßnahmen naturschutzgerechter umgestalten. Dazu gehört erstens die Schaffung größerer Flachwasserbereiche an einigen Uferteilen, die für die Fische nicht zugänglich sein sollten. Zweitens müssen die Gewässer wenigstens einzelne Sektoren mit üppiger Wasser- und Sumpfpflanzenvegetation aufweisen, wo die Amphibien ungestört ablaichen und die Larven ausreichende Schutz- und Ruheräume finden können. Drittens ist der Fischbesatz in Grenzen zu halten. Derartige gestaltete Teiche würden wenigstens abschnittweise natürlichen Amphibiengewässern entsprechen und auch für die gehaltenen Fische ein tierschutzgerechteres Leben ermöglichen. Auch die negativen Auswirkungen auf die angeschlossenen Fließgewässer ließen sich dadurch mindern. Die Zahl der Teiche muß, den Bedingungen eines Bachlaufes angepaßt, in klaren Grenzen gehalten werden.

Das neue Konzept des Wasserbaues: Rückhaltebecken

„Wir stehen in der Wasserwirtschaft an einer Wende; auf das Jahrhundert der Abflußbeschleunigung muß das Jahrhundert der Abflußverzögerung folgen." Anläßlich der Einweihung des Sylvensteinstausees 1960 brachte der Chef der Bayerischen Wasserwirtschaftsverwaltung diesen bemerkenswerten Satz über die Lippen. Zahllose Projekte ähnlicher Art sind uns seitdem, im Sinne der „Wende" zur Abflußverzögerung, als neuer Weg im Wasserbau, ja sogar praktizierter Naturschutz, verkauft worden.

Wollte man die „Wende" allein nach der Zahl der inzwischen fertiggestellten Rückhaltebecken beurteilen, müßte man die Ernsthaftigkeit solcher Aussagen anerkennen. Doch eine andere Tatsache erweckt Zweifel: Parallel zum zunehmenden Bau von Stauseen wurde in den letzten 25 Jahren der Fluß- und Bachausbau und damit die Abflußbeschleunigung in einem nie zuvor praktizierten Ausmaß vorangetrieben.

Noch steht die „Wende" also aus, und ob Hochwasserrückhaltebecken dazu überhaupt ein Beitrag sein können, soll nachfolgend anhand Beispielen untersucht werden. Doch zunächst ein Überblick über die bautechnischen Methoden, die dem Wasserbau für die Rückhaltung von Wassermassen im Bereich der Fließgewässer zur Verfügung stehen.

Je nach örtlichen Gegebenheiten wird dabei auf drei grundsätzlich verschiedene Verfahren zurückgegriffen:

1. Am häufigsten wird die typische Talsperre gebaut, bei der die Wassermassen durch einen Querdamm im Tal aufgestaut werden, ein Verfahren, das sich besonders in Mittel- und Hochgebirgslagen eignet (Beispiele: die Talsperren im Harz, im Sauerland, in der Eifel oder in den Alpen), vereinzelt aber auch schon im Flachland angewendet worden ist (Beispiel: Thülsfelder Talsperre bei Cloppenburg/Niedersachsen).

2. Auch natürliche Seen lassen sich zu Rückhaltebecken ausbauen. Beispiel: Der Walchensee in Oberbayern, bei dem der natürliche Seeabfluß abgedämmt und aus anderen Einzugsgebieten zusätzlich Wasser über Rohrleitungen herbeigeführt wird. Das Wasser wird jetzt künstlich zum wesentlich tiefer gelegenen Kochelsee geführt und dabei zur Stromerzeugung „abgearbeitet".

3. In der weiten Tiefebene, wo Talabdämmungen aufgrund der Reliefbeschaffenheit oft nicht zweckmäßig sind, werden auch nebengelagerte Becken oder Polder gebaut, die mit dem Bach- oder Flußlauf durch Kanäle verbunden werden.

Meist geht es bei den hier genannten Anlagen gleichzeitig um mehrere Nutzungsinteressen, wobei Abflußausgleich (Hochwasserschutz und Niedrigwasseranreicherung), Wasserversorgung, Energiegewinnung und „Erholung" (bzw. Förderung des Fremdenverkehrsgewerbes) im Vordergrund stehen. Bei der Beurteilung der Anlagen sind diese zu berücksichtigen, da meist eine Nutzungsform Priorität genießt, und von dieser die maßgeblichen Auswirkungen auf die Gewässerökologie ausgehen. Bei der folgenden Untersuchung der Rückhalteanlagen können wir deshalb auch zweckmäßigerweise nach Hochwasserrückhalte-, Wasserversorgungs- und Energieversorgungsanlagen unterscheiden.

Naturnah gestaltete Rückhaltebecken, wie die Thülsfelder Talsperre bei Cloppenburg, können sich zu wertvollen Ersatz-Lebensräumen entwickeln...

...aber durch die Rückhaltung der Hochwasserwellen werden in der Bach-Aue die von Überflutungen abhängigen Biotope (z. B. Feuchtwiesen) gefährdet.

Becken als Vorwand für Abflußregelung

Ist der Wasserhaushalt eines Einzugsgebiets nach wasserbaulichen Eingriffen aus den Fugen geraten, so haben die Verantwortlichen heute schnell eine Lösung parat: In Talsperren oder nebengelagerten Becken werden die höher und schneller auflaufenden Hochwasserwellen zurückgehalten, damit sie in niederschlagsarmen Zeiten wieder an den Bach oder Fluß abgegeben werden können. Sind Abflußbeschleunigungen durch geplante Wasserbaumaßnahmen zu erwarten, so werden diese Becken schon vorab in die Gesamtplanung einer „großräumigen Abflußregelung" einbezogen. Bachläufe können davon direkt oder indirekt betroffen sein. Sollen die Regelungsziele mit Hilfe vieler kleiner Becken im Bereich der Oberläufe erreicht werden, sind Bäche unmittelbar vom Aufstau betroffen (Beispiel: „Jagst-Verbesserung"). Werden hingegen einige wenige größere Becken am Mittel- und Unterlauf der Flüsse gebaut, bleiben die Oberlauf-Bäche davon nur scheinbar unberührt: Denn hier lassen sich jetzt abflußbeschleunigende Ausbaumaßnahmen um so leichter durchsetzen, können doch die schneller abfließenden Hochwasserwellen jetzt weiter unterhalb durch „leistungsfähige" Rückhaltebecken aufgefangen werden (Beispiel: Hase-Regulierung). Dazu die folgenden Beispiele.

Beispiel „Jagst-Verbesserung"

Von den bisher 120 Hochwasserrückhaltebecken Baden-Württembergs sind allein 25 im Flußgebiet der Jagst (Landkreise Aalen und Crailsheim) gebaut worden. Die Planungen für dieses als „Jagstverbesserung" bezeichnete „neuzeitliche wasserwirtschaftliche Großbauvorhaben" waren schon 1956 abgeschlossen. Ältere Pläne aus der Zeit vor 1945 hatten noch eine Eindeichung der Jagst vorgesehen, waren aber verworfen worden, weil danach die im „Hochwasserschlauch" gesammelten Wassermassen schneller und konzentrierter zu Tal geflossen und die Hochwassergefahr im Mittel- und Unterlaufbereich verschärft hätten.
Nach umfangreichen Untersuchungen wurden statt dessen 25 Staubecken geplant (vgl. Lageplan). Zum Zweck dieser Becken schrieb damals der an der Planung beteiligte Regierungsbaurat Meissner: „Es ist festgestellt worden, daß das überschwemmte Jagsttal bis Crailsheim während großer Hochwasser von der zum Abfluß gelangten Wassermenge 5 Millionen Kubikmeter auf natürliche Weise (...) speichert und infolge der Rückhaltewirkung langsam, aber unkontrolliert nach unten abgibt. Es lag die Überlegung nahe, diesen Rückhalteraum durch künstliche, aber vor allem kontrollierbare Speicher mit großen Wassertiefen zu schaffen, damit nicht, wie bisher, große landwirtschaftliche Nutzflächen bei geringer Wassertiefe in Anspruch genommen werden".
Auf diese Weise wurde das Abflußverhalten „entsprechend den Erfordernissen und Wünschen der Menschen" (Meissner 1956) gesteuert. Die ehemaligen Überschwemmungsgebiete der Jagstaue

konnten jetzt intensiver genutzt werden, während für die Rückhaltebecken in den Bachtälern vorwiegend „minderwertige" Flächen, wie z. B. Feuchtwiesen verlorengingen. Immerhin muß positiv festgehalten werden, daß auf Ausbaumaßnahmen an der Jagst verzichtet werden konnte. Der Verzicht auf Ausbauarbeiten ist jedoch nicht unbedingt typisch für solche Planungen. So sind z. B. in den Flußgebieten von Lippe (NRW), Nidda und Schwalm (Hessen), in denen ähnlich der Jagst-Regelung eine Vielzahl kleinerer Rückhaltebecken gebaut wurden, gleichzeitig Ausbaumaßnahmen (nach Regelquerschnitt) Bestandteil der „großräumigen Abflußregelung".

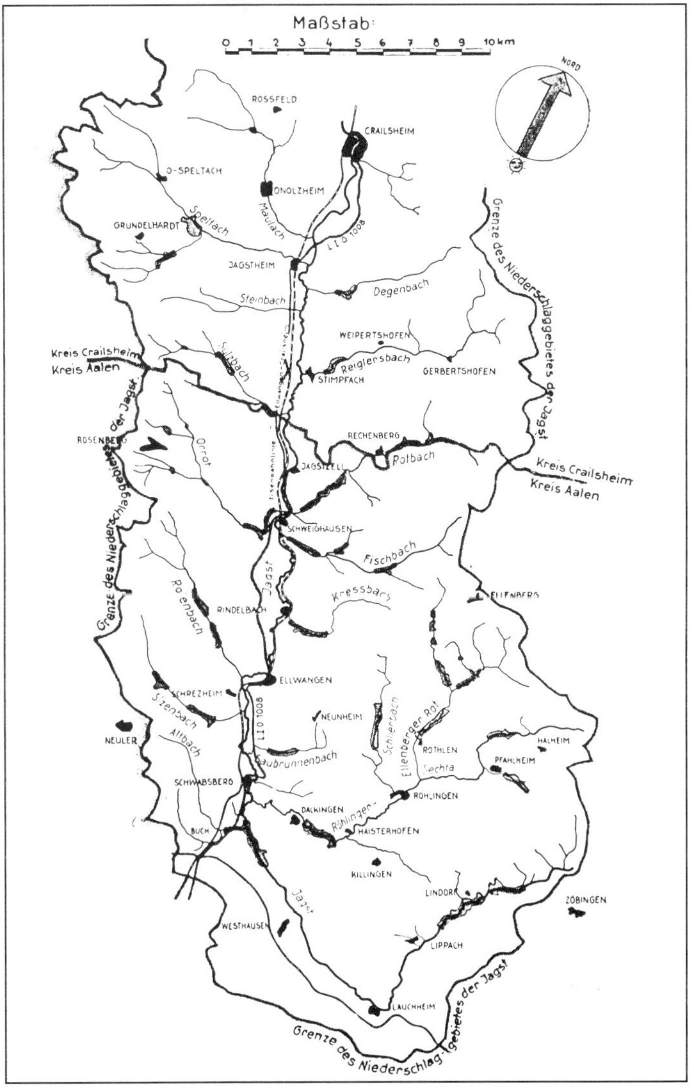

Flußgebiet der Jagst (Baden-Württemberg) mit zahlreichen Rückhaltebecken: Kaum ein Zufluß blieb verschont!

Beispiel „Hase-General-Plan"

In den Flußgebieten von Aller und Hase (Niedersachsen) sind es nur einige wenige Großprojekte, und zwar meist nebengelagerte Becken im Mittel- und Unterlaufbereich, auf die sich die Regelung stützt. Bestandteil der Planung ist auch der Ausbau von Gewässerstrecken. Kernstück der Gesamtplanung im Hase-Flußgebiet („Hase-Generalplan") ist das 1983 fertiggestellte Rückhaltebecken Alfhausen-Rieste (vgl. Lageplan), mit über 100 Mio. DM Baukosten die bisher größte wasserwirtschaftliche Einzelbaumaßnahme in Niedersachsen und mit rund 20 Mio. m^3 Stauinhalt das derzeit größte Hochwasserrückhaltebecken in der Bundesrepublik. Oberhalb des Bekkens wird die Hase jetzt bis Osnabrück vollständig ausuferungsfrei ausgebaut (Vergrößerung des Flußprofils und Bau von Deichen), womit auch die Regulierung der letzten noch erhaltenen naturnahen Zuflüsse, wie z. B. der Bachläufe Düte und Wierau, ermöglicht wird. Eine wahrhaft radikale Lösung.

Im Endergebnis der Hase-Regulierung werden dann die beschleunigt aus dem Oberlauf (Hase und Zuflüsse) abfließenden Hochwasserwellen im Rückhaltebecken gespeichert und von hier aus so kontrolliert abgegeben, daß auch unterhalb des Stausees die Nutzungsmöglichkeiten, insbesondere für die Landwirtschaft maximiert werden können.

Keine Chance für die natürliche Ufervegetation: Uferbefestigung am Rückhaltebecken „Alfsee".

Lageplan eines größeren Rückhaltebeckens („Alfsee" bei Osnabrück). Die Hochwasserrückhaltung im Bekken ermöglicht hier den großzügigen Ausbau der Hase und ihrer Zuflüsse.

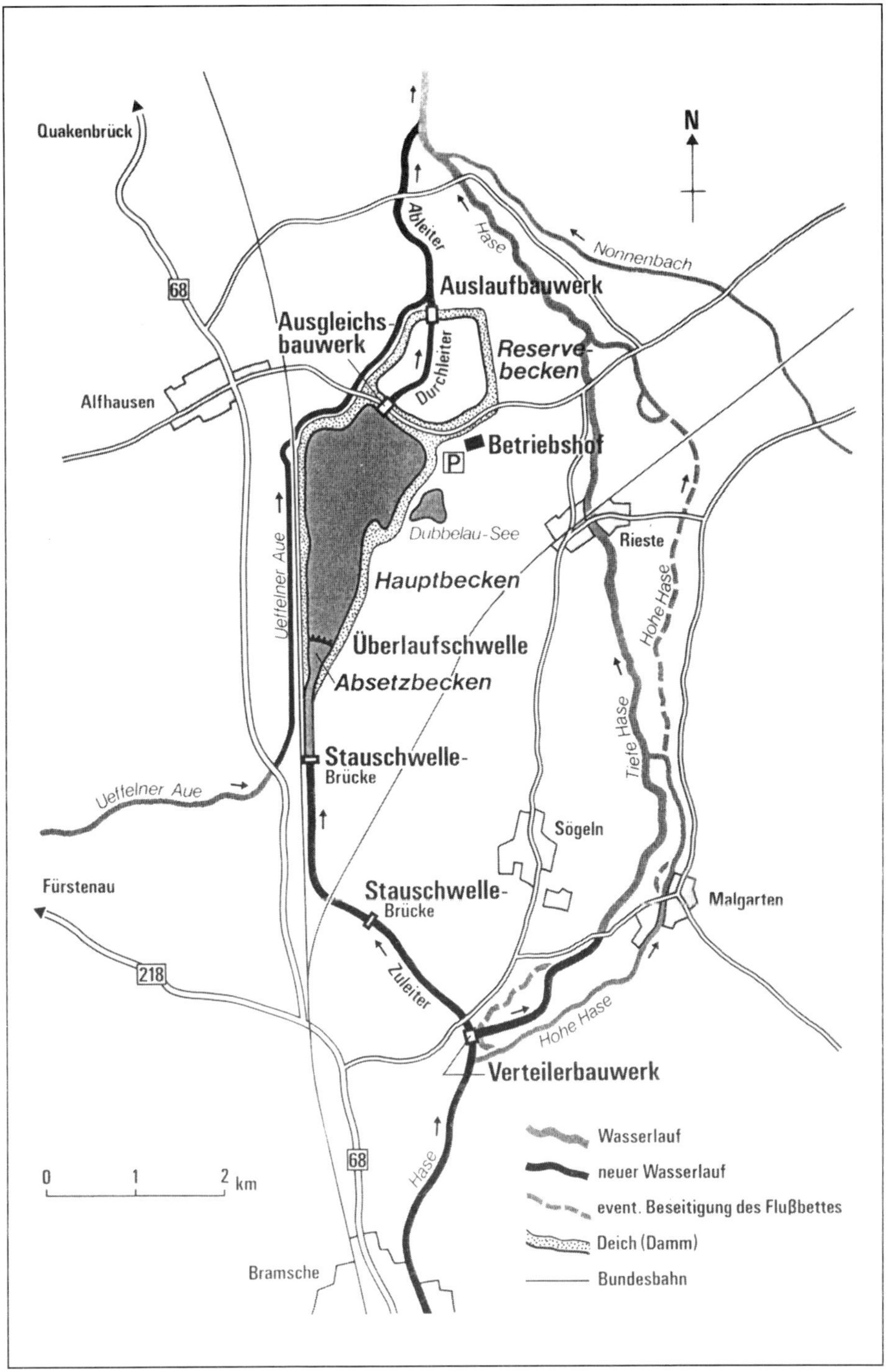

Quakenbrück
N
Ableiter
Hase
Nonnenbach
68
Auslaufbauwerk
Ausgleichs-
bauwerk
Durchleiter
Reserve-
becken
Alfhausen
Betriebshof
P
Dubbelau-See
Rieste
Hauptbecken
Uetfelner Aue
Hohe Hase
Überlaufschwelle
Absetzbecken
Tiefe Hase
Stauschwelle-
Brücke
Uetfelner Aue
Sögeln
Fürstenau
Stauschwelle-
Brücke
Malgarten
218
Zuleiter
Hohe Hase
Verteilerbauwerk
Hase
68
0 1 2 km
Wasserlauf
neuer Wasserlauf
event. Beseitigung des Flußbettes
Deich (Damm)
Bundesbahn
Bramsche

Beschleunigte Auspowerung der Natur

An allen dargelegten Beispielen wird deutlich, daß mit dem angekündigten „Jahrhundert der Abflußverzögerung", bzw. der „Wende im Wasserbau" keineswegs der natürlichen Rückhaltekraft der Landschaft wieder mehr Bedeutung beigemessen wird. Es ist vielmehr ein Streben nach möglichst großräumigen Abflußregelungen festzustellen, wobei durchaus Fehler der Vergangenheit (Abflußbeschleunigung) berücksichtigt werden, in der Zielsetzung aber die bisherige Wasserbaupolitik fortgesetzt wird. Hochwasserrückhaltebecken sind dabei ein weiters Mittel, um Flächen von der natürlichen Ausuferungstätigkeit der Fließgewässer auszuschließen und diese für andere, profitträchtigere Nutzungen zu erschließen. Weiterer Bachausbau wird teilweise erst über den Bau von Rückhaltebecken ermöglicht, da die nach dem Ausbau schneller und höher abfließenden Hochwasserwellen ausuferungsfrei dem nächsten Rückhaltebecken zugeführt werden können.

In einem Aufsatz aus dem Jahre 1975 zum geplanten Bau des „Mehrzweckspeichers Gumpen", dem im Bereich der Naab (Bayern) eine wertvolle Flußauenlandschaft geopfert werden sollte, räumt Dr. Klaus Arbter unmißverständlich mit der naiven Vorstellung von der „Wende" im Wasserbau auf. Seine Kritik kann hier auch als Fazit unserer Untersuchungen und Beobachtungen stehen: „So meint Wasserrückhaltung heute nichts weiter als den Bau künstlicher Wasserspeicher an jeder erdenklichen Stelle um das Wasser aufzufangen, das man daneben wie gehabt durch Dränieren, Regulieren, Begradigen, Bereinigen, Verrohren ... austreibt. Für die strapazierte Natur führt Wasserrückhaltung heute leider nicht zur erhofften Erhaltung der Vielfalt, sondern zu einer Beschleunigung der Auspowerung".

Trinkwassertalsperren bedrohen die letzten Bachtäler!

In der Bundesrepublik Deutschland werden zunehmend Rückhaltebecken primär unter dem Gesichtspunkt der Wasserversorgung geplant. Meist werden solche Projekte zur Sicherung der z.T. recht kritischen Wasserversorgung der Städte in Angriff genommen, wo vergiftete Flüsse und ausgebeutete Grundwasservorkommen die Entnahmemöglichkeiten begrenzen. Dafür sollen jetzt die letzten noch naturnahen Mittelgebirgsbäche dranglauben, wie z. B.:

- Ernstbachtal im Taunus/Hessen, eine Talsperre, die das „rot-grüne Bündnis" in Hessen vorerst gestoppt hat
- Negertal im Sauerland/NRW (Brunskappel, ein tausendjähriges Dorf soll in den Fluten versinken)
- Hafenlohrtal im Spessart (die dortige Talsperre soll im wesentlichen dazu dienen, eine zentrale Wasserversorgung im ganzen Land Bayern durchzusetzen),
- Naafbachtal im Bergischen Land/NRW (die Talsperre soll dic Stadt Köln mit Wasser versorgen),
- Lutter- und Siebertal im Harz (hier sollen die beiden letzten noch frei abfließenden Harz-Bäche für die Fernwasserversorgung der Städte Göttingen, Hannover und Bremen aufgestaut werden).

In allen Fällen haben sich Bürgerinitiativen gegen die naturzerstörenden Talsperren-Planungen gebildet. Daß solcher Widerstand durchaus auch erfolgreich sein kann, zeigt das Beispiel Negertal: Die Bürger von Brunskappel haben hier die Planung vorerst gestoppt! Auch im Ernstbachtal hatten die Proteste Erfolg.

Der Ernstbach im Taunus – ein vollständig erhaltener naturnaher Bach, Lebensraum vieler bedrohter Arten – sollte in den Fluten einer Trinkwassertalsperre versinken. Naturschützer konnten das verhindern, aber viele andere noch intakte Mittelgebirgstäler werden noch durch solche Planungen bedroht.

Bedroht ist nach wie vor das idyllische Hafenlohrtal im bayrischen Spessart, in dem es heute noch so, aber morgen vielleicht schon so aussieht.

Das Negertal im Sauerland konnte gerettet werden – durch den Einsatz engagierter Bürger.

Wasserkraft: Umweltfreundliche Energiegewinnung?

Vielen gilt sie als umweltfreundliche Form der Energiegewinnung, die Stromerzeugung mit Hilfe von Wasserkraft. Selbst Umweltschützer, die aus berechtigtem Anliegen gegen Atomkraftwerke auf die Straße gingen, empfahlen manchmal Wasserkraft als „saubere" Alternative. Die mit der Wasserkraftnutzung verbundenen Eingriffe in den Naturhaushalt, insbesondere unserer Hochgebirgslandschaften, wurden dabei jedoch offenbar nicht bedacht!

Den Stromerzeugern geht es bei Wasserkraftanlagen vor allem darum, elektrischen Strom für den Spitzenbedarf bereitzustellen, also für die Wintermonate, in denen im Hochgebirge ausgerechnet die geringsten Abflußmengen anfallen. Deshalb hält man in den wasserreichen Sommermonaten die Abflüsse meist vollständig in Talsperren zurück, um sie dann im Winter zur Stromerzeugung „abzuarbeiten". Die modernen Speicherkraftwerke erfassen dabei nicht nur die Abflüsse im abgesperrten Tal: Über kilometerlange Rohrleitungen werden zahllose Bachläufe der benachbarten Täler miterfaßt. Zudem werden die im Speicher zurückgehaltenen Wassermassen oftmals nicht in den angestauten Bach wieder abgegeben, sondern über Druckleitungen oder Druckschächte mit hoher Geschwindigkeit zum weit tiefer gelegenen Kraftwerk geführt.

Insgesamt bringen solche Anlagen also für das betroffene Gebiet erhebliche Eingriffe mit sich, wobei insbesondere hervorzuheben sind:

- Bauliche Anlagen, wie Staumauern, Rohrleitungen, Hochspannungsleitungen, Straßen usw.
- Trockenfallende Bach- und Flußläufe und Wasserfälle, die allenfalls noch bei Hochwasser und bei der „Wasserabarbeitung" im Winter Wasser führen (oder für Touristen auf Knopfdruck in Gang gesetzt werden!).
- Durch extreme Wasserspiegelschwankungen gekennzeichnete künstliche Seen, die keinesfalls als Bereicherung der ökologischen Vielfalt anzusehen sind! Typisch ist für sie das Fehlen der ökologisch bedeutsamen Seeuferzone mit Tauch- und Schwimmtblattpflanzenzone und Schilfgürtel, die hier durch häßliche Schlammkrägen ersetzt werden. Wasser- und Sumpfvogelarten finden hier keinen geeigneten Lebensraum.

Der größte Teil der wirtschaftlich nutzbaren Bergbäche der Alpen wurde inzwischen auf diese Weise erschlossen. „Speicherseen sind heute flächendeckend verbreitet. Kaum eine Hochregion, deren Gewässer nicht in irgendeiner Form reguliert oder kanalisiert sind. In der Schweiz sind über 90% der nutzbaren Gewässer in die Stromwirtschaft einbezogen" (Gebhardt 1984).

Zahllose Bachtäler wurden so der Verödung preisgegeben. In vielen Fällen hat selbst die vorherige Unterschutzstellung als Naturschutzgebiet dies nicht verhindern können! So sind z. B. im Naturschutzgebiet „Karwendelgebirge" Bäche zum bundesdeutschen Walchensee- und österreichischen Achensee-Kraftwerk abgeleitet worden – gegen den massiven Widerstand des Naturschutzes. So manchem Naturschützer der älteren Generation dürfte noch der verlorene Kampf um die Ableitung des Rißbaches zum Walchensee Anfang der 50er Jahre in

schlechter Erinnerung sein. Gleiches gilt für das österreichische Maltatal, dem ehemaligen „Tal der stürzenden Wasser": Hier entzieht seit den 70er Jahren ein Großspeicher den meisten Bächen und Wasserfällen das Wasser.
Doch wer annimmt, die Zerstörungsarbeit der Energiewirtschaft sei angesichts des wachsenden Natur- und Umweltbewußtseins zurückgegangen, sieht sich getäuscht. Auch die noch nicht ausgenutzten, noch frei abfließenden „Restwasserkräfte" sollen erschlossen werden! So muß es wohl als Hohn auf alle Naturschutzbemühungen angesehen werden, daß in Österreich parallel zur Einrichtung des ersten Nationalparks (Hohe und Niedere Tauern) in den gleichen Gebieten die Planung von Wasserkraftprojekten vorangetrieben wird. Im Nationalpark Hohe Tauern ist dabei die Ableitung von 13 Bächen in den geplanten Speicher Dorfertal vorgesehen. Verödete Bachläufe und Wasserfälle ohne Wasser würden danach das Bild im „Nationalpark" bestimmen (auch die bekannten „Umball-Fälle" im Tal der Oberen Isel wären betroffen), eine Schreckensvision nicht nur für Naturschützer!

Lebendigen Wildbächen…

…wird über Betonmauern und Rohrleitungen das Wasser entzogen: Die „weiße Kohle" hat auch ihre dunklen Seiten!

Die Alternative: naturnaher Wasserbau

Es ist im Grunde genommen schon sehr erstaunlich, daß naturnaher Wasserbau oder auch Lebendverbau an Gewässern bereits seit 1930 diskutiert wird, und dennoch kein Durchbruch in der Praxis erreicht werden konnte. Die Ausbildung der Wasserbauingenieure ist dabei als entscheidender Hinderungsgrund mitanzusehen.

Wenn noch bis Ende der 70er, ja selbst Anfang der 80er Jahre Ingenieure und Techniker keinen Bezug zur biologischen Wasserwirtschaft, zum „Lebensraum" Wasser vermittelt bekamen bzw. dieser sich ausschließlich auf den Erlebniswert der Landschaft für die menschliche Erholung erstreckte, ist eigentlich damit bereits die gesamte Problematik hinreichend verdeutlicht. Dadurch wird allerdings auch klar, daß uns mit den bisher ausgebildeten Mitarbeitern der Wasserwirtschaftsverwaltung das Problem noch auf Jahrzehnte weiterbegleiten wird.

Naturnah gestaltete Bäche haben neben ihrem hohen ökologischen Wert auch einen landschaftsästhetischen Reiz. Vielfach stellt ihre Ufervegetation die einzige Abwechslung in einer weithin ausgeräumten Landschaft dar.

Der politische Schritt

Anzeichen einer veränderten Einstellung sind bei einzelnen Mitarbeitern der Verwaltung ohne Zweifel erkennbar, doch fehlt diesen entweder das rechtliche oder das finanzielle Instrumentarium, um solche alternativen Ideen umzusetzen.

Wie schwierig die Umsetzungsphase andererseits aber auch sein kann, zeigt das Beispiel Hessen. Hier konnte – unter dem entscheidenden öffentlichen Druck der Naturschutzverbände und mit deren inhaltlicher Überzeugungsarbeit – die politische Spitze des zuständigen Ministeriums zum Umdenken bewogen werden. Mit bemerkenswerter Konsequenz wurden von der damaligen Landesregierung 1982 die Empfehlungen zum naturnahen Ausbau und zur Unterhaltung von Fließgewässern des Deutschen Verbandes für Wasserwirtschaft und Kulturbau (DVWK) e.V., die gerade erst als Diskussionsentwurf vorlagen, für alle Maßnahmen an Gewässern als verbindlich erklärt. Es bedurfte intensiver Überzeugungsarbeit des politisch verantwortlichen Ministers – häufig sekundiert vom BUND und einigen anderen Verbänden – bis sich auch langsam in allen nachgeordneten Dienststellen und zuständigen Institutionen die Erkenntnis durchsetzte, daß die „neue Linie" tatsächlich realisiert werden mußte und konnte.

Dabei erwies sich die Tatsache als nützlich, daß 1983 in Hessen neben 18 kleineren Renaturierungsobjekten auch vier Pilotprojekte zur Erprobung naturnaher Unterhaltungsmaßnahmen in Angriff genommen wurden, jedes Amt also auch in der Praxis mit mindestens einem Objekt und der Erkenntnis seiner Finanzierbarkeit und seiner praktischen Durchführbarkeit vertraut wurde. Unter intensiver Mitwirkung der anerkannten Naturschutzverbände begann 1984 in diesem Bundesland ein großangelegtes Programm „Naturnahe Gewässer", wozu im Naturschutzministerium ein eigenes Referat eingerichtet wurde und für eine erste Projektierungsphase 21 Millionen DM bewilligt wurden.

Ausgehend von diesen positiven Erfolgen und von der Tatsache, daß in fast allen Bundesländern mittlerweile Renaturierungsprogramme in Angriff genommen wurden, sollen nachstehend einige naturnahe Wasserbau-Alternativen aufgezeigt werden.

Die Entscheidung für die Renaturierung von Fließgewässern muß von politischer Seite erfolgen. Die Anstöße dazu geben jedoch häufig engagierte Bürger oder Naturschutzgruppen.

Bäche unter der Lupe

Alle strittigen – für die Praxis der naturnahen Pflege der Bäche aber wichtigen – Fragen werden im Rahmen der regelmäßig von den Wasserbehörden durchgeführten Bachschauen erörtert. Dabei wird vor allem festgelegt, ob die Situation an bestimmten Bachabschnitten einen Ausbau oder eine Unterhaltung erforderlich macht (siehe Rechtsbrevier „Ausbau oder Unterhaltung"). Es wird dabei also über den Umfang notwendiger Maßnahmen entschieden.

Über den Einsatz der vorhandenen Haushaltsmittel für die im Rahmen der Bachschau festgestellten Mängel beschließt dann die zum Unterhalt verpflichtete Kommune oder der Wasserverband nach den Ergebnissen einer kommunalen Bachbegehung oder der Verbandsschau. Hier fallen wichtige Entscheidungen, nicht nur über die anzuwendenden Methoden der Bachunterhaltung, sondern auch über den Zeitpunkt der durchzuführenden Arbeiten.

Für die Vertreter der Naturschutzverbände ist es daher außerordentlich wichtig, daß sie bei diesen Begehungen offiziell beteiligt werden, um ihre Anliegen direkt vor Ort vortragen zu können. Häufig ist nämlich ökologischer Sachverstand in solchen Kommissionen überhaupt nicht vorhanden, wodurch so manche rein technisch orientierte Entscheidung verständlich wird.

Es ist daher notwendig, daß über eine Änderung der Landeswassergesetze die amtlichen Bachschauen um die Vertreter anerkannter Naturschutzverbände erweitert werden. Ohne eine solche Gesetzesnovellierung kann es beim Betretungsrecht fremder Grundstücke zu Problemen kommen. Immerhin haben die Vertreter von Naturschutzorganisationen bereits in einigen Bundesländern die rechtlich allerdings nicht abgesicherte Möglichkeit, sich an solchen Bachschauen zu beteiligen.

Die Beteiligung an kommunalen Bachbegehungen muß im Gespräch mit der jeweiligen Gemeinde im Einzelfall geklärt werden. Für die Beteiligung an den Verbandsschauen der Wasser- und Bodenverbände ist die Änderung der entsprechenden Landesbestimmungen notwendig. Hier hat es 1983 in Hessen den ersten Durchbruch gegeben, wo der zuständige Minister die Beteiligung der Vertreter anerkannter Naturschutzverbände empfohlen hat.

Gerade die Beteiligung in solchen Kommissionen eröffnet für die Vertreter der Naturschutzorganisationen die einmalige Chance, um Vertrauen zu werben und sich durch sachliche Beiträge zu einem wichtigen Partner zu entwickeln und unentbehrlich zu machen. Da die naturnahen Unterhaltungsmethoden häufig auch die ökonomisch interessanten Verfahren sind, dürfte ein solcher Erfolg auf Dauer möglich sein. Dabei muß gerade an dieser Stelle auf die ökonomisch sparsamen Methoden einer vorbeugenden Unterhaltung mit naturnahen Verfahrensweisen immer wieder hingewiesen werden.

Früher zählte das Ufergehölz zu den wichtigen Rohstoffquellen der ländlichen Bevölkerung. Ein nicht unerheblicher Teil des Brennholz- oder des Nutzholzbedarfs wurde aus dem Ufergehölz gewonnen. Heute stellt die notwendig gewordene Pflege der Ufervegetation eine kommunale Aufgabe dar, die häufig vernachlässigt wird.

Ufergehölz – einst Nutzholz, heute kommunales Ärgernis

Noch naturnahe oder relativ natürliche Bachabschnitte sind durch Unterhaltungsarbeiten auf Dauer in diesem Zustand zu sichern, ihre ökologische Funktionsfähigkeit ist sogar durch Unterhaltungsarbeiten zu verbessern. Dem dienen vor allem vorbeugende Pflegearbeiten. Darunter sind all die Maßnahmen zu verstehen, die ein ökologisches System am Bachufer auf Dauer stabilisieren und damit weitgehend unabhängig von weiteren aufwendigen Erhaltungsarbeiten machen.

Da eines der wesentlichen wasserwirtschaftlichen Ziele der Bachunterhaltung die Erhaltung des ordnungsgemäßen Zustandes für den Wasserabfluß (§ 28 WHG) ist, sollte diesem ausschließlich durch naturnahe Maßnahmen Rechnung getragen werden. An naturnahen Bachabschnitten kann es insbesondere beim Vorhandensein von Strauchweiden an der Mittelwasserlinie – zu einem Austreiben von Stockausschlägen oder auch zu einem Hineinwachsen des Baumes oder einzelner Teile in das Abflußprofil des Baches kommen. Derartige Hindernisse können insbesondere bei Hochwasser zu Veränderungen des Strömungsverhaltens führen und Uferabbrüche bewirken, wenn an diesen Stellen keine standfesten Böschungen vorhanden sind. Eine regelmäßige vorbeugende Überprüfung der gesamten Bachabschnitte einmal im Jahr durch einen entsprechend geschulten Wassermeister, durch Bau- oder Unterhaltungstrupps kann derartige Abflußhindernisse sofort wirkungsvoll zurückschneiden.

Diese regelmäßige Unterhaltungsdurchgänge hätten vielen unserer Bäche ihr

Hier sind Bäume in das Abflußprofil gewachsen, die im Rahmen der vorsorglichen Gewässerunterhaltung zurückgeschnitten werden müssen.

Einer regelmäßigen, aber pfleglichen Nutzung des Ufergehölzes zu Brennholzzwecken – wobei niemals die gesamte Ufervegetation vollständig entfernt wurde – hat in der Vergangenheit selten Probleme mit Uferabbrüchen hervorgerufen.

heutiges trauriges Schicksal ersparen können. Denn die jahrelange Vernachlässigung jeder Unterhaltung und Pflege der Ufervegetation war einer der Gründe, warum insbesondere nach dem letzten Krieg viele Ufersäume regelrecht „verwilderten", wie es ortsüblich genannt wurde. Angebrochene Uferbereiche oder in das Gewässer gerutschte Sträucher oder Baumteile behinderten den Abfluß und führten zu weiteren Uferschäden.

In einer Naturlandschaft, wo dem Bach seine ständigen Laufverlegungen nicht verwehrt werden müssen, hätte dies keine negative Rolle gespielt. In unserer Kulturlandschaft, die ja insgesamt äußerst pflegebedürftig ist, wären regulierende Arbeiten allerdings notwendig gewesen. Die Nachlässigkeit hat in ihrer Folge häufig zu einem überdimensionierten und unnatürlichen Ausbau – zur „Bändigung" – der wildfließenden Gewässer beigetragen. Noch vor dem letzten Krieg war dieses Problem – wie überhaupt die Unterhaltung der Kulturlandschaft – weitgehend unbekannt, weil eine intensive und pflegliche Nutzung des Ufergehölzes beispielsweise zur Brennholzverwertung kritische Situationen selten aufkommen ließ, und eine ersatzlose Entfernung der wertvollen Holzlieferanten überhaupt nicht zur Diskussion stand. Eine Ausnahme bildeten die durch den „Reicharbeitsdienst" unmittelbar vor dem Krieg in einem kaum vorstellbaren Ausmaß durchgeführten Begradigungen etlicher Bäche einschließlich der Entwässerung dazugehöriger Sumpfwiesen. Heute – da die Gewässerpflege lediglich einen lästigen Titel im Haushaltsplan der Gemeinde darstellt – müssen Ufergehölze kostenaufwendig durch Gemeindearbeiter gepflegt werden. Daher kommt einer vorsorgenden Gewässerpflege – bei noch vorhandenem Uferbewuchs nicht nur eine ökologische, sondern auch gerade eine ökonomische Bedeutung zu.

Bäume – Segen für Bäche

Beim erforderlichen Rückschnitt der Bäume im Rahmen der Unterhaltung sollte folgendes beachtet werden: Handelt es sich um gut verwurzelte Baumweiden an der Mittelwasserlinie, so ist ein Rückschnitt oberhalb des Einflußbereichs des höchsten Hochwassers (HHW) vorzunehmen, damit sich durch das Abschneiden langfristig eine Kopfweide herausbildet, die ausschließlich mit ihrem Stamm, nicht aber mit dem Astwerk im Abflußprofil steht. Bei Baumweiden mit freigespülten Wurzeln im Mittelwasserbereich sollte nach dem Rückschnitt eine zusätzliche Bepflanzung neben dem Weidenstumpf mit Schwarzerlen erfolgen. In den ersten Jahren muß der Weidenaufwuchs jährlich zurückgeschnitten werden, bis die Schattenwirkung der Erle ausreicht, um die Weide zu unterdrücken. Einzelstehende Erlen am Ufersaum sollten im Rahmen der Unterhaltung durch zusätzliche Exemplare so ergänzt werden, daß bis etwa 30–40 cm oberhalb der Mittelwasserlinie in einem Abstand von etwa 30–60 cm zusätzliche Erlen gepflanzt werden. Das Ergänzen nicht mehr vorhandener Uferbepflanzung zählt zu den Aufgaben des § 28 WHG, da es der sogenannten biologischen Unterhaltung durch Wiederherstellung der wichtigen Beschattung dient. Es muß daher nicht ausdrücklich in den Landeswassergesetzen erwähnt sein.

Wenn Baumweiden oberhalb der höchsten Hochwasserlinie zurückgeschnitten werden, bildet sich langfristig eine Kopfweide aus, die lediglich mit ihrem Stamm, nicht aber mit ihrem Astwerk, im Abflußprofil steht.

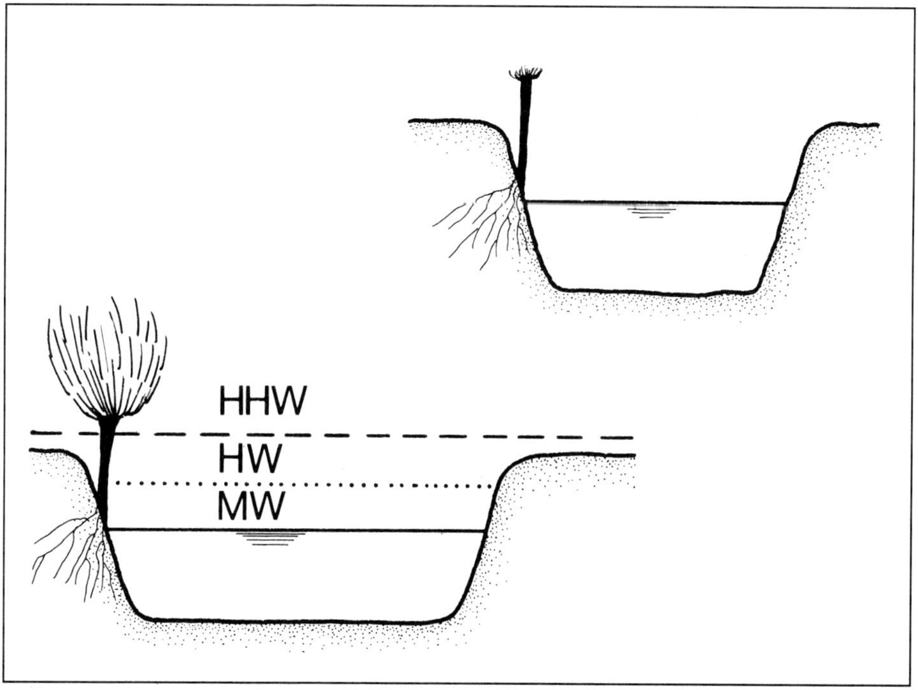

Bäume – ein lebender Baustoff

Böschungen, die außer den Räumen an der Mittelwasserlinie keine weiteren Ufergehölze aufweisen, sollten – sofern die Böschungsshöhe dies zuläßt – mit weiteren Arten der natürlichen Pflanzengesellschaften bepflanzt werden. Der naturnahe Wasserbau erfordert solche flächenfestigenden, verankernden und energieumwandelnden Eigenschaften, die jedoch nicht von der Einzelpflanze, sondern nur von ihrem Verband geleistet werden können. Einreihige Bepflanzungen an der Uferlinie – die bei beengten Abflußverhältnissen unumgänglich sein können – wirken leicht wie Strompfeiler einer Brücke und führen bei Hochwasser zu Turbulenzen zwischen den Baumreihen und der Böschung, wodurch die in diesem Bereich nicht durch Wurzeln gesicherten Böschungen angegriffen werden. Zusätzliche Bepflanzungen der Böschung können dagegen zur weiteren Energieumwandlung und durch ihr Wurzelwerk zusätzlich zur Böschungssicherung beitragen. In diesem Bereich können nun auch all die Pflanzen Verwendung finden, die zu den Arten der Aue gehören, jedoch aus hydraulischen Gesichtspunkten an der Mittelwasserlinie ungeeignet sind. Hierzu zählen Eschen, Bruchweiden, Silberweiden, Rötelweiden sowie alle anderen Strauchweiden, Vogelbeere, Sandbirke, Moorbirke, Traubenkirsche und von den Sträuchern Hasel, Gewöhnlicher Schneeball, Pfaffenhütchen, Hartriegel. Bei der Anpflanzung bzw. Auspflanzung vorhandener lückiger Bestände sollte ein dichter Verband von 60 x 60 cm angestrebt werden, wobei jede unnatürlich wirkende Gleichförmigkeit vermieden werden muß.

Auch relativ geschlossene Erlensäume bedürfen einer regelmäßigen Kontrolle, die – sofern alljährlich durchgeführt – keine hohen Kosten verursacht. Dabei kann man mit Kosten für 1 bis 2 Minuten je Bachmeter und Jahr rechnen. Unterstellt ist ein Freischneiden des Abflußprofils, das allerdings bei Erlen – im Gegensatz zu den Weiden – seltener vorkommt und insbesondere ist dabei das Zurückschneiden („Verjüngen") der Erlen etwa alle 15–30 Jahre gemeint. Beim Fällen der Bäume muß auf eine schräge Schnittfläche geachtet werden, die parallel zur ansteigenden Böschung verläuft. Auf diese Weise soll der Neuaustrieb der Erle bereits auf die der Böschung zugeneigten Stammseite konzentriert werden. Dies erspart in den Folgejahren ein sonst notwendiges Zurückschneiden der zum Abflußprofil stehenden Auswüchse der Erlen. Wie bei einem Bachausbau ist auch bei der Unterhaltung in Form der Ufersicherung durch tiefwurzelnde Bäume eine Anfangssicherung zu achten, sofern diese nicht natürlich gegeben ist, wie auf felsigem Untergrund.

Erlen benötigen etwa 5 Jahre bis ihr Wurzelsystem sich so stark in und unter einer Böschung verankert hat, daß zusätzliche Sicherungen entbehrlich werden. Dies trifft für langsam fließende Flachlandbäche sicher nicht in gleichem Maße zu, wie für schnell fließende Bergbäche.

In Flachlandbächen ist daher in den ersten Jahren nach einer Uferbepflanzung darauf zu achten, daß unmittelbar nach einer Hochwasserwelle die Standfestigkeit der Pflanzen überprüft wird und weggespülte Pflanzen ersetzt werden. Sind Sicherungsmaßnahmen in der Anwuchsphase unumgänglich, so können dafür einige Lebendbauweisen Verwendung finden.

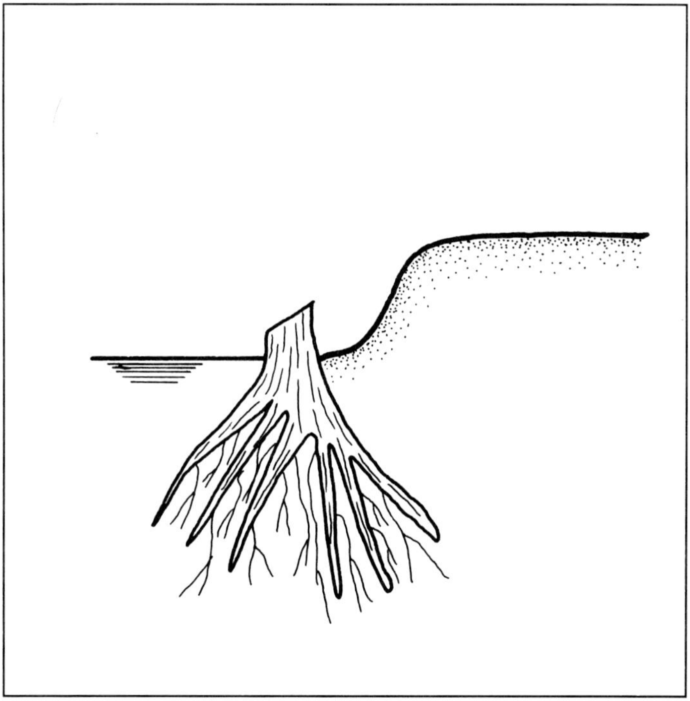

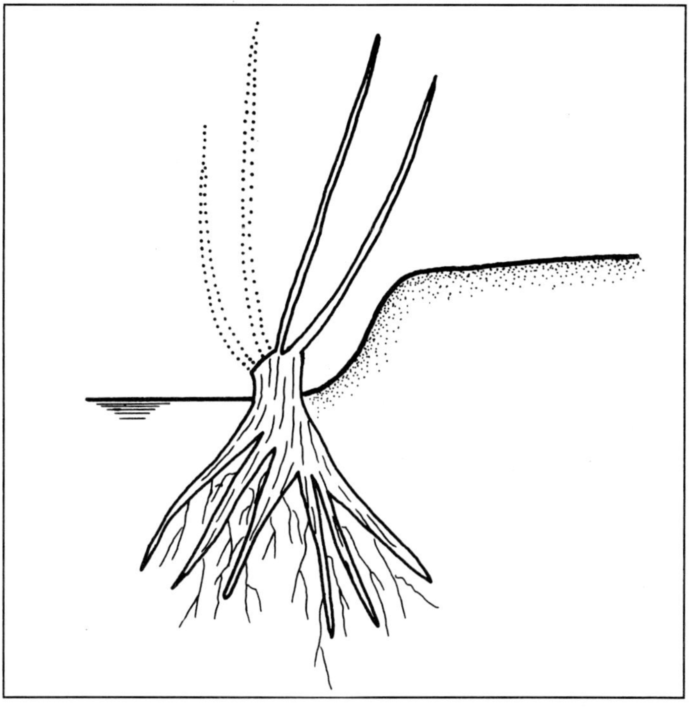

Beim Abschneiden von Uferbäumen sollte eine schräge Schnittfläche gewählt werden, die parallel zur ansteigenden Böschung verläuft. Dabei kann der Neuaustrieb der Zweige bereits auf die der Böschung zugeneigten Stammseite konzentriert werden, wodurch ein erforderliches Zurückschneiden der Auswüchse im Abflußprofil unterbleiben kann.

Wie sichert man die Pflanzung?

Drahtschotterwalzen bestehen aus einer mit natürlich vorkommenden Schotter- oder Kiesmaterial gefüllten Maschendrahtwalze, die durch Pfähle zur fließenden Welle mit dem Uferbereich verankert sind. Entlang einer längeren Uferstrecke sind derartige Maschendrahtwalzen untereinander verknüpft. Oberhalb der Drahtschotterwalzen werden Steinschüttungen eingebracht, wobei die Böschungsfußsicherung für die ersten Jahre durch die Drahtschotterwalze übernommen wird.

Eine andere Möglichkeit der Ufersicherung ist die sogenannte Sumpfrasenwalze. Bei der Sumpfrasenwalze handelt es sich ebenfalls um eine Maschendrahtwalze, die mit natürlich vorkommendem Schotter- und Kiesmaterial im unteren Bereich gefüllt ist, während im oberen Bereich der Drahtwalze Röhrichtballen eingesetzt sind. Auch Sumpfrasenwalzen sind untereinander entlang der Uferstrecke miteinander verknüpft. Zwischen der eigentlichen Sumpfrasenwalze und der Böschung können weitere Röhrichtsoden oder Röhrichtballen eingepflanzt werden, die hier eine sehr gute Verankerung finden. Für die Anwuchsphase von Röhricht sind derartige Walzen bei wenig standfesten Böschungen sehr gut geeignet. Die Sumpfrasenwalze wird durch Pfähle zur fließenden Welle hin gesichert und darüber hinaus in der Regel auf eine Buschunterlage im Wasser gebettet.

Ufersicherung mit Flechtzäunen eignen sich vor allem in Bereichen, in denen natürlicherweise Gesteinsmaterialien nicht vorkommen. Dazu werden im unmittelbaren Uferbereich Holzpfähle in den Untergrund geschlagen, die mit nicht ausschlagfähigem Material von Erlen, Kiefern oder Fichtenästen durchflochten werden. Oberhalb des Flechtzaunes können dann die Pflanzen eingebracht werden, die später die Ufersicherung durch ihre Wurzeln auf natürliche Weise übernehmen sollen.

Ufersicherung durch Stangenverbau erfolgt in ähnlichen Bereichen, wo Flechtzäune Verwendung finden. Die Sicherung des Uferbereichs wird hier nicht durch geflochtene Äste, sondern durch Stangen vorgenommen, die hinter den in regelmäßigen Abständen in den Uferbereich geschlagenen Holzpfählen verankert werden. Vor den Holzpfählen wird zur Absicherung unterhalb der Mittelwasserlinie Steinwurf eingelassen. Auch hier erfolgt die Bepflanzung unmittelbar oberhalb des eigentlichen Stangenverbaus.

Eine kostengünstige Variante zum Verbau von Auskolkungen sind die sogenannten Rauhbäume. Dies sind vollbelastete Fichten, die mit Pflöcken am Ufer befestigt werden. Das Durchströmen des Wassers durch die Äste bewirkt die gewünschte Energieumwandlung und fördert das Absetzen von Schwebstoffen. Allerdings halten derartige Rauhbäume lediglich etwa zwei bis drei Jahre.

Spreitlagen mit Faschinen haben insbesondere in früheren Jahrzehnten häufig im Rahmen des naturnahen Wasserbaus Verwendung gefunden. Dazu werden im unmittelbaren Böschungsbereich der Mittelwasserlinie und oberhalb der Mittelwasserlinie Äste in jeweils rechtem Winkel zueinander als Spreitlagen mit Pfosten oder Faschinen in der Böschung verankert. Dadurch entsteht im unmittelbaren Mittelwasserbereich eine Ufersicherung für den Zeitraum, in dem die

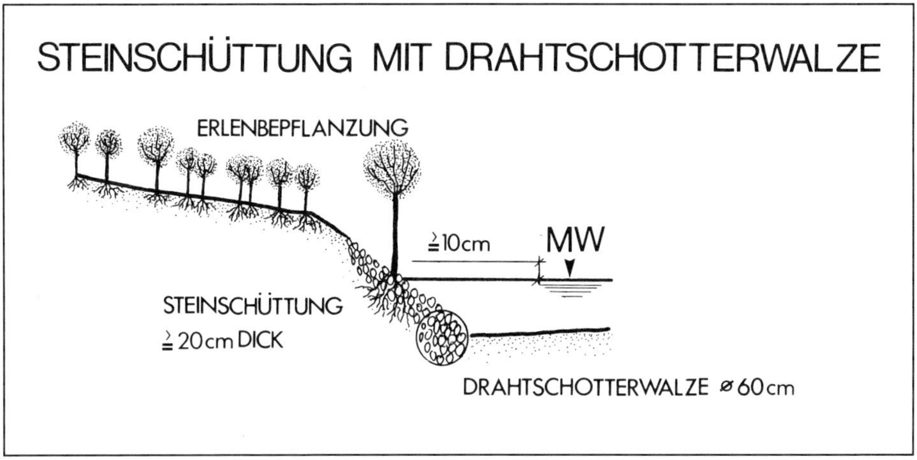

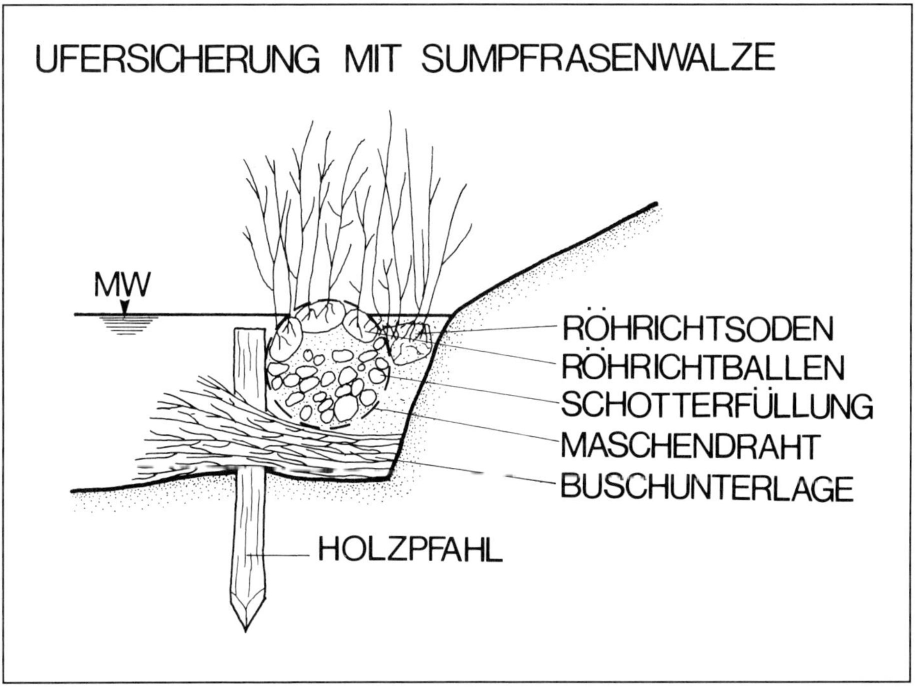

Steinschüttung mit Drahtschotterwalze.

Ufersicherung mit Sumpfrasenwalze.

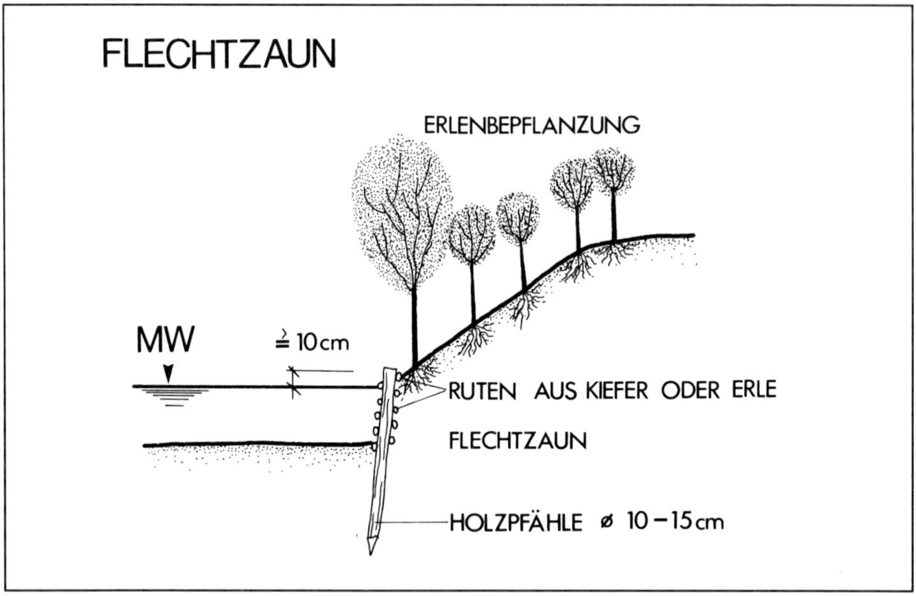

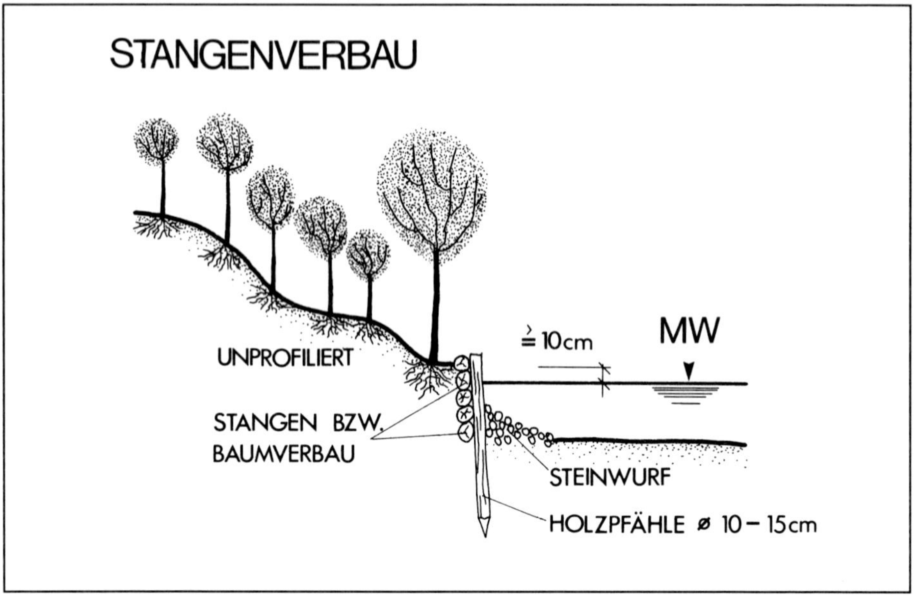

Ufersicherung mit Flechtzaun.

Ufersicherung mit Stangenverbau.

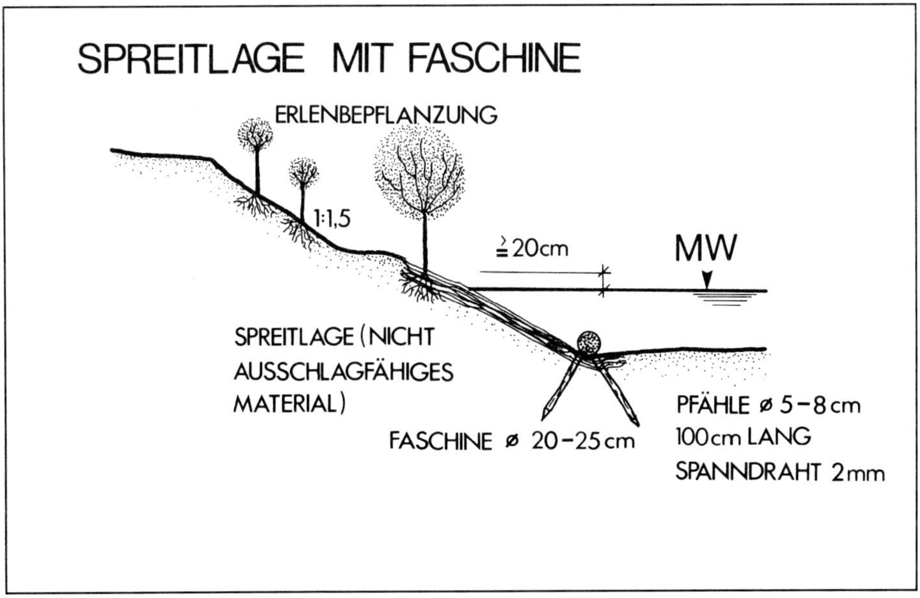

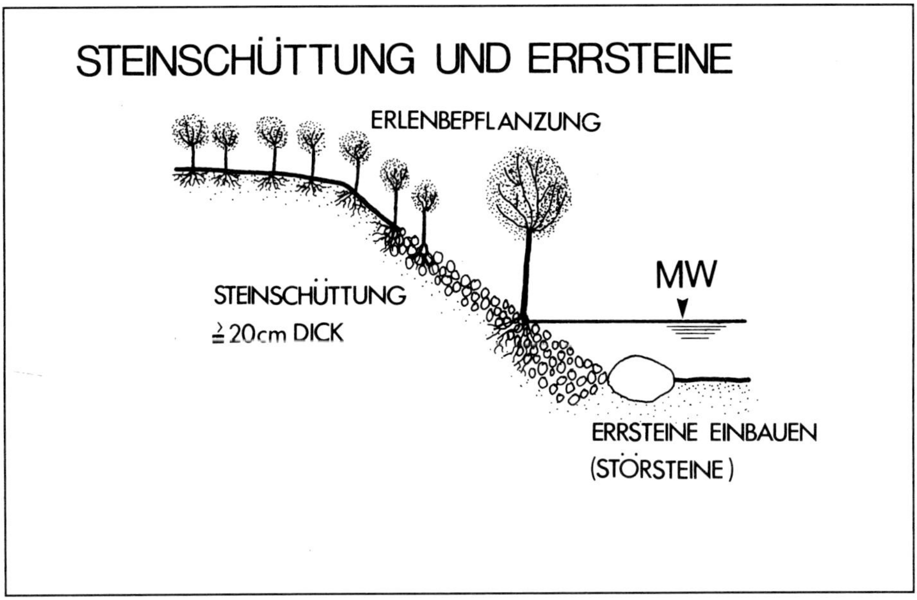

Ufersicherung durch Spreitlage mit Faschinen.

Ufersicherung durch Steinschüttung.

darüber eingesetzten Pflanzen diese Sicherung noch nicht übernehmen können. Um insbesondere bei unseren kleineren Bächen den abflußhindernden Weidenbewuchs in diesem Bereich zu vermeiden, dürfen keine ausschlagfähigen Äste dieser Baumart Verwendung finden.

Die einfachste und kostengünstigste Methode dürfte insbesondere im Bereich der Mittelgebirgsbäche noch immer der Steinwurf oder die Steinschüttung aus Material des jeweiligen Einzugsgebietes sein. Dabei kann es sich um Schüttungen grober bis sehr grober Körnung handeln, die der Schleppspannung entsprechenden Widerstand entgegensetzen können. Die Schüttung muß im Bereich unterhalb und oberhalb der Wasserlinie eingebracht werden, wo die Pflanzen anschließend in die Lücken gesetzt werden. Zur Energieumwandlung können in den Steinschüttungen zusätzlich Rauhäste verankert werden oder aber sogenannte Errsteine am Fuß der Steinschüttung als Abschluß dienen. Auf diese Weise sind Auskolkungen wirksam zu sichern, die anschließend mit durchwurzelbarem Bodenmaterial – also nicht mit Bauschutt oder Erdaushub – hinterfüllt werden, sofern nicht die Auskolkung als wünschenswerte Profilausweitung und Biotopbereicherung erhalten werden kann. Steinwurf, der nicht zur Startsicherung von Pflanzmaterial eingebracht wird, ist jedoch nach wie vor aus Naturschutzgründen abzulehnen.

Bei einem Vergleich der Schleppkraftdeckungswerte für Böschungsfußsicherung mit Schwarzerlen, Rauhbäumen, Flechtzäunen oder Steinwurf wird erkennbar, daß beispielsweise die nachlassende Wirkung der Flechtzäune durch die nach etwa fünf Jahren erreichte optimale Ufersicherung der Erlenwurzeln ersetzt werden kann. Rauhbäume liefern nur eine relativ kurze Zeit Schutz für die Uferböschungen, während der Steinwurf eine von Anfang an gleichbleibend sichernde Wirkung garantieren kann.

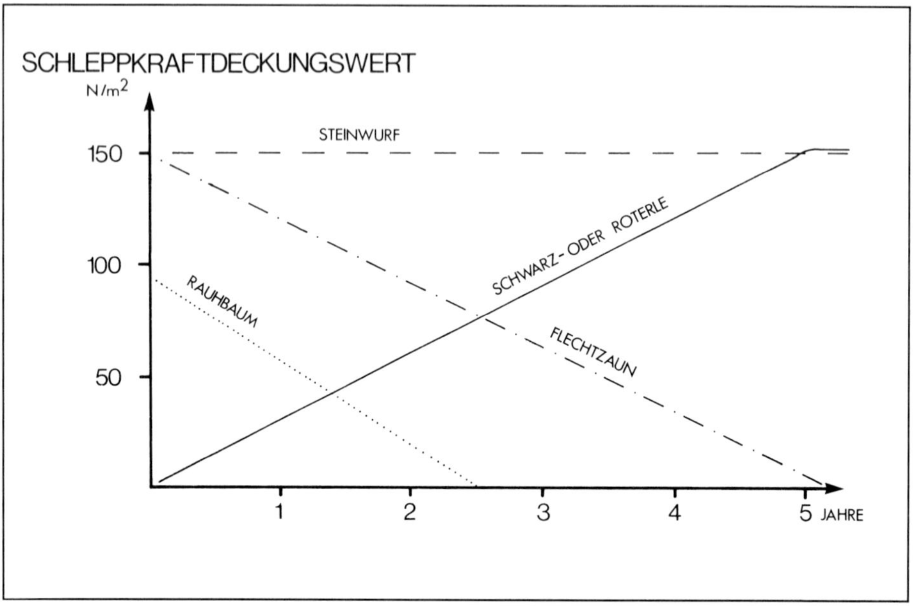

Gewußt wann

Bei den Unterhaltungsarbeiten ist in jedem Fall Rücksicht auf Schutz- und Schonzeiten von Fischen, Vögeln und Kleintieren zu nehmen. Sofern Sohlräumungen überhaupt auf dem gesamten Bachabschnitt notwendig werden, sind diese ausschließlich in den Monaten August und November vorzunehmen, wobei vorhandener Uferbewuchs nicht entfernt werden darf. Ist Uferbewuchs zurückzuschneiden, kommen dafür ausschließlich die Monate November bis Februar in Frage. Das für Sohlräumungen möglicherweise notwendige Zurückschneiden von einigen Gehölzen ist deswegen bereits in diesen Monaten vorsorglich vorzunehmen.

Beim Zurückschneiden von Ufergehölz ist immer darauf zu achten, daß die Funktionsfähigkeit der gesamten Saumvegetation erhalten bleibt, besonders ihre für den Wärmehaushalt des Gewässers so bedeutsame Beschattungswirkung. Daraus ergibt sich, daß weder abschnittsweise und auch nicht einseitig – bei beidseitigem Bewuchs – vorgegangen werden soll, sondern eine Einzelstammentnahme angestrebt werden muß. Gerade diesem Punkt wurde in der Vergangenheit zu wenig Berücksichtigung geschenkt.

Die eventuell erforderliche Mahd von Röhrichtbeständen sollte in den Monaten Oktober und November durchgeführt werden und das Mähen von Böschungsvegetation frühestens Ende Juni bis zum September.

Wenn die mit der Unterhaltung beauftragten Gemeindearbeiter oder Mitarbeiter der Wasserverbände über einen Zeitplan verfügen, in dem ihre erforderlich werdenden Unterhaltungsarbeiten aus ökologischer Sicht unbedenklich sind, kann viel Unheil am Bach vermieden werden. In der Vergangenheit ist häufig aus Unwissenheit der eine oder andere Fehler begangen worden.

ZEITPLAN FÜR UNTERHALTUNGSARBEITEN AN BÄCHEN

PFLEGEMASS-NAHME	JAN	FEB	MÄR	APR	MAI	JUN	JUL	AUG	SEP	OKT	NOV	DEZ
SOHL-RÄUMUNG							///	///	///			
UFERGEHÖLZ-SCHNITT	///	///									///	///
RÖHRICHT-MAHD										///	///	
BÖSCHUNGS-MAHD						/	///	///	///			

Ständige Räumungen müssen nicht sein

Sohlräumungen können – wie bereits dargelegt – wirkungsvoll durch Erlen reduziert werden. Sie sichern langfristig nicht nur die Böschungen – wodurch weniger Feststoffe abtransportiert werden – sondern legen auch mit ihren Wurzeln den Bachgrund und damit die Sohle fest. Auf diese Weise reduziert sich der Sedimentabtrag ganz erheblich. Die kurzfristig noch erforderlichen Sohlräumungen oder die langfristig verbleibenden Feststoffablagerungen geringeren Ausmaßes sollten konzentriert in künstlichen Sandfängen erfolgen. Dies sind in der Regel Profilaufweitungen des Baches, in denen sich durch die Verlangsamung der Fließgeschwindigkeit Feststoffe ablagern, die an diesen Stellen ohne große Probleme bei Bedarf entfernt werden können. Insbesondere in den norddeutschen Flachlandbächen dürfte dies eine geeignete Alternative zur aufwendigeren Sohlräumung sein. Das bei Sohlräumungen anfallende Material darf nicht im Bereich der Böschungen deponiert werden, weil dies fast durchweg zu unerwünschten Nährstoffanreicherungen führt. Alternative Verwendungszwecke sind etwa im Bau von Lärmschutzwällen zu suchen. Sohlerosionen in Bächen mit stärkerem Gefälle werden durch Sohlstufen verhindert. Dabei sollten natürliche Materialien Verwendung finden, wobei verschieden hohe Abstürze und Strömungsgeschwindigkeiten auch weiterhin die Wanderung von Organismen im Bach ermöglichen. Besser wirken daher sogenannte Sohlgleiten, bei denen das Wasser nicht abstürzt, sondern über Steinschüttungen auf längerer Strecke mit stärkerem Gefälle geführt wird.

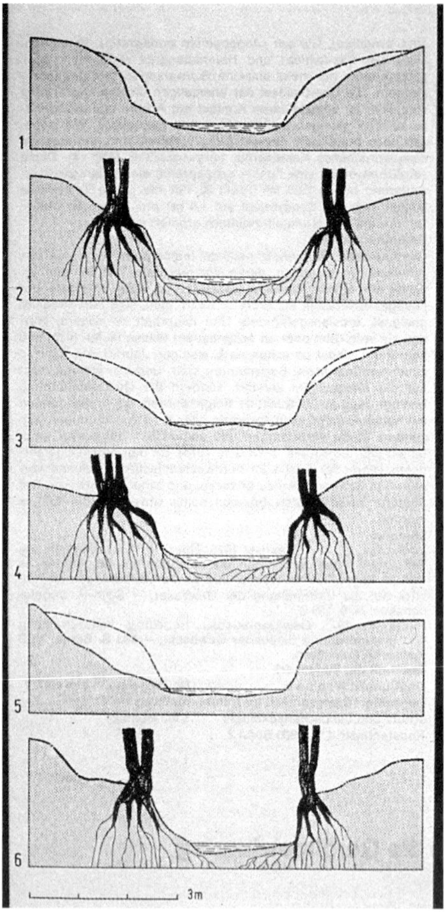

Beidseitige Bepflanzungen mit Erlen verhindern nicht nur Seiten-, sondern auch Tiefenerosion. Durch die Bewurzelung der Bachsohle werden wesentlich weniger Feststoffe abtransportiert als dies bei unbepflanzten Sohlen der Fall ist.

Tiefenerosionen in Bächen mit starkem Gefälle kann man durch Sohlstufen verhindern. Allerdings sind Sohlgleiten günstiger, die darüber hinaus den Aufstieg von Kleinorganismen im Gewässer nicht verhindern.

Die unvermeidlichen Feststoffablagerungen in den Bächen sollten ausschließlich in künstlichen Sandfängen entnommen werden. In diesen künstlichen Profilaufweitungen setzen sich die Feststoffe durch die dort erfolgte Verlangsamung der Fließgeschwindigkeit automatisch ab und können ohne große Probleme entfernt werden.

Erle vertreibt Bisam

Zu den Unterhaltungsarbeiten gehört u. a. auch die Überprüfung der Böschungen auf Bisambesatz. Nahezu alle Gewässer mit ausreichender Wasserführung – also auch ein Teil der Bäche – sind von diesem Pelztier besiedelt worden. Seine ausgedehnten Röhren und Kessel legt dieses Nagetier in den Böschungen an, wobei die Eingänge unter der Mittelwasserlinie, also im Wasser liegen. Die Röhren selbst gefährden die Standfestigkeit der Böschungen, wodurch Uferabbrüche heraufbeschworen werden. Die sehr fortpflanzungsfreudigen Tiere stellen daher eine erhebliche Gewässergefährdung dar, weswegen staatliche Bisamjäger zu ihrer Bekämpfung eingesetzt sind. Allerdings wird häufig übersehen, daß der Bisam im fest durchwurzelten Uferbereich kaum eine Chance hat, die Böschungen zu gefährden. Er meidet zudem solche Bereiche weitgehend. Die Unsummen an Steuergeldern, die in den Bisamfang fließen, wären daher langfristig sinnvoller im Anpflanzen von Ufergehölz einzusetzen!

Alles hat seinen Preis

Die Kosten der einzelnen naturnahen Unterhaltungsmethoden sind jeweils vom Standort abhängig. Ins Gewicht fallen überwiegend die zusätzlichen Sicherungsmaßnahmen für die ersten Jahre bis zur vollen Entfaltung der Wurzelbefestigung. Dabei ist jedoch auch zu beachten, daß die Wirkung vieler zusätzlicher Sicherungsmaßnahmen im Lauf der Jahre nachläßt, es also gilt, die erste kritische Phase von fünf Jahren möglichst wirksam und doch kostengünstig zu überbrücken.

Uferbepflanzungen mit Erlen führen zu hohen Investitionskosten, spätere Unterhaltungsarbeiten können dafür jedoch sehr viel kostengünstiger ausgeführt werden.

Unterhaltungsaufwand an Bächen (Stand 1985)

A Bach mit beidseitigen Erlen

1. Gehölzpflege	2,0 Minuten/m^2
2. Sohlräumung	0,5 Minuten/m^2
	2,5 Minuten/m^2

B Bach mit lückiger Erlenbepflanzung

1. Gehölzpflege	1,5 Minuten/m^2
2. Sohlräumung	1,5 Minuten/m^2
3. Krauten	1,0 Minuten/m^2
	4,0 Minuten/m^2

C Bach ohne Bäume

1. Mähen	1,0 Minuten/m^2
2. Sohlräumung	1,5 Minuten/m^2
3. Krauten	2,0 Minuten/m^2
4. Steinwurf	5,0 Minuten/m^2
	9,5 Minuten/m^2

Naturnah, trotz Ausbau

Ein weiterer Ausbau von Bächen ist nicht mehr zu verantworten. Zur Verbesserung der Abflußregelung können naturnah gestaltete Profilaufweitungen vorgesehen werden. Zum Hochwasserschutz bedarf es insbesondere der Sicherung vorhandener und der Öffnung bereits verbauter Überflutungsräume. Dazu sind die politischen und rechtlichen Rahmenbedingungen zu schaffen. Dennoch sind Einzelfälle vorstellbar, in denen Teilabschnitte von Bächen verlegt werden müssen. Die Zustimmung des Naturschutzes zu solchen Projekten sollte dann von der Voraussetzung abhängig gemacht werden, daß Linienführung und Querprofil naturnah gestaltet werden, eine den natürlichen Bedingungen entsprechende Bepflanzung vorgenommen und als Ersatz für die Umbauphase eine Ausgleichsmaßnahme durchgeführt wird.

Mit dem Saumwaldprofil, das beim Fallbeispiel über die Odenwälder Elz ausführlich beschrieben wird, konnte erstmalig der Nachweis erbracht werden, daß vorhandenes Ufergehölz bei Ausbauarbeiten nicht entfernt werden muß. Durch Abtrag beiderseitigen Materials kann der erforderliche Überflutungsraum geschaffen werden, wobei die neu entstandenen Böschungen geeignete Standorte für eine zusätzliche Bepflanzung sind.

Mit Steinwurf an der Mittelwasserlinie kann eine sofortige und langandauernde Hangfußstabilisierung erreicht werden. Dieser Steinwurf hat jedoch nur dann auch ökologisch einen Sinn, wenn er als Startsicherung für Gehölze dient, die in seinem Bereich eingebracht werden.

Eine Alternative zum herkömmlichen Gewässerausbau ist die Beibehaltung eines mäandrierenden Gewässerverlaufs, wenn dieser zur Verhinderung von Ausuferungen im Hochwasserfall eingedeicht wird. Dies kann in bestimmten Fällen eine sinnvolle Maßnahme sein, die jedoch in jedem Fall wichtige, bisher überflutete Teile der Aue von dieser Dynamik ausgeschaltet.

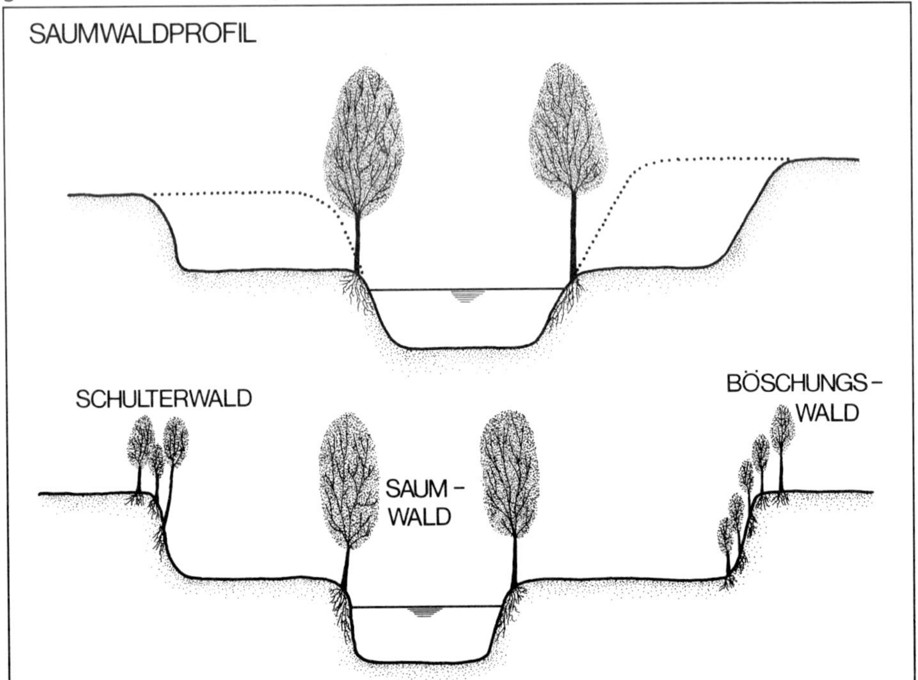

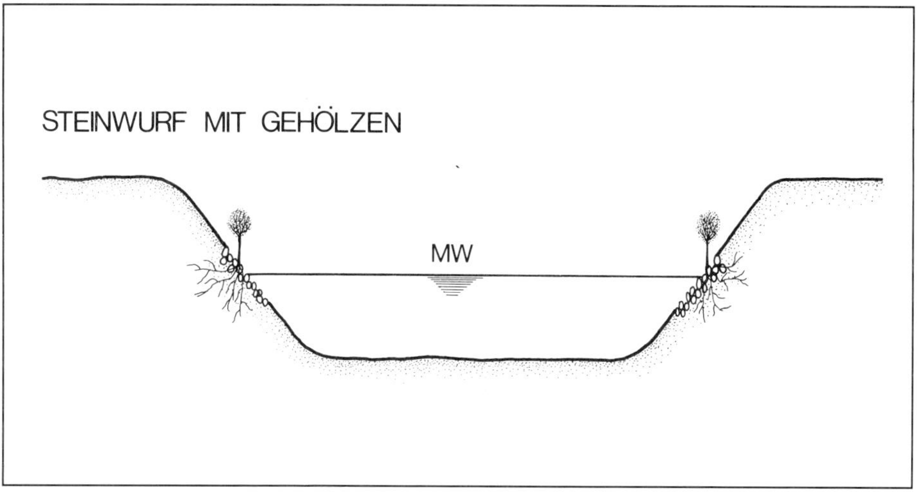
STEINWURF MIT GEHÖLZEN
MW

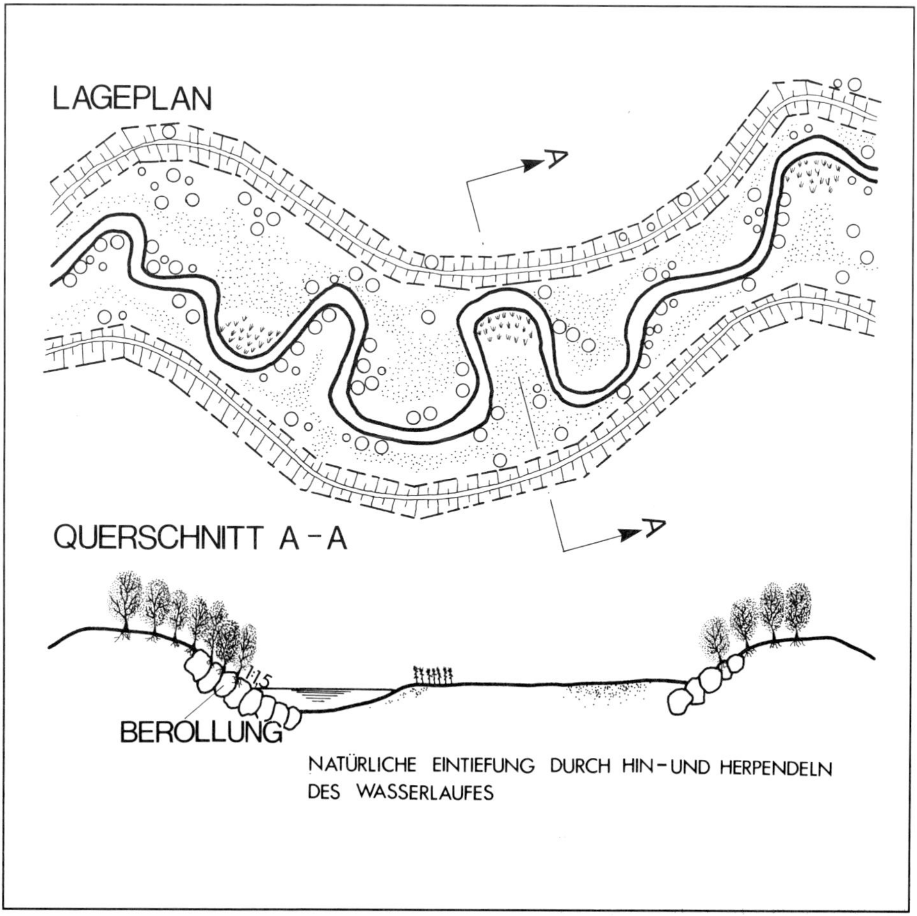
LAGEPLAN
A
A
QUERSCHNITT A-A
1:1,5
BEROLLUNG
NATÜRLICHE EINTIEFUNG DURCH HIN-UND HERPENDELN DES WASSERLAUFES

Wichtige Gestaltungselemente sind dabei wechselnde Sohlgefälle und Bachprofile, die zur Ausbildung unterschiedlicher Lebensräume beitragen, gleichzeitig aber auch das Selbstreinigungsvermögen erhöhen. Von Anfang an muß bei den Planungen berücksichtigt werden, daß eine Bepflanzung der Ufer das Abflußprofil einengt, so daß die entsprechenden Flächen zur Verfügung gestellt werden müssen. Allerdings ist dabei auch zu berücksichtigen, daß Gehölzpflege ausschließlich außerhalb der Vegetationszeiten erfolgt, so daß Unterhaltungswege entfallen können. Da durch Ufergehölz gesicherte Böschungen steiler geneigt sein können, ist der naturnahe Ausbau durchaus auch eine Methode, den Geländebedarf zu reduzieren.

Als Naturnahe Ausbauprofile kommen in Frage:

A. Saumwaldprofil

Dieses von Meszmer erstmals 1958 an der Odenwälder Elz entwickelte Profil ist vor allem dafür geeignet, hochwassergefährdete Bereiche naturnah zu sichern. Durch Abgrabung bei vorhandenem Ufergehölz oder durch sogenannte Doppel-Trapezprofile können die Hochwasserbereiche beiderseits des Saumwaldes geschaffen werden. Solche Abflußgerinne können mit steileren Sohlgefällen als bewuchsfreie Profile geplant werden, da der Saumwald die Sicherung der empfindlichen Böschungsfüße übernimmt. Vom Unterhaltungsaufwand her ist das Saumwaldprofil mit einem äußeren Böschungswald am günstigsten einzustufen.

B. Steinwurf mit Gehölzen

Neben dem Saumwaldprofil kommt insbesondere der mit Steinwurf kombinierten Gehölzbepflanzung beim Ausbau eines Gewässers große Bedeutung zu. Es handelt sich um ein annäherndes Trapezprofil, dessen Böschung relativ steil gehalten werden kann. Die Ufersicherung übernimmt in den ersten Jahren ein Steinwurf, der gleichzeitig zur Startsicherung der Bepflanzung beiträgt. Wenn es sich bei dem Steinwurf um Material aus dem Einzugsbereich des Baches handelt, ist dies eine der kostengünstigsten und besonders naturnahen Methoden. Steinwurf aus großen, vom Steinbruch roh angefahrenen Blöcken sollte vermieden werden. Zumindest müssen die Blöcke dann einzeln mit technischem Gerät versetzt werden, wobei die Fugen mit Lehm zu verfüllen sind, damit sie sich überhaupt begrünen können.

C. Eindeichung

Die Eindeichung ist vor allem in den Fällen anwendbar, wo eine akute Hochwassergefährdung ausgeschlossen werden soll. Mit der Eindeichung des natürlichen Bachlaufes und gebührendem Abstand vom Gewässerufer, wird dem Bach weiterhin seine Laufentwicklung gelassen, gleichzeitig aber durch die Eindeichung die Hochwassergefahr ausgeschlossen. Der einzige Nachteil dieser Methode ist die Tatsache, daß dabei natürlicher Überflutungsraum abgeschnitten wird, was zwangsläufig Folgen für die Dynamik der Entwicklung der Aue hat.

D. Flutmulden

Wenn der ausschließliche Ausbaugrund eine Hochwasserfreilegung ist, kann auch eine Flutmulde neu geschaffen werden. Eine der Landschaft angepaßte Vertiefung im Gelände kann – ähnlich wie verlandete Altarme – Hochwasserspitzen aufnehmen und sicher an gefährdeten Stellen vorbeiführen, weil der Hauptlauf des Baches in diesem Bereich dann über eine geringere Wasserführung verfügt. Auf diese Weise sind Eingriffe in das vorhandene Bachbett nicht erforderlich.

Eine weitere Alternative zum Hochwasserausbau bietet die Flutmuldenlösung. Zur Sicherung einzelner Objekte können hochwassergefährdete Bachabschnitte belassen bleiben, wenn ihnen ihre im Hochwasserereignis anwachsende Gefährlichkeit durch eine Flutmulde genommen wird. In dieser werden die wesentlichen Mengen eines eventuellen Hochwasserereignisses schadlos an dem gefährdeten Objekt vorbeigeführt und wieder in das Gewässer geleitet.

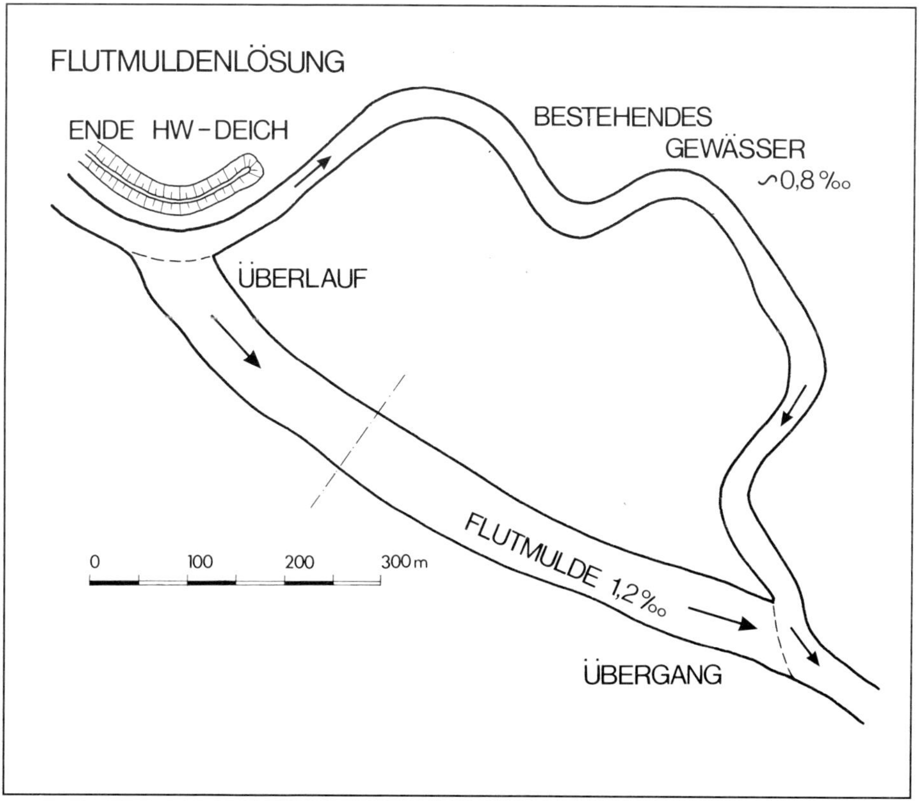

Zurück zur Natur

Bei der künftigen Bewertung wasserwirtschaftlicher Maßnahmen wird streng zwischen

1. Unterhaltung (§ 28 WHG),
2. Ausbau (§ 31 WHG) und
3. Renaturierung (§ 31 WHG)

zu unterscheiden sein. Die Renaturierung fehlt in der wasserrechtlichen Definition bisher. Dies ist aber entbehrlich, weil Renaturierungsmaßnahmen ohne Ausbaucharakter – meist mit Laufverlegung und Geländeerwerb – undenkbar sind.

Die derzeit schon etwas häufiger anzutreffenden Bepflanzungen vorhandener Bachabschnitte sind eindeutig der Bachunterhaltung nach § 28 WHG zuzuordnen. Sie bedürfen daher auch keines Genehmigungsverfahrens. Der Beschattungseffekt ist eine Form der biologischen Unterhaltung, weswegen dem Begriff „Renaturierung" in diesem Fall der Begriff „naturnahe Unterhaltung" vorgezogen werden sollte.

Unter Renaturierung wird man ausschließlich die Maßnahmen verstehen und definieren, die den Rückbau ehemals ausgebauter Bachteile umfassen.

Hierzu gehören:

- Wiederherstellung des mäandrierenden Verlaufs mit Geländeerwerb;
- Wiederanbindung noch vorhandener Altarme oder Seitenläufe, meist ohne Geländeerwerb;
- Entfernung von Sohlschalen oder anderen technischen Uferbefestigungen;
- Gestaltung des neuen, naturnahen Profils mit Initialbepflanzung.

Da solche Maßnahmen nicht unwesentlich die bestehende landwirtschaftliche Produktion beeinträchtigen, ist eine frühzeitige Information einer breiten Öffentlichkeit notwendig. Schon deswegen ist eine enge Zusammenarbeit zwischen Naturschutz und Wasserwirtschaft unumgänglich. Die Hinzuziehung der Flurbereinigungsbehörden kann zusätzlich notwendig werden, wenn die verstreut liegenden staatlichen oder kommunalen Grundstücke durch ein vereinfachtes Bereinigungsverfahren an die Bachläufe oder in jene Bereiche gelegt werden sollen, wo der Bach künftig verlaufen wird. Nur wenn auf diesem Wege des Grundstückstauschs das erforderliche Gelände nicht erworben werden kann, kommt als letzte Möglichkeit der kostenaufwendige Grundstückserwerb in Frage.

Bei diesem Renaturierungsprojekt wurde durch eine Profilaufweitung zusätzlicher Einstauraum für Hochwasser geschaffen, sicherte eine neu eingebaute Sohlgleite den notwendigen Aufstieg von Kleinorganismen und Fischen und konnte zwischen Profilaufweitung und eigentlichem Abschlußprofil eine neue Reihe mit Ufergehölz angelegt werden.

Bauphase eines Renaturierungsprojektes, bei dem die vorläufige Ufersicherung durch einen Flechtzaun hergestellt wurde, hinter den anschließend Erlen entlang der Mittelwasserlinie gepflanzt wurden.

Rettet den Auwald

Renaturierungsmaßnahmen innerhalb des Waldes haben meist einen anderen Schwerpunkt, weil hier Gewässerverlauf und Sohlbefestigung selten verändert wurden. Allerdings weisen Waldbäche nur in wenigen Fällen noch die natürlichen Pflanzengesellschaften der Weich- oder Hartholzauen mit ihren für den Bach wichtigen ökologischen Funktionen auf. Die Renaturierung innerhalb des Waldes ist daher fast ausschließlich eine Frage der langfristigen Umgestaltung vorhandener Waldbestände.

Begünstigt durch forstliche Eingriffe – manchmal auch durch Entwässerungsmaßnahmen in der Aue – haben sich andere Baumarten an diesem Standort durchsetzen können. So hat die künstliche Begründung von Fichten- oder Kiefernbeständen im Mittelgebirge und im Flachland bis dicht an das Bachufer heran Weiden, Eschen und Erlen verdrängt. Aber auch die Buche hat sich, begünstigt durch waldbauliche Eingriffe, in diesem Bereich durchsetzen können.

Ein Umbau dieser Bestände zu Bacheschen-Erlen-Wäldern oder Erlenauewäldern – beziehungsweise je nach Standort weiteren Pflanzengesellschaften – ist der dringend erforderliche Beitrag der Forstwirtschaft zur Rettung der Bäche. Einen bemerkenswerten Anfang hat dazu die Niedersächsische Landesforstverwaltung 1982 gemacht und in einem Merkblatt Anregungen dazu gegeben. Einen Schritt weiter ging Hessen, das auf Anregung des BUND durch Erlaß geregelt hat, daß alle natürlich überfluteten Waldbereiche langfristig wieder in die ursprüngliche Aue-Waldgesellschaft umgewandelt werden. Entsprechende Bereiche werden als Schutzgebiete einer gesonderten Kategorie der Waldbiotopkartierung zugeordnet.

Die Wiederherstellung naturnaher Auewaldpflanzen-Gesellschaften ist eines der herausragendsten Ziele der Renaturierungsprogramme an Fließgewässern. Hier ist aber neben der Wasserwirtschaft auch die Forstwirtschaft gefordert.

Rückbau – Aufgabe der Zukunft

Über diese hoffnungsvollen Ansätze hinaus müssen jedoch insbesondere außerhalb des Waldes bundesweit Anstrengungen unternommen werden, um zügig den Rückbau naturfern gestalteter Bäche einzuleiten.

Häufig sind Bäche zu einem früheren Zeitpunkt auch weit überdimensioniert ausgebaut worden. Durch eine Nutzungsänderung in der Aue (Grünland statt Ackerbau) kann auch die Anforderung an die Abflußleistung wieder herabgesetzt werden. Dann ist ohne zusätzlichen Grunderwerb eine Renaturierung möglich, und zwar durch

- nachträgliche Bepflanzung der Böschung oberhalb der Mittelwasserlinie,
- Duldung beginnender natürlicher Sukzession durch Aufwuchs im Abflußprofil,
- Duldung von Uferabbrüchen und Auflandungen, wobei Abbrüche lediglich gegen weiteres Abrutschen durch biologische Methoden gesichert werden müssen.

Ist die Abflußleistung eines Bachprofils knapp bemessen, so daß zusätzliche Bepflanzungen zu einer Leistungsminderung und damit Ausuferung des Baches bei Hochwasser führen, können hier folgende Maßnahmen Abhilfen schaffen:

- Böschungsneigung durch Abgrabung bis 1:1,5 verändern;

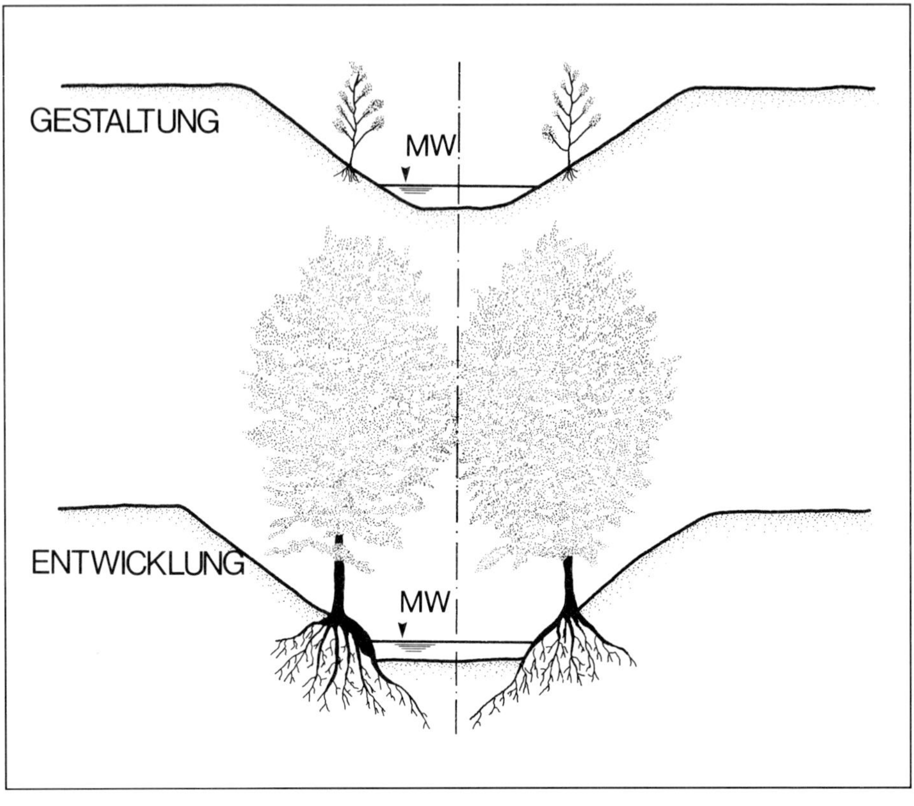

– Böschungsneigung durch Anlage eines terrassenförmigen Einschnitts (Berme) bis 1 : 1,25 verändern.

Bermen und Steilufer können wechselseitig angelegt werden, wobei am Gleitufer Bermen angebracht werden, während das Prallufer mit naturnahen Befestigungsmethoden gesichert wird.

Extrem begradigte Bäche müssen in der Regel in Verbindung mit Grundstückstausch oder Grundstückserwerb renaturiert werden. Hierzu sind umfangreiche Vorplanungen und die Bereitstellung der erforderlichen Haushaltsmittel Voraussetzung.

Das neu anzulegende Bachbett sollte eine den natürlichen Verhältnissen entsprechende Linienführung erhalten. Dabei können die beschriebenen naturnahen Ausbauprofile Verwendung finden, wobei der Abflußquerschnitt die künftige Entwicklung der Pflanzengesellschaften, aber auch mögliche Auflandungen mit berücksichtigen sollte. Der bisherige Bachlauf könnte als hochwasserentlastende Flutmulde zusätzlich in die Überlegung einbezogen werden.

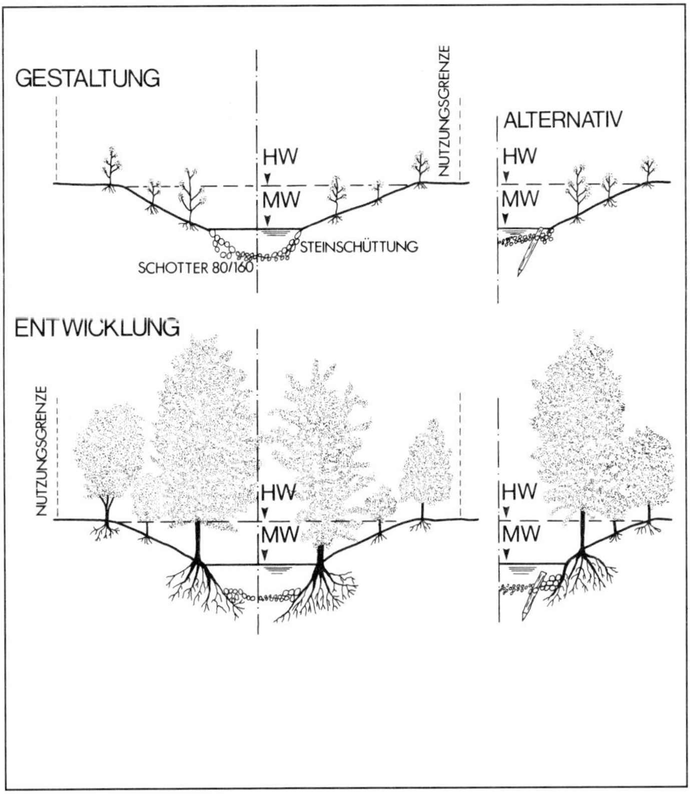

Bäche, die im Zuge von Rückbaumaßnahmen oberhalb der Mittelwasserlinie neu mit Erlen bepflanzt werden, entwickeln sich im Laufe der Jahre zu einer stabilen Ufervegetation. Sie sichern die Böschungsfüße durch ihre Wurzeln und regulieren den Gewässerwärmehaushalt ganz entscheidend durch ihre Schattenwirkung

Die im Zuge von Renaturierungsmaßnahmen vorgenommenen Bepflanzungen sollten oberhalb der Mittelwasserlinie zielbewußt auch die Arten miteinbeziehen, die zur natürlichen Pflanzengesellschaft dieser naturräumlichen Einheit gehören. An der Mittelwasserlinie selbst sollten jedoch zur Sicherung der ökologischen Funktionen in erster Linie Schwarzerlen Verwendung finden.

Es geht auch anders: Fallbeispiel Odenwälder Elz

In der wasserbaulichen Praxis war es über Jahrzehnte verpönt, an der Uferlinie Gehölze planmäßig einzubauen. Das von Bäumen und Sträuchern befreite Abflußprofil war die Regel, und das Ergebnis einer solchen Wasserbaupolitik kann man landauf, landab bewundern. Allenfalls zur ästhetischen Bereicherung gestattete man einen Gehölzbewuchs an Böschungsschulter oder Oberkante, an Stellen also, die den Hochwasserabfluß nicht wesentlich beeinflussen.
An der Odenwälder Elz waren Ende der 40er Jahre durch Hochwässer größere Schäden entstanden. Überdies war im Laufe der Jahre der Abflußquerschnitt durch Auflandung und Entstehung steiler Ufer eingeengt worden. In den Jahren 1957 und 1958 war daher ein Ausbau geplant worden, mit dem bestehende Schäden beseitigt und die Talsohle hochwasserfrei gemacht werden sollte.
Der mit der Baumaßnahme beauftragte Wasserbauingenieur Franz Meszmer hatte durch jahrelange Beobachtungen von Gewässern mit natürlichem Gehölzbewuchs Vorstellungen eines naturnahen Ausbaus entwickelt, die zu jener Zeit geradezu revolutionär waren. Hochwasserschäden an einem Abschnitt der Odenwälder Elz, der, wie zu jener Zeit üblich, als Kanal ausgebaut war, trugen zum Umdenken dieses Mitarbeiters der baden-württembergischen Wasserwirtschaftsverwaltung bei. Wenn es nämlich an den Ufern der Bäche Schäden auch ohne Bäume gibt, so kann der Schaden, der mit Bäumen eventuell entsteht, kaum größer sein. Entgegen allen Regeln der Technik hatte Franz Meszmer in das wiederhergestellte und mit einer künstlichen Terrasse (Berme) profilierte Bachbett Rot- oder Schwarzerlen an der Uferlinie gepflanzt. Überraschenderweise gab ihm seine vorgesetzte Dienststelle bei diesem Pilot-Projekt – dem ersten jener Art in der Bundesrepublik Deutschland – freie Hand.
Bald danach sollte die Regulierung an der Elz fortgesetzt werden. Meszmer konnte dabei erreichen, daß man sich auch hier streng am Vorbild natürlicher Gewässer orientierte. Der zum Hochwasserabfluß erforderliche Raum sollte durch ein Abbaggern beider Ufer hinter den bestehenden Reihen der Ufervegetation gewonnen werden. Der untere Abschnitt der Ausbaustrecke war ein wildbachartiges Fließgewässer, während der obere Abschnitt als Staugewässer zur Kraftgewinnung einen anderen Charakter hatte. Der untere Abschnitt brachte bei diesen Arbeiten keine Probleme mit sich. Die vorhandenen Bäume wurden nicht entfernt, die Wurzelräume nicht beschädigt. Diese damals verschonten Bäume stehen heute noch immer und weisen mittlerweile ein Alter von etwa 50 Jahren auf.
Im oberen Abschnitt standen die Erlen zu hoch, so daß sie sich nicht ohne weiteres in das Abflußprofil einbinden ließen. Dennoch sind auch sie heute noch an der Odenwälder Elz vorhanden. An einigen Stellen, so unterhalb eines Stauwehres, mußten die Ufergehölze jedoch neu begründet werden. Dazu wurden Purpurweiden und etwas oberhalb dreijährige Rot- oder Schwarzerlensämlinge eingebracht, die jedoch später von einem natürlichen Saum aus dieser Baumart und einigen Eschen überwachsen wurden. Aus dem oberen Einzugsbereich der Elz wurden 17 km weit Grauerlensämlinge angeschwemmt, die zu

Nur die beidseitige lückenlose Bepflanzung garantiert einen dauerhaften Uferschutz und die notwendige Beschattung zur Regulierung des Gewässerwärmehaushalts.

einem zusätzlichen dichtstehenden Saum führten. Die Pflanzungen wurden insgesamt sich selbst überlassen, und die Natur sorgte an beiden Ufern für eine natürliche Auslese. Nur etwa jeder zehnte bis fünfzehnte Baum konnte sich durchsetzen. Diese sind heute Bestandteil eines intakten Saumwaldes, der zur dauerhaften Sicherung der Ufer beiträgt und ausreichend für eine Beschattung des Gewässers sorgt.

Die Außenböschungen des neuen Saumwaldprofils wurden mit Gehölzen der natürlichen Pflanzengesellschaft versehen. Dadurch konnte auch der für die Hochwasserführung errichtete Seitenbereich des Abflußgerinnes stark beschattet werden, so daß sich hier im Zuge einer natürlichen Sukzession Auwaldpflanzen einfanden. Schneeglöckchen, Lerchensporn und Gelbe Anemone hielten Einzug an der Odenwälder Elz, der Eisvogel kehrte zurück und die Wasseramsel fand wieder zusagenden Lebensraum.

Die Kollegen von Meszmer sahen damals das Projekt noch als die Tat eines Einzelgängers an, dem keine besondere Bedeutung beigemessen wurde. Öffentlichen Spott durch diese Kollegen mußte der mutige Wasserbauingenieur aus dem Odenwald ebenso ertragen wie deren Voraussagen, daß dies alles zum Scheitern verurteilt sei. Heute behaupten genau diese Wasserbauingenieure, ihre Liebe zur Natur schon immer unter Beweis gestellt zu haben und „seit jeher" naturnahen Wasserbaumethoden gegenüber aufgeschlossen gewesen zu sein.

An der Odenwälder Elz konnte erstmalig in der Bundesrepublik bewiesen werden, daß bei Ausbau und Gestaltung von Fließgewässern ökologische Gesichtspunkte allen anderen überzuordnen sind, ohne daß dadurch die Unterhaltungskosten steigen. Ja, es konnte genau das Gegenteil unter Beweis gestellt werden, denn an der Odenwälder Elz fallen nur geringe Kosten für die gesetzliche Unterhaltungspflicht an.

Inzwischen sind am Bachbett der Elz durch herkömmlich orientierte Nachfolger von Franz Meszmer Veränderungen vorgenommen worden, die das positive Erscheinungsbild dieser Muster-Bachstrecke leider wieder in ihr Gegenteil verkehrt haben. Am Wert und der Bedeutung von Meszmers frühen Erkenntnissen hat dies jedoch nichts geändert.

RECHTSBREVIER
Ausbau oder Unterhaltung?

Die Frage, ob die vorgesehene Veränderung eines Bachlaufes oder seiner Ufer eine Ausbau- oder Unterhaltungsmaßnahme darstellt, ist in der Praxis wegen der unterschiedlichen Verfahren, die jeweils eingehalten werden müssen, von entscheidender Bedeutung und häufig bereits der erste Streitpunkt zwischen Naturschützern und Wasserwirtschaftlern. Unterhaltungsmaßnahmen können nämlich ohne eine behördliche Genehmigung durchgeführt werden, während dem Aus- und Umbau sowie der Herstellung oder Beseitigung von Gewässern ein öffentliches Planfeststellungsverfahren vorausgehen muß. In diesem Verfahren können Bürger und Naturschutzverbände Einwendungen vorbringen.
Es liegt daher auf der Hand, daß die für die Gewässerunterhaltung zuständigen Stellen (meistens die Gemeinden) ein Interesse daran haben, möglichst viele Maßnahmen der Unterhaltung zuzuordnen, um sich das aufwendige Planfeststellungsverfahren zu ersparen. Sie berufen sich dabei gerne darauf, daß es Aufgabe der Unterhaltung sei, die Bäche in einem „ordnungsgemäßen" Zustand zu erhalten und interpretieren diesen Zustand als einen, der „heutigen Anforderungen der Gewässerbewirtschaftung entspricht". Ein Kommentar zum Wasserrecht grenzt jedoch Unterhaltung und Ausbau so voneinander ab:
„Die Unterhaltung ist auf die Erhaltung, der Ausbau auf die Umgestaltung des Gewässers abgestellt."
Daraus folgt, daß die Unterhaltung keineswegs dazu dient, einen wasserbautechnisch optimalen Zustand herzustellen; sie soll allein diejenigen wasserwirtschaftlichen Funktionen aufrechterhalten, denen der Bach in seiner vorhandenen Gestaltung bisher gedient hat.
Der natürliche Gewässerzustand unterliegt nun aber dauernden Veränderungen, insbesondere der Uferlinie des Baches. Es ist Aufgabe der Unterhaltung, diese Veränderungen soweit auszugleichen, wie dies zur Aufrechterhaltung der vorhandenen Gewässerfunktion zwingend notwendig ist. Dies kann etwa die Verhinderung einer Unterbrechung oder Verlandung des Bachlaufes, die Erhaltung von Uferbefestigungen einschließlich der Ufervegetation sein. Gewisse natürliche Veränderungen des Bachzustandes müssen von den Anliegern dagegen hingenommen werden, wenn die angestammte Funktion des Gewässers dadurch nicht aufgehoben wird.
Werden demgegenüber Maßnahmen geplant, welche die Gewässerfunktionen verändern (oder „verbessern") sollen, handelt es sich um einen Ausbau, für den ein Planfeststellungsverfahren durchgeführt werden muß. Deshalb stellen die Befestigung oder Eindeichung von Ufern, die bauliche Veränderung des Gewässerbetts, das Abschneiden oder Verfüllen von Seitenarmen oder Kolken in der Regel keine Unterhaltungsmaßnahmen dar. Auch die Beseitigung jahrelang gewachsener Ufervegetation fällt nicht in die Kategorie Unterhaltung.
Natürlich ist es oft schwer zu beurteilen, ob etwa langsam ablaufende Erosionsprozesse oder Vegetationsveränderungen noch als Beeinträchtigung des Normalzustandes gelten können, die im Wege der Unterhaltung zu beseitigen sind oder ob sie bereits den Normalzustand selbst darstellen. Als Faustregel kann hier gelten: je länger der vorhan-

dene Zustand (z. B. eine Auskolkung) schon besteht, um so wahrscheinlicher ist es, daß seine Beseitigung keine Gewässerunterhaltung mehr darstellt.
Aber auch bei Maßnahmen, die unstreitig der Unterhaltung zuzuordnen sind, darf nicht übersehen werden, daß die Wassergesetze keineswegs nur wasserbautechnische Aspekte meinen, wenn von der „Aufrechterhaltung eines ordnungsgemäßen Gewässerzustandes" die Rede ist. Art. 42 des Bayerischen Wassergesetzes stellt die Erhaltung und Förderung der „biologischen Wirksamkeit des Gewässers" gleichrangig neben Wasserabfluß, Schiffahrt und Uferschutz. In ähnlicher Weise machen auch die Wassergesetze anderer Bundesländer klar, daß die Unterhaltung nicht nur eine Aufgabe hat und nicht dazu da ist, einseitige Funktionen zu maximieren.
Abschließend sollte nicht unerwähnt bleiben, daß Ausbaumaßnahmen, die als Unterhaltung getarnt werden, eine Ordnungswidrigkeit darstellen, die mit einem Bußgeld belegt werden kann.

Uferbewuchs auf Nachbars Boden?

Die Frage der Zulässigkeit des Grenzabstandes von Bäumen an der Uferlinie wird in § 30 des Wasserhaushaltsgesetzes (WHG) geregelt, ohne daß dies bislang eine entsprechende Würdigung in der wasserbaulichen oder naturschutzrechtlichen Praxis gefunden hat. Das WHG als Spezialgesetz bestimmt nämlich, daß die Bepflanzung der Uferlinie ohne Rücksicht auf Grenzabstände für Bäume und Sträucher, wie sie in den jeweiligen Nachbarrechtsgesetzen der Länder vorgesehen sind, ausschließlich nach Gesichtspunkten der Gewässerunterhaltung zu erfolgen hat. Nachbarrechtlich vorgeschriebene Grenzabstände gelten aber nur, soweit nicht öffentlich-rechtliche Vorschriften, wie eben dieser § 30 Abs. 2 WHG, etwas anderes bestimmen.
Das bedeutet in der Praxis, daß Grundstückseigentümer den Uferbewuchs nicht nur auf den benachbarten, sondern sogar auf ihren eigenen Grundstücken – sofern dort die Uferlinie verläuft – dulden, ja u. U. sogar pflegen müssen.

Schwarzerle (Alnus glutinosa). Typisch geformte Blätter und Kätzchen für das folgende Jahr (ab Oktober rötlich). Die kleinen dunklen „Zapfen" bleiben nach Entlassung der Früchte noch lange am Baum.

PORTRÄT:

Rot- oder Schwarz-Erle (Alnus glutinosa)

Erlen sind Baumarten, die mit extremen Lebensbedingungen vorliebnehmen können und die daher zu den Pioniergehölzen zählen. Die Rot- oder Schwarz-Erle zählt zu den mittelgroßen Bäumen mit einer länglichen bis pyramidenförmigen Krone. Sie hat eine schwarzgraue bis schwarzbraune Rinde und ein tiefreichendes, dichtes Wurzelsystem. Als Halbschattholzart verträgt sie erheblichen Schatten benachbarter Bäume und wird in der Regel zwischen 80 bis 100 Jahre alt. Selbst mehrfach zurückgeschnitten treibt sie immer wieder aus ihrem Baumstumpf aus und bildet dann meist mehrstämmige Bäume. Die Schwarz-Erle ist – neben Silber-, Bruch- und Rötelweide – unsere einzige heimische Baumart, die eine mehrmonatige flache Überflutung unbeschadet überstehen kann. Sie hat sich daher zur vorherrschenden Baumart in den tieferen Aubereichen der Bäche und kleineren Flüsse entwickelt.

Blätter

Die Blätter der Schwarz-Erle sind wechselständig angeordnet, breit eiförmig und vorn leicht eingebuchtet. Am Rande sind sie gezähnt, und sie verfügen über jeweils 5 bis 8 Nervenpaare.

Blüten

Die männlichen und weiblichen Kätzchen der Schwarz-Erlen stehen auf demselben Trieb, sind langgestielt und erscheinen bereits im Sommer des Vorjahres. Die männlichen Blütenstände hängen zu mehreren am Ende der Zweige, haben violettbraune Deckschuppen und gelbe Staubbeutel. Die weiblichen Blütenstände sind unscheinbar klein und haben rötliche Narben. Die Schwarz-Erlen blühen vom Februar bis in den April bis kurz vor dem Austreiben der Blätter. Die etwa im September bis Oktober ausgereiften Früchte fliegen meist von Februar bis März aus; die Keimfähigkeit der Samen kann reichlich ein Jahr andauern.

Früchte

Die Früchte der Schwarz-Erle werden in eiförmigen Zäpfchen gebildet, die im unreifen Zustand graugrün und klebrig und im reifen Zustand dunkelbraun und holzig sind. Die Nüßchen, in denen der Samen fest eingeschlossen ist, sind bräunlich glänzend, abgeflacht mit schmalen Flügelrändern.

PORTRÄT:

Eisvogel (Alcedo atthis)

Die Art ist in ganz Mitteleuropa unregelmäßig verbreitet, wobei sie schwerpunktmäßig in den Beckenlandschaften sowie in den Fließgewässer-Tälern der Mittelgebirge vorkommt. Durch Wasserbaumaßnahmen und Gewässerverschmutzung ist vor allem seit ca. 1950 ein beschleunigter Rückgang des Eisvogels zu verzeichnen, der noch durch direkte Nachstellungen von Anglern und Teichwirten verstärkt wird.

Kennzeichen

Männchen und Weibchen sind im Freiland nicht zu unterscheiden. Beide sind gedrungen, auffallend kurzschwänzig und etwas größer als ein Sperling. Ihre Oberseite ist kobaltblau bis türkisfarben (je nach den Lichtverhältnissen), ihre Unterseite orangebraun. Der Hals trägt weiße Seitenflecken, die Füße sind ziegelrot, der kräftige Schnabel dunkel.

Stimme

Der rhythmische, variable Gesang des Männchens ist mit „tji-tii-ih, zji-tiih" oder ähnlich umschreibbar. Daneben sind verschiedene, meist sehr scharfe Rufe von Männchen und Weibchen zu hören.

Ansprüche an den Lebensraum

Die Tiere, die je nach geographischer Region Stand-, Strich- oder Zugvögel sind, benötigen stehendes oder langsam fließendes Wasser mit guten Sichtverhältnissen, Sitzwarten in ausreichender Zahl (möglichst nicht höher als 2 m), überhängende oder senkrechte Abbruchkanten von mindestens 50 cm Höhe an Prallhängen und anderen Steilufern sowie Gehölze in unmittelbarer Ufernähe (Deckung, Schlafplatz). Ein ausreichendes Nahrungsangebot an Kleinfischen (junge Bachforellen, Gründlinge, Elritzen, Plötzen, Rotfedern, Schmerlen, Stichlinge u. a.) ist nötig, daneben werden verschiedene Kleintiere gefressen. Die Nester liegen am Ende von 50–90 cm langen Röhren, die dort zu einem Nestkessel erweitert sind. Männchen und Weibchen graben die Röhre gemeinsam in eine Abbruchkante, was 2–10 Tage dauert. Der Boden wird dabei mit dem Schnabel gelöst und mit den Füßen weggescharrt.

Fortpflanzung

Nach der Paarung werden ab Mitte März meist 6–7 Eier abgelegt, die 18–21 Tage bebrütet werden. Die Nestlinge fliegen im Alter von 23–27 Tagen aus. Meist kommen zwei Bruten hintereinander vor, manchmal auch 3, in seltenen Fällen sogar 4. Die Brutzeit kann bis in den Oktober reichen.

Gefährdung

Natürlicherweise nehmen die Bestände durch harte Winter stark ab. Auch Sommerhochwässer können durch Überflutung der Brutröhren zu hohen Verlusten führen. Unter normalen Bedingungen erholt sich die Art stets wieder davon. Heute wirken vor allem Gewässerverschmutzung und Wasserbaumaßnahmen (Entfernung von Gehölzen, Stillwasserbereichen, Steilufern) dauerhaft bestandsdezimierend. Nur konsequente Umkehr im Wasserbau sowie Abstellen der Verschmutzung können den Eisvogel dauerhaft sichern.

DIE AKTION – PATEN FÜR BÄCHE

Eine ständig steigende Zahl von Bürgern zeigt sich gegenüber den Problemen des Umwelt- und Naturschutzes aufgeschlossen. Mit rund 5 Millionen Mitgliedern sind etwa 8 bis 9% der Bürger in Umwelt- und Naturschutzorganisationen engagiert. Dagegen bringen es die politischen Parteien mit 2,3 Millionen Mitgliedern gerade auf etwa 4% der Bevölkerung. Mit diesem Zahlenvergleich soll lediglich dokumentiert werden, daß sehr viel mehr Bürger bereit sind, sich für natürliche Lebensbedingungen allgemein oder vor Ort zu engagieren, als sich parteipolitischen Fragen zu widmen.

Unter den vielen Bundesbürgern, die Mitglied von Naturschutzverbänden sind, befindet sich eine beachtliche Zahl, die ihr Interesse am aktiven Engagement zum Ausdruck bringt. Die unzähligen örtlichen Gliederungen dieser Organisationen bieten dafür die geeignete Plattform. Wasser in jeder Form findet bei den Naturschützern seit jeher ein besonderes Interesse. Der Schutz von Feuchtgebieten, insbesondere der Vogel- und Amphibienschutz, sind oft Schwerpunkte ihres Tuns. Es ist darum verständlich, daß das Interesse an Bachpatenschaften in der letzten Zeit immer stärker geworden ist.

Im Rahmen von Bachpatenschaften können naturnahe Ufersicherungsmaßnahmen realisiert werden. Mit dem Einbau von einfachen Stammstücken vor einer Auskolkung haben die Mitglieder eines BUND-Ortsverbandes eine kostengünstige Ufersicherungsmaßnahme vollzogen, die anschließend bepflanzt wurde.

Bachpatenschaften – was ist das?

In gewisser Weise hat es Patenschaften für Bäche auch früher schon gegeben. Besonders Fischer und Jäger interessierten sich für die Bäche. Ihr Interesse an der Beute – ob Forelle oder Ente – sensibilisierte sie auch für den Lebensraum dieser Tiere. Auch das Interesse der Naturschützer galt zunächst einzelnen Arten am Bach. In den letzten Jahren wandelte sich der Naturschutzbegriff aber rasch, und es traten mehr und mehr Lebensraum-Betrachtungen in den Vordergrund. Auf diese Weise rückte auch der Bach als Ökosystem immer mehr in den Mittelpunkt des Interesses der Natur- und Umweltschützer.

In dieser Phase gewinnen Bachpatenschaften eine immer größere Bedeutung, zumal die Zahl derer steigt, die im Natur- und Umweltschutz vor allem eine praktische Betätigung sehen und suchen. Eine bloß theoretische oder abstrakte Behandlung der Themen reicht vielen nicht mehr aus. Die Patenschaft für einen Bach, für einen Teilabschnitt eines Gewässers ist bei genügender Sachkenntnis ein geeignetes Betätigungsfeld.

Mitverantwortung der Bürger

Die Pflege unserer Gewässer ist nach den Bestimmungen des Wasserhaushaltsgesetzes eine Aufgabe der Gemeinden. Wenn sich Bürger im Bereich der Gewässerpflege engagieren wollen, übernehmen sie im Grunde Aufgaben, die zum gesetzlichen Auftrag der Kommune gehören. Damit wird nicht die Unterhaltungspflicht von den Gemeinden genommen; vielmehr übernehmen die Bürger freiwillig und aus staatsbürgerlicher Verantwortung kommunale Aufgaben und werden damit im Interesse der Allgemeinheit tätig. Bachpaten arbeiten also lediglich im Einvernehmen und im Auftrag des für die Unterhaltung des Baches zuständigen Bürgermeisters. Gewässer, an denen die Unterhaltungslast dem betreffenden Bundesland obliegt, kommen in der Regel für Bachpatenschaften nicht in Frage, weil es sich dabei bereits um kleinere Flußläufe handelt. Sollten jedoch ausnahmsweise Bäche zu den unterhaltspflichtigen Gewässern des Landes gehören, so ist der Ansprechpartner die zuständige Wasserbehörde.

Der Erfolg von Bachpatenschaften setzt gute Grundkenntnisse über das Leben am und im Bach voraus, und die Bereitschaft und Fähigkeit zu kontinuierlicher Arbeit. Da in nicht geringem Umfang auch körperliche Arbeit notwendig wird, muß vor Übernahme einer Bachpatenschaft genau geprüft werden, ob die jeweilige Gruppe für die Übernahme der Aufgaben auch tatsächlich gerüstet ist. Schulklassen sollten nur dann Bachpatenschaften übernehmen, wenn die kontinuierliche Anleitung durch einen fachlich interessierten Lehrer gewährleistet ist;

nur so kann die Bachpatenschaft auch über den Tag hinausreichen, an dem die Schüler ihre Schule verlassen. Aus diesem Grund werden durch Bachpatenschaften in erster Linie die Naturschutzverbände, auch Angelsportvereine, Heimat- und Verschönerungsvereine oder interessierte Bürger angesprochen, die sich ausschließlich zu diesem Zweck zusammenschließen.

Bachpatinnen und -paten tragen Baumaterial zu einer Einsatzstelle an ihrem Gewässer.

Worum geht es bei einer Bachpatenschaft?

Die Entscheidung darüber trifft letztlich jede Gruppe von Bachpaten selbst. Dennoch lassen sich die möglichen Aufgaben allgemein etwa wie folgt auflisten:

1. Zustandserfassung der natürlichen Verhältnisse und der künstlichen Eingriffe am Bach.
2. Erfassung der Einleitungen in den Bach.
3. Erfassung der Nutzung in den unmittelbaren Randbereichen des Baches.
4. Laufende Überwachung des Baches durch turnusmäßige Begehungen.
5. Überwachung der Belastungen im Bach durch Gewässergütebestimmung, sofern die Bachpaten dies inhaltlich leisten können.
6. Weitergabe festgestellter Mängel an zuständige Behörden und Kommunen.
7. Beseitigung angeschwemmten und abgelagerten Unrats zur Reinhaltung des Gewässerlaufs.
8. Pflanzung von Ufergehölz an baumfreien Teilstrecken.
9. Nachpflanzung von Ufergehölzen zwischen vorhandenen Beständen.
10. Behutsame Pflege der Ufervegetation.
11. Feststellung von Uferabbrüchen und Maßnahmen zur Sicherung dieser Ufer im jeweiligen Einvernehmen mit den Unterhaltspflichtigen.
12. Umfassende Information der Bevölkerung über den Lebensraum Bach und die dort erforderlichen Maßnahmen.

Eine nicht geringe Anzahl dieser Maßnahmen zählt zu den Unterhaltungsaufgaben der dazu verpflichteten Kommunen oder der in ihrem Auftrag arbeitenden Wasser- und Bodenverbände. Schon allein aus diesem Grund empfiehlt sich eine vertragliche Vereinbarung zwischen Unterhaltspflichtigem, zuständiger Wasserbehörde und Bachpaten. Die Vereinbarungen über die Patenschaften sollte überdies dem Fischereiausübungsberechtigten, angrenzenden Landwirten, anderen Naturschutzorganisationen und der zuständigen Naturschutzbehörde angezeigt werden. Es empfiehlt sich, auch die alljährlich durchzuführenden Arbeiten diesem Kreis im Rahmen einer gemeinsamen Besprechung offenzulegen. Dadurch können Mißverständnisse abgebaut und Bedenken gegen bestimmte Einzelmaßnahmen ausgeräumt werden. Es ist besser, einige Stunden lang ein solches Vorhaben vorzustellen, als sich später über abgeschnittene Bäume oder zerstörte Sicherungsmaßnahmen zu ärgern. Im Rahmen solcher Sondierungsgespräche können auch eventuell weitere Interessenten für die eigentlichen Arbeiten gewonnen werden.

Bachpatinnen und -paten ergänzen eine lückige Bepflanzung.

Mustervereinbarung Bachpatenschaft

Die Naturschutzgruppe übernimmt mit Billigung des Unterhaltspflichtigen – dem Wasserverband .../ der Kommune ... – die Patenschaft über den Bach Z von Bach-Kilometer ... bis Bach-Kilometer .... Die zuständige Wasserbehörde ist über die Patenschaft informiert. Alle Aktivitäten haben im Rahmen und nach Maßgabe der geltenden Wassergesetze, Naturschutzgesetze und des Wasserhaushaltsgesetzes zu erfolgen. Die Bachpatenschaft berührt nicht die Unterhaltungsverpflichtung des Wasserverbandes .../ der Gemeinde .... Alle Arbeiten am Bach werden von der Naturschutzgruppe .../ dem Wasserverband .../ der Gemeinde ... vorher angezeigt. Der Wasserverband .../ die Gemeinde ... beteiligt die Naturschutzgruppe an den durchzuführenden Verbandsschauen bzw. an den entsprechenden Terminen der Gemeinde.

Die Bachpatenschaft umfaßt:

1. Regelmäßige Kontrollgänge am Bach
2. Sammlung von Beobachtungsdaten über Zustand und Veränderung der Flora und Fauna des Baches und seiner Aue.
3. Durchführung von Gewässergütebestimmungen mit biologischen und chemischen Methoden
4. Einsicht in die Einleitungserlaubnisse, soweit sie dem Wasserverband/der Gemeinde vorliegen
5. Ergänzung vorhandener oder Neuanlage von Bepflanzungen entlang und oberhalb der Mittelwasserlinie
6. Langfristige Erstellung eines Pflegeplans für die Erhaltung der Uferbepflanzung
7. Säuberungsaktionen am Bach, insbesondere nach Hochwasserwellen
8. Umgehende Benachrichtigung an Wasserverband / Gemeinde / Wasserbehörde bei Beobachtungen, die ein Einschreiten erforderlich machen
9. Die Kosten der Bachpatenschaften werden von der Naturschutzgruppe getragen, soweit es sich nicht um Maßnahmen handelt, die der Unterhaltungspflicht unterliegen. Wasserverband/Gemeinde / Wasserbehörde / Naturschutzbehörde bemühen sich, für Einzelaktionen Zuschüsse für die Bachpaten zu erhalten.
10. Die Bachpatenschaft schließt auch das Betreten privater Grundstücke ein, sofern dies für die Wahrnehmung der Aufgaben erforderlich wird, die die Bachpaten im Auftrage des Unterhaltungspflichtigen versehen. Die hierfür erforderliche Absprache mit den Eigentümern erfolgt durch Wasserverband/Gemeinde nach vorheriger Information durch die Naturschutzgruppe ...

Die Vereinbarungen über die Bachpatenschaft gelten bis .... und können jeweils verlängert werden.

Unterschrift

1. Der Wasserverbandsvorsitzende oder Bürgermeister
2. Die zuständige Wasserbehörde
3. Die Naturschutzgruppe

Erfolge durch Fachwissen

Da Bachpatenschaften in der Regel eine gute Kenntnis der allgemeinen ökologischen Grundlagen des Lebensraums Bach voraussetzen, sollten die Bachpaten solche Kenntnisse erwerben, ehe sie den Beschluß zur Übernahme einer Bachpatenschaft treffen. Ortskenntnis allein reicht dazu nicht aus. Es ist zumindest erforderlich, sich grundlegende Kenntnisse über die Bedeutung und die Funktion von Pflanzen und Tieren am und im Gewässer zu verschaffen. Nur dann können die Gesamtzusammenhänge verstanden und richtig eingeordnet werden. Daraus ergeben sich auch die am Bach erforderlichen Arbeiten und Maßnahmen. Die fachlichen Arbeitskreise der Naturschutzverbände (so der Arbeitskreis Wasser im BUND) bieten vielfältige Informationen gerade auch für Bachpatenschaften an, die entsprechend genutzt werden sollten.

Erfahrungen mit Bachpatenschaften liegen mittlerweile vor. Der Westdeutsche Rundfunk hat in einer eigens dazu herausgegebenen Broschüre eine solche Bachpatenschaft beschrieben. Erfahrungen haben aber auch die „Arbeitsgemeinschaft Limnologie und Gewässerschutz" in Hannover, die BUND-Ortsgruppen Gundelfingen, Ettlingen, Villingen-Schwenningen, Bad Homburg, Friedrichsdorf/Taunus, der Angelsportverein Beeden im Saarland sowie in Schleswig-Holstein der Verein Jordsand, die Landesjägerschaft sowie einige Wassersportvereine gesammelt.

Die obersten Wasserbehörden in Nordrhein-Westfalen, Rheinland-Pfalz, dem Saarland, Schleswig-Holstein, Hessen und Baden-Württemberg begrüßen solche Aktivitäten, weil in einem stärkeren Engagement der Bürger für die Erhaltung der Bäche eine positive Entwicklung gesehen wird. Der baden-württembergische Minister für Ernährung, Landwirtschaft, Umwelt und Forsten hat eine Anleitung über Bachpatenschaften herausgegeben, die wertvolle Informationen enthält. In Hessen hat die oberste Wasserbehörde in enger Zusammenarbeit mit den Naturschutzverbänden eine Broschüre, Merkblatt und eine Mustervereinbarung über Bachpatenschaften geschaffen. Im Saarland erhalten Bachpaten regelmäßig Informationen vom Ministerium.

In diesem Zusammenhang sollte auch noch erwähnt werden, daß Bachpatenschaften ein geeignetes Feld der Öffentlichkeitsarbeit für Naturschutzorganisationen sind. Mit solchen Aktivitäten kann man das Interesse der Öffentlichkeit für die Sache selbst – den Bach und seine Probleme – wecken, aber auch die dringend notwendige Sympathiewerbung für den Naturschutz betreiben. Gruppen, die Arbeiten im Allgemeininteresse übernehmen und sich aktiv in diesem Bereich engagieren, wird durch die breite Öffentlichkeit auch eher das „Recht" zugestanden, in anderen Fällen als unbequeme und kritische Mahner aufzutreten. Dieser psychologische Aspekt sollte nicht gering geschätzt werden, da konsequente umweltpolitische Vorstellungen durchaus in unserer Bevölkerung noch nicht von einer Mehrheit vertreten werden.

Der Rückschnitt von Kopfweiden kann durch eine Patenschaft erfolgen.

Ein Beispiel – Patenschaft Erlenbach

Als ein Mittelsgebirgsbach am Rande des Rhein-Main-Ballungsgebietes entspringt der Erlenbach am Nordhang des Taunuskammes in einer Höhe von etwa 560 m. Bei Bad Vilbel am Rande der Wetterau mündet er in die Nidda, die sich in Frankfurt mit dem Main vereinigt. Auf seiner Gesamtlänge von 29 km wird der Erlenbach noch zum größten Teil von einem Waldsaum aus Erlen, Weiden und Eschen beschattet. Im oberen Mittellauf sind Stichling, Bachschmerle, Gründling, Döbel und Bachforelle bodenständige Fischarten, deren Nahrungsgrundlage durch eine reiche Fauna an Wirbellosen gegeben ist. Entsprechend liegt die Gewässergüte hier im Bereich von I bis II und III. Erst im Unterlauf, nach einer Kläranlage, verschlechtert sich die Gewässergüte drastisch. Der Erlenbach bietet auch Lebensraum für eine vielfältige Vogelwelt, zu der die Wasseramsel als Brutvogel, Graureiher und Eisvogel als ständige Gäste zählen.

Ein Bach, der an manchen idyllischen Stellen noch einen Rest seiner ursprünglichen Schönheit behalten hat und Erholungssuchende anlockt. In der Nähe der Großstadt Frankfurt, deren Gebiet er im Unterlauf durchfließt, stellt er somit eine ökologische Rarität dar.

Diesem Erlenbach gilt seit einigen Jahren die besondere Aufmerksamkeit und Pflege des BUND-Ortsverbandes Friedrichsdorf. Der Stadt wurde daher für die etwa 10 km lange Strecke im Gemarkungsbereich die Patenschaft angeboten. Denn trotz seines erstaunlich guten Zustandes hat der Erlenbach Schutz und

Pflege dennoch nötig. Die seit Jahrzehnten immer dichter werdende Siedlung hat auch ihn nicht unbeschadet belassen und die Unvernunft oder Verantwortungslosigkeit so mancher Bürger fügt ihm noch heute ständig weiteren Schaden zu.
Schon seit vielen Jahren werden von den Anglern mit Unterstützung anderer Vereine Bachreinigungen durchgeführt, an denen sich auch die BUND-Bachpaten beteiligt haben. Viele Kubikmeter Müll wurden dabei jährlich von den freiwilligen Helfern aus dem Bach geholt; Abfall, den andere vorher bedenkenlos hineingeworfen haben.
Die Patenschaft der BUND-Gruppe geht jedoch über die Bachreinigungen weit hinaus. Der Bach wird in festgelegten Abständen von den Bachpaten möglichst intensiv beobachtet. Dabei gilt das Hauptaugenmerk allen Einleitern, die in einem Plan festgehalten sind. Bei Verdacht auf eine schädigende Einleitung können einige Mitglieder bereits erste Wasseruntersuchungen vor Ort machen und notfalls die Umweltpolizei oder die zuständige Wasserbehörde verständigen. Bei einem solchen „Gewässeralarm" arbeiten die Bachpaten eng mit dem Angelsportverein zusammen, der den Bach als Fischgewässer gepachtet hat. Durch regelmäßige Kontrolle der Gewässergüte anhand von Bioindikatoren versuchen die Bachpaten, den Ursachen längerfristiger Schwankungen in der Wasserqualität auf die Spur zu kommen.

Der Erlenbach aus der Luft. Man sieht vereinzelte Lücken in der Ufervegetation, die es durch die Bachpatenschaft zu ergänzen gilt (freigegeben durch RP Darmstadt, Nr. 1538/84).

Ufersicherung durch Bachpaten

Bei den Beobachtungen durch die Bachpaten werden auch die Stellen registriert, an denen der Erlenbestand zu große Lükken seiner Ufergehölze aufweist. Im Winter und im zeitigen Frühjahr pflanzen die aktiven Naturschützer hier junge Erlen, um so natürliche Ufersicherung zu betreiben, die den späteren Einsatz von Maschinen und unnatürliche Uferverbauungen überflüssig macht. An Stellen, wo bereits Auskolkungen entstanden sind, die festgelegt oder ausgefüllt werden müssen, wird dies in Handarbeit und mit naturnahen Methoden durchgeführt. Die Bachpaten am Erlenbach haben dabei besonders gute Erfahrungen mit den sogenannten Rauhbäumen gemacht.
Das Ufergehölz wurde viele Jahre lang sich selbst überlassen. Leider geht dies bei den nur schmalen Uferparzellen in unserer dichtbesiedelten Landschaft auf Dauer nicht gut. Frühere Kopfweiden haben beispielweise zu starke Stämme entwickelt, die jetzt aus Altersgründen sturmgefährdet sind oder auch auseinanderbrechen können. Um den Unterstamm zu retten, der meist auch wertvolle Bruthöhlen enthält, müssen diese Weiden auf ihre ursprüngliche Höhe zurückgeschnitten werden. Wo die Erlen von den zu vielen über sie hinausgewachsenen Weiden bedrängt werden, wird ausgelichtet. Auch manche dichten Erlenbestände müssen nach und nach auf den Stock gesetzt werden, damit wieder ein altersmäßig differenzierter Ufer-Saumwald entsteht. Für diese Arbeiten stellen die Bachpaten einen Pflegeplan auf. Die Durchführung der Arbeiten muß jedoch zum größten Teil durch die Stadt selbst

vorgenommen werden, da dies die Arbeitsmöglichkeiten, aber auch die Arbeitszeit der freiwilligen Helfer übersteigt.

Die Friedrichsdorfer Bachpaten haben sich intensiv auf ihre Bachpatenschaften vorbereitet und in Seminaren und durch Fachliteratur Fachkenntnisse erworben. Nur auf diese Weise war es ihnen möglich, die entsprechenden Planungen zu erstellen, die durch die Mitarbeiter der Stadt oder sie selbst ausgeführt werden. Ein ganz besonders wichtiger Aspekt bei der Übernahme einer Bachpatenschaft ist die Aufklärung der Mitbürger über die besondere ökologische Bedeutung unserer Fließgewässer. Durch Abendveranstaltungen, Informationsstände und Pressearbeit haben die Bachpaten in Friedrichsdorf versucht, ihre Mitbürger auf die Probleme am und im Bach aufmerksam zu machen.

Da es bei der Arbeit am Bach aber auch um Schäden geht, die ihm früher durch Begradigungen, Auffüllung der Auen und Überhöhung der Ufer zugefügt wurden und da weitere Eingriffe wie Uferverbauungen oder Regenwasserrückhaltebekken ebenfalls zu Beeinträchtigungen des Naturhaushaltes führen, haben die Bachpaten in Friedrichsdorf auch Vorschläge für tatsächliche Renaturierungsmaßnahmen erarbeitet und gehen nunmehr daran, diese durchzusetzen. Dies ist jedoch nur in enger Abstimmung mit den hierfür zuständigen Behörden möglich. Gerade aus diesem Grund wird auch die Notwendigkeit ersichtlich, mit den zuständigen fachlichen Dienststellen und Behörden eng und vertrauensvoll zusammenzuarbeiten.

Durch beharrliche und sachlich geführte Gespräche mußten die Bachpaten in Friedrichsdorf insbesondere unter Beweis stellen, daß sie als fachlich informierte Mitarbeiter anzusehen sind, die vor Ort gute Arbeit leisten können. Auf diese Weise ist allmählich ein Vertrauen gewachsen, das für die Bachpatenschaft von außerordentlicher Bedeutung ist.

In ähnlicher Weise wurden von den Friedrichsdorfer Bachpaten auch Erfahrungen mit anderen Umweltgruppen gemacht. Auch sie müssen merken, daß niemand vom Bach verdrängt werden soll, daß eine offene gegenseitige Information, eine Zusammenarbeit oder sinnvolle Arbeitsteilung zum Wohle der Umwelt der einzig richtige Weg zur Sicherung von Natur und Umwelt ist.

Im Rahmen der Bachpatenschaft in Friedrichsdorf am Erlenbach wurde jedoch auch die Erfahrung gemacht, daß eine mögliche Arbeitsteilung sich für den Bach zum Nachteil auswirken kann. Ein Bach ist ein langgestrecktes, aber zusammenhängendes Öko-System. Ein Eingriff an einer Stelle seines Laufes wirkt sich auch auf die anderen Teile des Systems aus. Darum ist es von der Sache her falsch und ein Grund für viele Fehler in der Bachunterhaltung, daß die Zuständigkeiten auf relativ viele Kommunalverwaltungen aufgeteilt sind. Dieser Nachteil kann nur dort aufgefangen werden, wo die Bachunterhaltung von Kommunen auf Wasserverbände übergegangen ist. Bachpatenschaften können aber nun zu genau demselben Fehler führen, wenn ein Bach auf mehrere Gruppen von Bachpaten aufgeteilt wird. Daher sollte ein übergeordnetes und einheitliches Konzept erarbeitet und die Arbeit eher funktionell als sektoral aufgeteilt werden.

Für die Bachpaten am Erlenbach ist die selbstgestellte Aufgabe eine große Herausforderung, deren Bedeutung jedem einzelnen immer mehr bewußt wird. Und letztlich machen die Arbeitseinsätze trotz der zeitlichen Belastung auch Freude, stärken die Naturschutzgruppe selbst und sprechen vor allem auch junge Leute an, die nun – statt vor Umweltproblemen zu resignieren – vor Ort in praktischer Arbeit etwas Sinnvolles für die Umwelt und die Erhaltung der Natur tun können. Dieses Bewußtsein schmiedet die Bachpaten am Erlenbach trotz gelegentlicher Zweifel immer wieder zusammen. Und wenn sie sich die Erlen ansehen, die sie im letzten oder vorletzten Jahr gepflanzt haben, wie sie im saftigen Grün ihrer Blätter dastehen und ihnen hier und da bereits über den Kopf wachsen, dann wissen sie, daß sich die Mühe für ihren Erlenbach gelohnt hat – und sie ermuntern andere Gruppen, sich ebenfalls mit einer Patenschaft für ihren Bach zu engagieren.

Fischtreppen ermöglichen eine Wanderung bachaufwärts an Stellen, wo künstliche Absturzbauwerke ein unüberwindbares Hindernis darstellen würden.

Der Erlenbach bei Hochwasser. Die Gefährdung der Ufer durch Abbruch ist gebannt. Dies ist auch ein Beitrag der Bachpatinnen und Bachpaten und stellt den Lohn für jahrelange Mühen dar.

Der Bach als Lern- und Erlebnisort

Wichtiger Teil der auf Fließgewässer gerichteten Naturschutzarbeit muß es sein, Kinder und Jugendliche mit dem Lebensraum Bach vertraut zu machen, denn sie sind es, die die Naturschutzarbeit von morgen weiterführen. Dabei geht es einerseits um das Vermitteln von Kenntnissen, denn mit fundiertem Wissen ausgestattete Menschen werden im Streit mit den Widersachern des Naturschutzes am ehesten bestehen können. Doch Wissen allein reicht als Triebfeder für engagiertes Handeln nicht aus: nur für das, zu dem wir eine tiefe emotionale Beziehung haben, für das, was wir lieben, setzen wir uns wirklich mit aller Kraft ein. Die Arbeit mit Kindern und Jugendlichen muß also andererseits stets darauf gerichtet sein, emotional an die Vielfältigkeit und Schönheit eines Baches mit all seinen wunderbaren Lebewesen heranzuführen. Möglichkeiten zur Betätigung an einem Fließgewässer gibt es zur Genüge, hier soll nur einer von vielen Wegen aufgezeigt werden.

Generell bietet sich für die Geländearbeit ein Vergleich zwischen einem naturnahen und einem ausgebauten Bachlauf an, denn gerade dadurch werden die Auswirkungen wasserbaulicher Eingriffe drastisch deutlich. Zunächst kann man mit der Gruppe erarbeiten, welche Faktoren es denn eigentlich sind, die ein Fließgewässer beeinflussen. Temperatur, Sauerstoffgehalt, Nährstoffgehalt, Schadstoffbelastung, durchflossenes Gelände, Struktur und Sediment des Bachgrundes, Tiefe, Breite, Fließgeschwindigkeit, Uferneigung, Uferstruktur, Ufervegetation und Nutzung werden dabei zur Sprache kommen. In kleinen Gruppen kann man dann mit einfachen Mitteln einige dieser Faktoren sowohl am ausgebauten als auch am naturnahen Bach untersuchen. Hier bieten sich Temperatur, Struktur und Sediment des Bachgrundes, Tiefe, Breite, Fließgeschwindigkeit, Uferneigung und Ufervegetation an.

Mit einfachen Untersuchungskoffern lassen sich auch leicht Einblicke in den Stoffhaushalt des Wassers gewinnen. Schnell werden sich auf diese Weise die Unterschiede zwischen beiden untersuchten Fließgewässern herauskristallisieren. Im nächsten Schritt geht es dann darum, Vermutungen anzustellen, wie denn wohl Tiere mit diesen unterschiedlichen Bedingungen klarkommen und in welchem Bachlauf wahrscheinlich mehr Arten anzutreffen sind. Es schließt sich die Aufgabe an, Tiere der Gewässer mit Kescher, Küchensieb und durch Absuchen von Steinen aufzuspüren, zu beobachten, wo und wie sie leben und sie zu bestimmen. Abschließend wird man eine Gegenüberstellung der Fauna ausgebauter und nichtausgebauter Gewässer machen.

Einige wichtige Prinzipien sollte man bei der Arbeit mit der Gruppe (oder Schulklasse) berücksichtigen (Zucchi, 1984):

1. Alle Tätigkeiten müssen mit Ruhe und Muße durchführbar sein.
2. Möglichst viele Inhalte sollten in eigenständigem, aktiven Wirken selbständig durch die Kinder und Jugendlichen erarbeitet werden.
3. Nicht die Arbeit im Gruppen- oder Klassenraum, sondern das Schaffen im Gelände, der hautnahe Kontakt zu Pflanze, Tier, Wasser, Boden, Sonne und Luft, die originale Begegnung, die sinnliche Wahrnehmung sollten absolut im Vordergrund stehen.

An Bächen lassen sich Zusammenhänge in der Natur besonders anschaulich erläutern. Bäche sind daher ein wichtiger Bestandteil der Jugend- und Kinderarbeit im Naturschutz.

4. Untersuchungsergebnisse sollten gemeinsam protokolliert und dokumentiert werden, eine Aufarbeitung in Form einer kleinen Ausstellung kann sich anbieten.
5. Über die Bearbeitung der gestellten Fragen hinaus sollte immer Gelegenheit zu spielerischen Aktivitäten sein (z. B. Schiffchen bauen und fahren lassen, Wasserrädchen bauen usw.).
6. Die Ausführung praktischer Naturschutzmaßnahmen sollte stets in die Gruppenarbeit integriert sein, z. B. Bau und Ausbringung eines Wasseramsel-Nistkastens, Schaffung eines Tümpels in der Bachaue, das Pflanzen von Gehölzen usw. Dieser Punkt läßt sich vor allem durch Übernahme einer Bachpatenschaft ausführen.

Wir wollen uns nicht damit abfinden, daß...

...unsere Landschaften überbaut

...unsere Gewässer verschmutzt

...unser Trinkwasser vergeudet

...unsere Böden vergiftet

...unsere Bäche verbaut und verrohrt

werden.

Wir wollen nicht zusehen, wie...

...Robben verenden

...unsere Wälder sterben und

...unsere Auen veröden.

Der Bund für Umwelt- und Naturschutz Deutschland (BUND) erarbeitet konstruktive Vorschläge für Auswege aus der Umweltkrise. Aufklärung der Bevölkerung und Information für die Politiker gehören zu den vielfältigen Aufgaben des BUND.

Der BUND wurde 1975 als bundesweite Organisation gegründet und ist heute mit 11 Landesverbänden in allen Bundesländern vertreten. Ende 1988 hatte der BUND 160 000 Mitglieder. Aber je mehr Mitglieder der BUND hat, desto besser kann er zur Lösung der Umweltprobleme beitragen. Unterstützen Sie deshalb unsere Arbeit und werden Sie Mitglied im BUND.

Mehr Informationen über den BUND erhalten Sie bei:

Bund für Umwelt- und Naturschutz
Deutschland e.V. (BUND)
Bundesgeschäftsstelle
Im Rheingarten 7, 5300 Bonn 3
Telefon 02 28 / 46 20 84

Glossar

Algizid
Algenvernichtungsmittel

Altarm = Altwasser
Von einem Fließgewässer abgeschnittener Mäanderbogen, der noch zeitweilig durchflossen oder auch völlig abgetrennt sein kann
(= toter Altarm).

anthropogen
Vom Menschen beeinflußt.

aquatisch
Im Wasser lebend.

Aue
Die an ein Fließgewässer (beidseitig) angrenzenden, von ihm durch Hochwasser, Erosion und Sedimentation beeinflußten Flächen
(„Au" im Mittelhochdeutschen = Wasser).

Auenwald = Auwald
Waldgesellschaften, die in der Aue stocken.

Biomasse
Das Gewicht aller Lebewesen, die sich zu einem bestimmten Zeitpunkt in einer definierten Flächen- oder Volumeneinheit einer Lebensstätte befinden; kann in Frisch- oder Trockengewicht gemessen werden.

Biotop
Lebensraum einer Tier- und Pflanzengesellschaft (Beispiele: Hochmoor, Trockenrasen, Feuchtwiese, Bach, etc.).

Biozönose
Lebensgemeinschaft von Tieren und Pflanzen innerhalb eines Biotops.

Chironomus
Artengruppe (Gattung) verschiedener Zuckmückenarten, die sich durch eine intensive Rotfärbung der Larven von anderen Arten der Zuckmücken unterscheiden.

Dränage (Drainage)
Entwässerung

Dränagerohr
In die Erde verlegtes Rohr zur Entwässerung meist landwirtschaftlicher Nutzflächen.

Drehkrankheit
Fischbrutkrankheit, hervorgerufen durch das sporentische Myxosoma cerebralis. Äußere Anzeichen: verkrümmte Wirbelsäule, verkürzter Oberkiefer
(= Mopsgesicht).

Drift
Gesamtheit der Partikel und Lebewesen, die in Fließgewässern mit der Strömung abwärts transportiert werden.
Drift lebender Organismen = organismische Drift.

Ephemera
Artengruppe (Gattung) der Eintagsfliegen, die im wasserdurchtränkten Grund und Uferbereich der Bäche lebt; walzenförmiger Körper, stark ausgeprägte Grabbeine.

epiphytisch
auf Pflanzen wachsend.

Erosion
Abtragung von Bodenmaterial, hier hauptsächlich durch Wasserkraft.

Fungizid
Pilzvernichtungsmittel

Furunculose
Fischseuche, vor allem bei Forellenfischen und Groppen.

Gasblasenkrankheit
Fischkrankheit, die dadurch auftritt, daß der Sauerstoffgehalt im Blut der Tiere plötzlich höher liegt als der im umgebenden Wasser. Der Sauerstoff perlt dann durch die Gewebe aus. Im Kopfbereich der Tiere zeigen sich blasige Strukturen unter der Haut.

Geschiebe
Vom Fließgewässer durch Strömung mitgeführte Geröllmassen.

Glossosomatidae
Familie der Köcherfliegen, deren Larven transportable, relativ kleine Köcher aus Steinchen bauen, die elliptisch geformt sind und deren beide Öffnungen auf der Köcherunterseite liegen.

Herbizid
Vernichtungsmittel für Höhere Pflanzen.

Hartholzaue
Wälder der (höhergelegenen) Auenbereiche mit Baumarten aus hartem Holz (Eichen, Eschen, Ulmen usw.).

Hydropsychidae
Familie der Köcherfliegen, deren Larven sich keinen eigentlichen Köcher bauen, sondern gelegentlich ihr „Revier" wechseln und sich dort immer eine neue lose Wohnröhre spinnen; weiden den Algenbelag von den Steinen, können jedoch auch meisterhafte Fangnetze weben, mit denen sie sich Nahrung aus dem Bach filtern.

Imago
Erwachsenes Insekt (Mehrzahl: Imagines)

Ichthyoeutrophierung
Starke Belastung eines Gewässers mit Exkrementen und Futterresten infolge von Massenfischhaltung.

Kaulquappe
Im Wasser lebende Larve eines Lurches, die durch Kiemen atmet.

Kieslaicher
Fische, die auf oder in Kies ablaichen.

Kopfweide
Weide, deren Äste regelmäßig bis zum Stamm gekappt werden. Dadurch entsteht auf dem immer dicker werdenden Stamm eine dichte, kopfartige Krone. Unterbleibt das regelmäßige Entfernen der Äste, so brechen die Stämme oft auseinander.

Krautlaicher
Fische, die an Wasserpflanzen ablaichen.

Laich
Ins Wasser abgelegte Eier von Fischen, Lurchen, Schnecken usw.

Larve
Jugendstadium einer Tierart, in dem sie sich vom Alttier erheblich unterscheidet.

Laugenkrankheit
Durch überhöhten pH-Wert hervorgerufene Fischkrankheit. Äußere Anzeichen: bläulich-weiße, samtartige Körperoberfläche.

limnischer Lebensraum
Süßwasser-Lebensraum

Limnologie
Wissenschaft von den Binnengewässern und ihrer Lebewelt.

Mahd
Schnitt der Wiesenvegetation, um Futter oder Einstreu zu gewinnen.

mikrobieller Abbau
Abbau toter organischer Substanzen durch Mikroorganismen (Bakterien, Pilze).

Molluskizid
Vernichtungsmittel für Mollusken
(= Weichtiere = Schnecken und Muscheln)

pathogen
krankheitserregend

pH-Wert
Die Wasserstoffionenkonzentration, verantwortlich für den Säure- oder Basengrad eines Stoffes. Die Skala reicht von 1 bis 14, wobei 7 der Neutralpunkt ist (unter 7 = sauer, über 7 = basisch-alkalisch).

phylogenetisch
Entwicklung (Evolution) der Tiere und Pflanzen im Verlauf vieler Generationen durch Erbänderungen.

Polycentropidae
Die Larven der Vertreter dieser Köcherfliegenfamilie besitzen (wie die Hydropsychidae) ebenfalls keine Köcher und leben am Grund ihrer weit ausgespannten Fangnetze.

Rhyacophila
Eine Artengruppe unter den Köcherfliegen, deren Larven sich rein räuberisch ernähren; ebenfalls köcherlos.

Rote Listen
Listen, auf denen ausgestorbene, ausgerottete und bestandsbedrohte Tiere und Pflanzen nach ihrem Gefährdungsgrad zusammengestellt sind.

Sediment
Ablagerung von Teilchen (Kies, Sand, Schlamm), die transportiert wurden.

Sericostoma
Die harten Teile der Larven dieser Köcherfliegen-Gattung sind immer sehr dunkel gefärbt; die Köcher aus feinem Sand, konisch und stark gekrümmt.

Sohle
Gewässergrund

Schwebstoffe
Kleine, vom Wasser mitgeführte, in ihm schwebende organische und anorganische Teilchen.

Schwemmbank
Über den Wasserpegel ragende Fläche am Ufer (Gleitufer) oder auch im Gewässer (Insel), entstanden durch Sedimentation.

Streuwiese
Wiese, die nur einmal im Jahr (im Spätsommer oder Herbst) gemäht wird, und deren Mähgut zur Einstreu für Vieh dient.

Submers
Völlig untergetaucht; z. B. submerse Pflanzen = ganz im Wasser lebende Pflanzen.

Substrat
Unterlage, Grundlage; hier allgemein für Material auf oder in dem die Tiere und Pflanzen leben können (Steine, Sand, Schlamm u. a.).

Suspendiert
Kleine Teilchen, die im Wasser fein verteilt sind, die aber wegen ihrer geringen Größe mit dem menschlichen Auge nicht mehr wahrgenommen werden können.

torrenticol
strömungsangepaßt

Toxizität
Giftigkeit

Tümpel
Stehendes Kleingewässer, das im Sommer oft austrocknet.

Weichholzaue
Periodisch überflutete Wälder der unmittelbar an die Gewässer grenzenden Auenbereiche mit Baumarten aus weichem Holz (Weiden, Pappeln, Erlen).

Literaturnachweis

AMBERG, M. (1980): Naturschutz, die große Lüge, Greven

AMLACHER, E. (1976): Taschenbuch der Fischkrankheiten, Jena

ARBEITSKREIS CHEMISCHE INDUSTRIE / KATALYSE UMWELTGRUPPE KÖLN (1983): Das Waldsterben, Ursachen – Folgen – Gegenmaßnahmen, Köln

ARBTER, K. (1975): Der Mehrzweckspeicher Gumpen, Blätter für Natur- und Umweltschutz, 3, 70–72

BAITSCH, B. (1975): Mechanische Gewässerentkrautung als Alternative zum Herbizideinsatz, Schriftenreihe Verein Wasser-, Boden-, Lufthygiene, Berlin-Dahlem, 46, S. 47–57, Stuttgart

BAUCH, G. (1966): Die einheimischen Süßwasserfische, Radebeul

BEGEMANN, W. (1982): Über die Bedeutung der Roterle als Uferschutz im naturnahen Ausbau von Fließgewässern, Neue Landschaft, 27, Hannover

BEGEMANN, W. + SCHIECHTL, H. M. (1986): Handbuch zur Ingenieurbiologie, Wiesbaden

BERNHARDT, K.-G. (1983): Verbreitung, Standortansprüche und Gefährdung des Bachläufers (Velia caprai Tam.) in der Westfälischen Bucht, Natur und Heimat, 43, 62–64

BINNEWEIS, K. (1983): Harzwasserkrise? Wege und Irrwege der Wassergewinnung im Harz und in Niedersachsen, Hornburg

BLESS, R. (1978): Bestandsänderungen der Fischfauna in der Bundesrepublik Deutschland, Naturschutz aktuell Nr. 2, Greven

BLESS, R. (1981): Untersuchungen zum Einfluß von gewässerbaulichen Maßnahmen auf die Fischfauna an Mittelgebirgsbächen, Natur und Landschaft, 56, 243–252

BÖHME, M., Hrsg. (1985): Saure Wasserwelt, Öko-Magazin, Wege aus einer zerstörten Umwelt, Bd. 8, Fellbach

BÖRNECKE, S., GRABENSTRÖER, M. (1984): Eine Idylle soll ertrinken, Im unterfränkischen Hafenlohrtal kämpfen Bürger seit Jahren gegen den Staudamm, Frankfurter Rundschau, „Zeit im Bild", 17. 11. 84

BRANDT. H. J. (1936): Der für Fische „tödliche pH-Wert" im alkalischen Bereich, Zeitschrift für Fischerei, 34, 359–361

BREHM, J., MEIJERING, M. P. W. (1982): Fließgewässerkunde, Heidelberg

BROHMER, P. (1977): Fauna von Deutschland, Heidelberg (Quelle & Meyer), 581 S., 13. Auflage

BRUNNER, H. (1982): Vergleich alternativer Querprofile beim Ausbau von Fließgewässern anhand der Nutzwertanalyse, TU München, Weihenstephan

BÖTTGER, K., STATZNER, B. (1983): Die ökologischen Folgen der Ausbaggerung eines norddeutschen Tieflandbaches, dargestellt am Beispiel des unteren Schlierenseebaches, Schr. Naturwis. Ver. Schleswig-Holstein, 53, Kiel

BUCHWALD, K. (1954): Wasserhaushaltsstufen und -zonen des Wassermangelgebietes Unteres Illertal, Angewandte Pflanzensoziologie, 8, Stozenau/Weser

BUCHWALD, K. & ENGELHARDT, W., Hrsg. (1978–1980): Handbuch für Planung, Gestaltung und Schutz der Umwelt, 4 Bände, München/Bern/Wien

BUNDESMINISTER FÜR ERNÄHRUNG, LANDWIRTSCHAFT UND FORSTEN (1980): Flurbereinigung in Zahlen (Sonderheft), Schriftenreihe, Münster-Hiltrup

CLAUSNITZER, H.-J. (1980): Hilfsprogramm für gefährdete Libellen, Natur und Landschaft, 55, 12–15

CLAUSNITZER, H.-J. (1983): Zum gemeinsamen Vorkommen von Amphibien und Fischen, Salamandra, 19, 158–162

DAS SCHWEDISCHE LANDWIRTSCHAFTS-MINISTERIUM (1983): Die Versauerung, Eine grenzenlose Bedrohung der Umwelt, Solna (Schweden)

DITTMAR, H. (1955): Ein Sauerlandbach, Archiv für Hydrobiologie 50: Stuttgart, 145 S.

DITTMAR, H. (1955): Ein Sauerlandbach, Untersuchungen an einem Wiesen-Mittelgebirgsbach, Archiv für Hydrobiologie, 50, 305–552

DÜDDER, R. (1984): Erfolg im Gerichtssaal, Negertalsperre wird nicht gebaut, Umweltmagazin 7, S. 32–33

DÜTTMANN, H. (1984): Der Verlust an Brutvogelarten im Zeitraum 1900–1983 am Beispiel des Altkreises Hümmling (Niedersachsen), Osnabrücker Naturwissenschaftliche Mitteilungen 11, S. 43–60

EIBL-EIBESFELDT, I. (1980): Grundriß der vergleichenden Verhaltensforschung, Ethologie, München/Zürich

EIBL-EIBESFELDT, J. (1949): Über das Vorkommen von Schreckstoffen bei Erdkrötenkaulquappen, Experientia 5, S. 326

EIDGENÖSSISCHE VERKEHRS- UND ENERGIEWIRT-SCHAFTS-DEPARTEMENT, BUNDESAMT FÜR WASSER-WIRTSCHAFT (1982): Hochwasserschutz an Fließgewässern, Bern

EITZINGER, A. (1983): „Nationale Park-Not", Elektrizität, Massentourismus oder Nationalpark? Die Hohen Tauern, Österreichs imposanter Gebirgskamm steht zur Disposition, Natur, H. 1, S. 92–97

ENGELHARDT, W. (1978): Wasserhaushalt, Grundwasser und Oberflächengewässer des Binnenlandes, In: BUCHWALD/ENGELHARDT, a.a.O., Bd. 2, 59–107

ENGELHARDT, W. (1982): Was lebt in Tümpel, Bach und Weiher? Stuttgart (Kosmos-Verlag, Franckh.), 258 S., 9. Auflage

FILODA, H. (1981): Das Vorkommen von Amphibien in Fischgewässern des östlichen Teils Lüchow-Dannenberg, Beiträge zur Naturkunde Niedersachsens, 34, 185–189

GEBHARDT, H. (1984): Hydroenergie und Industrie im Alpenraum, Geographische Rundschau, 36, 410–416

GERHARDT, A. (1981): Zustand rheinhessischer Fließgewässer, Ergebnisse der Molluskenkartierung der GNOR, Naturschutz und Ornithologie in Rheinland-Pfalz, 2, 230–297

GRIMS, F. (1984): Vegetation und Vogelwelt an der unregulierten und regulierten Pram – ein Vergleich, ÖKÖ, L, 6 (2), 11–18

GROSSE-BRAUCKMANN, G. (1983): Die Pflanzendecke an Fließgewässern und ihre Lebensbedingungen, 7. Fortbildungstagung Gewässerausbau, DVWK, Darmstadt

HAEUPLER, H., MONTAG, A., WÖLDECKE, K., GARVE, E. (1983): Gefäßpflanzen, Beitrag zum Artenschutzprogramm, Rote Liste Gefäßpflanzen Niedersachsen und Bremen, 3. Fassung vom 1.10.1983, Fachbehörde für Naturschutz, Merkblatt Nr. 18, Hannover

HANKE, E. (1978a): Einige Gedanken zum Gewässerausbau, Hessische Städte- und Gemeindezeitung, 10, S. 310–312

HANKE, E. (1978b): Verlorene Lebensräume, Die Zerstörung von Talräumen und Bächen, dargestellt anhand einiger Beispiele aus Hessen, Garten + Landschaft, 88, S. 2–4

HEHMANN, F., ZUCCHI, H. (1985): Fischteiche und Amphibien – eine Feldstudie, Natur und Landschaft, 60, 402–408

HEHMANN, F., GOLL, A., ZUCCHI, H. (1987): Amphibien- und Limnofauna des Breenbachtals – eine siedlungsbiologische Untersuchung in einem bedrohten Bachtal des Teutoburger Waldes, Natur und Landschaft, 62, 464–473

HEUSSER, H. (1970): Ansiedlung, Ortstreue und Populationsdynamik des Grasfrosches (Rana temporaria) an einem Gartenweiher, Salamandra, 6, 80–87

HEUSSER, H. (1971): Differenziertes Kaulquappenfressen durch Molche, Experientia 27, S. 475

HOFMANN, J. (1971): Der Teichwirt, Hamburg

HUET, M. (1962): Influence du courant sur la distribution des poissons dans les eaux courantes, Revue Suisse d'Hydrol., 24, 412–432

IMHOFF, K. R. (1977): Bewirtschaftung und weiterer Ausbau der Ruhrtalsperren, Wasserwirtschft, 67, S. 229–236

JUNGBLUTH, J. H. (1978): Die Bestandsentwicklung der Flußperlmuschel (Margaritifera margaritifera L.) an mitteleuropäischen Standorten, Verhandlungen der Internationalen Vereinigung für Limnologie, 20, 2435–2441

JUNGBLUTH, J. H. (1980): Probleme und Möglichkeiten des Arten- unnd Biotopschutzes bei Muscheln, Natur und Landschaft, 55, 9–12

KANDOLF, H. (1979): Energiewirtschaft und Nationalpark, Alpenvereinsjahrbuch, Hrsg. Österr. und Deutscher Alpenverein, S. 157–163

KARL, J. (1979): Ökologische Probleme bei der Nutzung alpiner Gewässer zur Energiegewinnung, Jahrbuch des Vereins zum Schutz der Bergwelt, 44, S. 119–135

KEITH, S. & GOODERS, J. (1982): BLV Vogelführer, München, Wien, Zürich (BLV Verlagsgesellschaft), 768 S.

KLOTTER, H.-E. (1981): Wärmebelastung der Gewässer, In: OLSCHOWY, a.a.O., 150–158

KOCH, W., BANK, E., JENS, G., (1976): Fischzucht, Lehrbuch für Fischzüchter und Teichwirte, Hamburg/Berlin

KÖNIG, D. (1969): Biologisch-landschaftliche Aspekte bei wasserwirtschaftlichen Maßnahmen an Fließgewässern, Deutsche gewässerkundliche Mitteilungen, Sonderheft, 75–81

KONOLD, W., FRICK, H., KAUBLE, B., KAULE, G., KOHLER, A., ZELTNER, G.-H. (1984): Zur Ökologie von Kleingewässern im ländlichen Raum. Ein Vergleich unterschiedlicher Ausbauformen, Ökologische Probleme in Agrarlandschaften, Umwelttagung in Hohenheim 1980, 153–168

KONOLD, W., OBERMANN, S. (1983): Die Auswirkungen wissenschaftlicher Maßnahmen in historischer und vegetationskundlicher Sicht, Zeitschrift für Kulturtechnik und Flurbereinigung, 24, S. 117–127

KOUTOULAS, D. (1972): Die Wildbäche Süddeutschlands und Griechenlands, Versuchsanstalt für Wasserbau der TU München, 25, München

KRAUS, O. (1966): Zerstörung der Natur – Unser Schicksal von morgen, Der Naturschutz in dem Streit der Interessen, Ausgewählte Abhandlungen und Vorträge, Nürnberg

KRAUSE, A. (1975): Über Folgen des Ausbaus kleiner Fließgewässer für die Gewässervegetation, Jahrbuch für Naturschutz und Landschaftspflege, 24, Bonn - Bad Godesberg

LEIBUNDGUT, H. (1975): Wirkung des Waldes auf die Umwelt des Menschen, Erlenbach, Zürich/Stuttgart

LELEK, A. (1980): Einige Notizen zum Schutz der Süßwasserfische in der Bundesrepublik Deutschland, Natur und Landschaft 55, 295–298

LENHART, B., STEINBERG. Ch. (1984): Limnochemische und limnobiologische Auswirkungen der Versauerung von kalkarmen Oberflächengewässern – Eine Literaturstudie, Informationsberichte Bayer. Landesamt für Wasserwirtschaft 4.84, München

LOHMEYER, W., KRAUSE, A. (1975): Über die Auswirkungen des Gehölzbewuchses an kleinen Wasserläufen des Münsterlandes auf die Vegetation im Wasser und an den Böschungen im Hinblick auf die Unterhaltung der Gewässer, Schriftenreihe für Vegetationskunde, 9, 7–105

LÖTSCH, B. (1981): Strom-Tod auf dem elektrischen Stuhl, Bedrohung der Donau-Aue durch Kanalisierung, Natur, H. 7/81, 54–67

MADER, H.-J. (1981): Untersuchungen zum Einfluß der Flächengröße von Inselbiotopen auf deren Funktion als Trittstein oder Refugium, Natur und Landschaft, 56, 235–242

MEISEL, K., HÜBSCHMANN, A. v. (1975): Zum Rückgang von Naß- und Feuchtbiotopen im Emstal, Natur und Landschaft, 50, 33–38

MEISEL, K., HÜBSCHMANN, A. v. (1976): Veränderungen der Acker- und Grünlandvegetation im nordwestdeutschen Flachland in jüngerer Zeit, Schriftenreihe für Vegetationskunde, 10, 109–124

MEISSNER, H. (1956): Ein neuer Weg der Flußverbesserung, Veröffentlichungen der Landesstelle für Naturschutz und Landschaftspflege Baden-Württemberg, H. 24, S. 128–138

MERRITT, R. W. & WALLACE, J. B. (1981): Fischende Insektenlarven, Spektrum der Wissenschaft 6: 6–69, Heidelberg

MESZMER, F. (1982): Baum und Strauch als Bau- und ökologisches Element an Fließgewässern, Jahrbuch 1980 der Gesellschaft für Ingenieurbiologie, Stuttgart

MEYER, D. (1978): Hobby-Fischteiche, kritisch betrachtet, Die Grünen Hefte, H. 3

MEYER, D. (1983): Makroskopisch-biologische Feldmethoden zur Wassergütebeurteilung von Fließgewässern, ALG/BUND, Hannover

NEUMANN, H. (1979): Auswirkungen wasserbaulicher Maßnahmen auf die aquatischen Lebensgemeinschaften und das Selbstreinigungsvermögen von Fließgewässern, Osnabrücker Naturwissenschaftliche Mitteilungen, 6, 123–161

NIEDERSÄCHSISCHE LANDESFORSTVERWALTUNG (1982): Naturnahe Bachgestaltung, Merkblatt Nr. 10, Hannover

NIEMEYER-LÜLLWITZ, A., ZUCCHI, H. (1985): Fließgewässerkunde, Ökologie fließender Gewässer unter besonderer Berücksichtigung wasserbaulicher Eingriffe, Frankfurt/Berlin/München

OBERDORFER, E. (1970): Pflanzensoziologische Exkursionsflora für Süddeutschland, Stuttgart

OLSCHOWY, G., Hrsg. (1978): Natur- und Umweltschutz in der Bundesrepublik Deutschland, Hamburg/Berlin

OLSCHOWY, G., Hrsg. (1981): Ökologische Grundlagen des Natur- und Umweltschutzes, Hamburg/Berlin

PHILIPP, E. (1984): Die Wasserspitzmaus – Neomys fodiens, BSH-Öko-Portrait, Wardenburg

POPP, D. (1984): Ein System auf lange Sicht, Natur und Umwelt, 64, München

REICHENBACH-KLINKE, H.-H. (1966): Krankheiten und Schädigungen der Fische, Stuttgart

REICHENBACH-KLINKE, H.-H. (1970): Grundzüge der Fischkunde, Stuttgart

REICHENBACH-KLINKE, H.-H. (1976): Die Einwirkung von Umweltfaktoren auf die Gesunderhaltung des Fisches, Stuttgart

REMMERT, H. (1982): Wie groß müssen Naturschutzgebiete sein? Seevögel, 3, 115–120

REUTHER, C., FESTETICS, A., Hrsg. (1980): Der Fischotter in Europa, Verbreitung, Bedrohung, Erhaltung, Oderhaus/Göttingen

ROSCHKE, G. (1967): Das Katastrophen-Hochwasser 1965 am Dreiländereck Nordrhein-Westfalen – Hessen – Niedersachsen, seine natürlichen Ursachen und seine verheerenden Folgen, Die Wasserwirtschaft 57 (2), S. 102–109

SCHÄFER, R. (1984): Der Regen gibt Gewässern Saures, Natur, H. 6, S. 31–35

SCHÄFER, U. (1984): Die Bachpatenschaft, eine Möglichkeit praktischer Naturschutzarbeit in Schule und Verein, BUND Information 34, Freiburg, 28 S.

SCHERB, K. (1972): Durch Fischexkremente verschmutztes Wasser – Grundlagen der biologischen Reinigung, Münchner Beiträge zur Abwasser-, Fischerei- und Flußbiologie, 23, 147–162

SCHIMMECK, T. (1985): Talsperre: Flutwarnung im „Paradies", Natur, H. 1, S. 10–11

SCHLÜTER, U. (1971): Lebendbau – Ingenieurbiologische Bauweisen und lebende Baustoffe, München

SCHOEN, R., WRIGHT, R., KRIETER, M. (1984): Gewässerversauerung in der Bundesrepublik Deutschland, Naturwissenschaften, 71, S. 95–97

SCHRÖPFER, R. (1984): Die Wasserspitzmaus (Neomys fodiens PENNANT, 1771) als Biotopgüteanzeiger für Uferhabitate an Fließgewässern, Verhandlungen der Deutschen Zoologischen Gesellschaft, 1983, 137–141

SCHWOERBEL, J. (1974): Einführung in die Limnologie, Stuttgart

SCHRÖDER, W. (1983): Flußmorphologie, 7. Fortbildungstagung Gewässerausbau, DVWK, Darmstadt

SEIDEL, K. (1977): Pflanzenbiologische Methoden zur Gewässersanierung und zur Grundwasseranreicherung, Schriftenreihe der Obersten Naturschutzbehörde, 4, Saarbrücken, 49–68

SEIPEL, H. (1982): Wo die Natur den Bach runtergeht. Wasserbauer rotten Tier- und Pflanzenarten aus, In: BÖLSCHE (Hrsg.), Natur ohne Schutz, Hamburg, S. 243–256

SIEVERS, F. (1969): Leitfaden des Wasserbauers, Bauingenieur-Praxis, H. 126, Berlin/München

STATZNER, B. (1983): Ökologie gleich Ökonomie am Beispiel heimischer Bäche, Umschau 12

STEINBACH, G. (1983): Steinbachs Naturführer – Säugetiere, Gütersloh (Mosaik Verlag), 287 S.

STERN, H., SCHRÖDER, W., VESTER, F., DIETZEN, W. (1980): Rettet die Wildtiere, Braunschweig (Pro Natur Verlag), 240 S.

STERNSDORFF, H.-W. (1983): „Gnade Gott, wer sich an diesem Dorf vergreift", DER SPIEGEL, 36, 90–97

STREBLE, H. & KRAUTER, D. (1981): Das Leben im Wassertropfen, Stuttgart (Kosmos Verlag), 336 S., 5. Auflage

SUKOPP, H. (1972): Wandel von Flora und Vegetation in Mitteleuropa unter dem Einfluß des Menschen, Umweltschutz in Land- und Forstwirtschaft (Ber.Ldw. 50), 112–139

TAMM, J. (1981): Stauseen – Gefahr oder Chance für den Naturschutz? Natur und Landschaft, 56 (12), S. 454–465

THIELCKE, G., HERRN, C. P., HUTTER, C. P., SCHREIBER, R. L. (1983): Rettet die Frösche, Dortmund (Pro Natur Verlag), 125 S.

TRAUTMANN, W., KORNECK, D. (1978): Zum Gefährdungsgrad der Pflanzenformationen in der Bundesrepublik Deutschland, Beihefte der Veröffentlichungen für Naturschutz und Landschaftspflege in Baden-Württemberg, 11, 35–40

VIERTEL, B. (1980): Überlebensraten und Mortalität bei Erdkrötenlarven (Bufo bufo L.) im Freiland, Salamandra, 16, 19–37

WASSERWIRTSCHAFTSAMT OSNABRÜCK (1971): Rückhaltebecken Alfhausen-Rieste, Allgemeine Erläuterungen, Osnabrück

WEBER, H. E. (1979): Zur Quantifizierung der Belastungsfaktoren für die natürliche Umwelt (dargestellt am Beispiel der Florenverarmung im Landkreis Osnabrück), Natur und Landschaft, 54, 298–302

WILKE, H. (1973): Massenfischhaltung und Gewässerverunreinigung, Wasser und Boden, 5, 142–144

WOLF, P. (1972): Biologische Reinigung und Desinfektion abwasserbelasteter Gewässer durch Pflanzen und Tiere der Gewässerufer, Gesundheitswesen und Desinfektion, 11

WOLF, M. E. (1981): Der Brutbestand der Wasseramsel (Cinclus cinclus), des Eisvogels (Alcedo atthis) und der Gebirgsstelze (Motacilla cinerea) im östlichen Wienerwald, Egretta, 24. Jahrgang, Sonderheft: 22–38, Wien

WUHRMANN, K., WOKER, H. (1953): Über die Giftwirkung von Ammoniak- und Zyanidlösungen mit verschiedener Sauerstoffspannung und Temperatur auf Fische, Schweizer Zeitschrift für Hydrobiologie, 15

ZAHNER, R. (1959): Über die Bindung der mitteleuropäischen Calopteryx-Arten (Odonata, Zygoptera) an den Lebensraum des strömenden Wassers, I. Der Anteil der Larven an der Biotopbindung, Internationale Revué der Gesellschaft für Hydrobiologie, 44, 51–130

ZUCCHI, H. (1984): Jugendarbeit in Naturschutzzentren am Beispiel des Naturschutzseminars Gut Sunder, Natur und Landschaft 59 (11), S. 456–457

ZUCCHI, H. (1983): Remseder Bach: Wertvolles Fließgewässer vor der Zerstörung? Kosmos, Nr. 1, S. 10–11

ZUCCHI, H., GOLL, A. (1981): Untersuchungen zum Einfluß wasserbaulicher Maßnahmen auf Süßwasserfische an Abschnitten der oberen Hase (Krs. Osnabrück), Natur und Landschaft, 56, 430–436

ZUCCHI, H., HÖPPNER, H., LAMMERT, F.-D. (1984): Wiesen und Weiden, Unterricht Biologie, 8, (H. 93), 2–12

Bildnachweis

Angermayer (12),
Amberg (6),
Bayerisches Landesamt für Wasserwirtschaft (3),
Begemann (1),
Bibelriether (1),
Boderke (1),
Brauer (1),
BUND Hessen (1),
Deutscher Naturschutzring (1),
Dingethal (1),
Eidgenössisches Bundesamt für Wasserwirtschaft (7),
Friedrich (4),
Guder (4),
Hehmann (6),
Hemker (2),
Hessisches Ministerium für Landwirtschaft, Forsten und Naturschutz (7),
Jagusch (12),
König (2),
Krause (1),
Mahl (1),
Niemeyer-Lüllwitz (40),
Popp (7),
Reinhard (28),
Rodenstein-Foto (1),
Sauer (19),
Schauer (1),
Schwind (1),
Stalkamp (33),
Stein (4),
Steinbichler (4),
Spindler (2),
Thomas (4),
Winkler (16),
Winter (3),
Wolf (1),
Zucchi G. (4),
Zucchi H. (5)